职业教育**机电类**系列教材

机械基础

◆ 微课版 ◆

丁韧 付强 吕野楠◎主编

热焱 海洋 张金◎副主编

李东和◎主审

人民邮电出版社

北京

图书在版编目（CIP）数据

机械基础：微课版 / 丁韧，付强，吕野楠主编. --
北京：人民邮电出版社，2024.6
职业教育机电类系列教材
ISBN 978-7-115-62583-0

Ⅰ．①机… Ⅱ．①丁… ②付… ③吕… Ⅲ．①机械学
-职业教育－教材 Ⅳ．①TH11

中国国家版本馆CIP数据核字(2023)第162297号

内 容 提 要

本书以"项目—任务"的方式组织教学内容，较为全面地介绍了机械方面的基本概念、常用分析方法和实用技能。本书包括机械基础知识、平面连杆机构、凸轮机构和其他间歇运动机构、机件连接、带传动和链传动设计、齿轮传动及轮系设计、轴系及应用 7 个项目。书中插入了微课视频等数字化资源和典型习题，以强化读者对知识点的理解和掌握。

本书可作为职业院校机械类、近机械类专业的教材，也可作为成人教育机械类、高等教育自学考试相关专业的教学用书，以及有关工程技术人员的参考书。

◆ 主　编　丁　韧　付　强　吕野楠
　　副主编　热　焱　海　洋　张　金
　　主　审　李东和
　　责任编辑　王丽美
　　责任印制　王　郁　焦志炜

◆ 人民邮电出版社出版发行　　北京市丰台区成寿寺路 11 号
　　邮编　100164　电子邮件　315@ptpress.com.cn
　　网址　https://www.ptpress.com.cn
　　固安县铭成印刷有限公司印刷

◆ 开本：787×1092　1/16
　　印张：17.5　　　　　　　　2024 年 6 月第 1 版
　　字数：438 千字　　　　　　2024 年 6 月河北第 1 次印刷

定价：69.80 元

读者服务热线：(010)81055256　印装质量热线：(010)81055316
反盗版热线：(010)81055315
广告经营许可证：京东市监广登字 20170147 号

"机械基础"是职业院校机械类与近机械类专业的技术基础课。以服务为宗旨、以就业为导向、以创新为动力，为满足新形势下职业教育高素质技能型专门人才培养要求，我们在总结近20年来的教学实践经验基础上，组织专业骨干教师和企业专家认真研究并编写出本书。

编者在编写本书的过程中，以党的二十大报告提出的新思想、新论断为基本遵循原则，认真贯彻落实党的二十大对加强教材建设与管理做出的新部署、新要求，实施科教兴国战略，强化现代化建设人才支撑。本书在增加素质教育内容的基础上，既注重学习、吸收相关院校"机械基础"课程改革的成果，又尽量反映编者长期在一线教学所积累的经验体会，实现专业技术基础课的基础性与实用性统一。同时，注重高素质技术技能人才与社会需求、企业需求的匹配度，坚持"以应用为目的""以必需、够用为度"的内容定位原则，将机械原理、机械零件与工程力学教学内容有机地融合在一起，涵盖机构、机械传动、机械零件等机械设计的基本知识。

本书为辽宁省职业教育精品在线开放课程配套教材，其编写内容具有以下特点。

1. 资源丰富、立体教学

本书以教学内容为核心，充分利用现代科技手段，融合开发多种教学资源，相关原理和应用配有微课、动画、视频，全书配有优质电子课件。本书同步配套中国大学 MOOC（慕课）在线开放课程，同步出版数字版教材，可为教师或学生提供网上资源服务，有利于教师和学生使用相关资源进行更加灵活的教与学，尤其能够大大激发学生的学习兴趣。

2. 校企合作、符合学情

参与本书编写的都是从事多年教学工作的一线骨干教师、企业一线技师，他们教学经验丰富，了解学生学情；在案例和习题的选取上结合工程实例，突出实践创新，以培养学生解决实际问题的能力，帮助学生为后续专业课程的学习打下坚实的基础，使其具备满足企业岗位要求的知识水平和技能。

3. 教学设计、重点突出

各任务包括任务导入、任务分析、相关知识、任务实施，以及必要的数据资料等，项目中包含适量的例题和习题，还相应设计综合技能实训教学内容，知识梳理更有条理，重点更突出，使学生能很好地把握知识的重点、难点，并能结合实际操作进行学习，快速理解相关理论并掌握相关的技能要点。

本书由辽宁省交通高等专科学校丁韧、付强、吕野楠担任主编，由辽宁省交通高等专科学校热焱、盘锦职业技术学院海洋和辽宁农业职业技术学院张金担任副主编。王梅、胡晓燕、何丽辉、马成全、赵萍、孙博参与了本书的编写。李东和教授担任本书主审。

编者在编写本书的过程中参考了相关著作、文献，在此对它们的作者表示感谢。由于编者水平有限，书中难免有疏漏之处，敬请广大读者批评指正。

编者

2023 年 8 月

目 录

项目 1
机械基础知识

　　人类从古至今，都在尝试利用各种工具改变环境、征服自然。为了满足生活和生产的需求，人类创造并发展了机械。从杠杆、斜面、滑轮到自行车、汽车、拖拉机、缝纫机、洗衣机、机床、机械手、机器人等，都标志着生产力不断地进步。当今世界，人们越来越离不开机械。学习机械基础知识，掌握一定的机械设计、制造、运用、维护与修理方面的理论、方法和技能，对现代工程技术人员来说是十分有必要的。

|【学习目标】|

知识目标

（1）掌握机构、构件与零件等概念；

（2）了解机械基础课程的研究对象、内容、任务；

（3）了解零件的常用材料及其选择、零件的设计准则及零件设计的一般步骤；

（4）掌握平面机构运动简图的绘制及机构自由度的计算。

能力目标

（1）能够描述机器的三大组成部分及其作用，对机器的组成有直观的了解；

（2）深刻认识机械在实际生产中的地位，掌握正确的学习方法；

（3）学会用简单线条表达机构的运动关系；

（4）学会判定机构是否具有确定的相对运动，以助于分析机构与进行创新。

素质目标

（1）认识机械基础在机械制造中的地位，对职业生涯进行初步规划；

（2）能够从专业岗位角度，较全面地介绍一款机械产品；

（3）培养工程实践能力。

|任务 1.1　认识和表达机构|

【任务导入】

图 1-1 所示为牛头刨床，其刨刀的运动是由平面机构来驱动的。试分析其组成，绘制其机构运动简图。

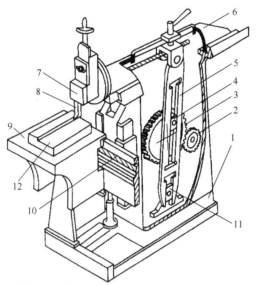

牛头刨床的工作原理

1—床身；2、3—齿轮；4、11—滑块；5—导杆；6—滑枕；7—刀架；8—刨刀；9—工作台；10—导轨；12—工件
图 1-1　牛头刨床

【任务分析】

机器的种类很多，虽然机器的具体构造、性能和用途各不相同，但它们都具有相同的基本特征。牛头刨床的滑枕 6 带着刀架 7 上的刨刀 8 做往复直线运动，实现刨削，牛头刨床因刀架 7 形似牛头而得名。牛头刨床主要用于单件小批量生产，刨削中小型工件上的平面、成形面和沟槽。本任务要求结合牛头刨床，正确认识更多机器，分析实际生产和生活中的机器有哪些共同的基本特征，同时区分机器与机构的概念，认识构件与零件。在分析过程中，我们不仅要了解机构组成部分及连接方式，还要明白该机构具有哪些条件才能完成有关动作。

【相关知识】

1.1.1　机械基础的研究对象

1. 机构与机器

机械基础的研究对象是机械，它是工程中机构与机器的总称。

机械的组成

（1）机构。图 1-2 所示为单缸内燃机，由缸体 1、活塞 2、连杆 3、曲轴 4、齿轮 5 和 6、凸轮轴 7、顶杆 8 和 9 等组成。当燃气推动活塞 2 在缸体 1 内做往复运动时，连杆 3 使曲轴 4 连续转动，曲轴 4 上的齿轮 5 和凸轮轴 7 上的齿轮 6 啮合带动凸轮轴 7 和顶杆 8、9 实现进排气阀有规律的启闭，从而把燃气产生的热能转换为机械能。

内燃机的工作原理

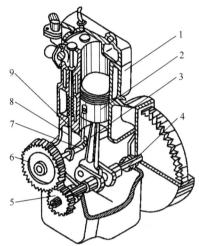

1—缸体；2—活塞；3—连杆；4—曲轴；5、6—齿轮；7—凸轮轴；8、9—顶杆

图 1-2 单缸内燃机

该内燃机主要包括以下机构。

由活塞、连杆、曲轴和缸体组成的曲柄滑块机构如图 1-3 所示，它用于实现往复运动和旋转运动之间的转换。

齿轮与缸体组成的齿轮机构如图 1-2 和图 1-4 所示，它用于实现转动速度的大小和方向的变化。

由凸轮、凸轮轴、滚子、顶杆与缸体等组成的凸轮机构如图 1-5 所示，它用于实现往复运动和旋转运动之间的转换。

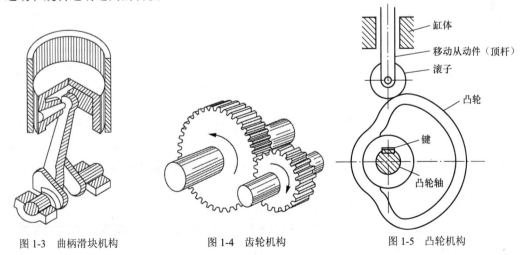

图 1-3 曲柄滑块机构　　　图 1-4 齿轮机构　　　图 1-5 凸轮机构

这些机构的作用均是转换运动形式或改变运动速度大小。

因此，可对机构给出定义：机构是人为的实物组合，具有确定的相对运动，可以用来传递和转换运动。

（2）机器。由以上实例分析可以看出，机器是由各种机构组成的。其可以完成能量的转换或做有用功。而机构则仅仅起着运动的传递和运动形式的转换作用，不具有转换能量或做有用功的作用。以内燃机为例，因其包含曲柄滑块机构、凸轮机构、齿轮机构，以及火花塞和燃气系统等，才具有热能转换成机械能的功能。

对比较典型的常规机器来说，一般包含以下 3 个基本组成部分。

① 驱动装置：驱动装置常被称为原动机，是机器的动力来源。常用的驱动装置有电动机、内燃机、气动缸和液压缸等。

② 传动装置：传动装置将驱动装置的运动和动力传递给执行装置，并实现运动速度的改变和运动形式的转换。常用的传动装置有连杆机构、凸轮机构和齿轮机构等。

③ 执行装置：执行装置是直接完成机器功能的部分。

由上述的机器工作原理及组成分析得知，机器是人类用以减轻或代替体力劳动和提高劳动生产率的主要生产工具。它的特征如下。

① 机器是多个实物（机构）的组合体。

② 各个实物之间具有确定的相对运动。

③ 能有效地做有用功或转换机械能。

构件的种类及特点

2．构件与零件

机构是由构件组成的。所谓构件，是指机构的基本运动单元，具有独立的运动特性。比如图 1-3 中的曲柄滑块机构，就是由缸体、活塞、连杆和曲轴这些构件组成的。

构件可以是单一的零件，也可以由几个零件连接而成。而零件是组成机器的最小制造单元，是不可再拆卸的基本单元。比如内燃机连杆是由连杆体 1、螺栓 2、螺母 3、连杆盖 4 等零件装配而成的，如图 1-6 所示，这些零件之间没有相对运动，它们作为整体进行运动。

在各种机械中广泛使用的零件称为通用零件，如螺栓、轴、齿轮、皮带、弹簧等；只在某一类机械中使用的零件称为专用零件，如内燃机中的活塞、曲轴，起重机中的吊钩，风扇的叶片等。

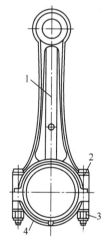

1—连杆体；2—螺栓；
3—螺母；4—连杆盖

图 1-6　内燃机连杆

3．"机械基础"课程的性质、内容和任务

"机械基础"课程主要介绍机械中常用机构的结构特点、工作原理、运动特性，通用零件与部件及一般机器的基本设计理论和方法，以及有关标准和规范。

"机械基础"是科学性、综合性、实践性都很强的机械类和近机械类专业的主要课程之一，它介于基础课程与专业课程之间，在教学中具有承上启下的作用，是培养机械类或机械管理类技术人才的必修课程，也是一门重要的技术基础课程。

本课程的主要任务如下。

（1）使学生获得认识、使用和维护机械设备的一些基本知识。

（2）培养学生运用基础理论解决简单机构和零件的设计问题，掌握通用零件的工作原理、特点、选用及相关计算方法，具有初步分析失效原因和提出改进措施的能力。

（3）培养学生树立正确的设计思想，具有设计简单机械传动部件和简单机械的能力。

（4）使学生初步具有测绘、拆装、调整、检测一般机械装置的技能。

（5）使学生学会使用有关设计手册、标准、规范等设计资料。

本课程的性质与学生过去所学的基础课程有所不同，其在思路上有明显特点，学生往往由于不能很快适应而影响学习效果，因此在学习中学生要尽快掌握本课程的特点及分析和解决问题的方法，为今后的学习和工作打下基础。

1.1.2　零件的失效形式及设计准则

1. 零件的失效形式

机械零件设计是本课程研究的主要内容之一。在进行零件设计时，应先确定作用于零件上的载荷。机械零件在承受不同的载荷后可能会发生不同形式的失效，机械零件的设计准则通常是根据零件的失效形式确定的。

（1）载荷的分类。机械零件所承受的载荷包括拉伸力或剪切力、弯矩、转矩等。

载荷可分为静载荷和变载荷两类。大小和方向不随时间变化或变化缓慢的载荷称为静载荷，如连接螺栓的载荷；大小和方向随时间变化的载荷称为变载荷，如发动机中曲轴的载荷。

在设计计算中，常把载荷分为名义载荷和计算载荷。名义载荷是机器在理想、平稳的工作条件下，根据额定功率用力学公式计算出的载荷；计算载荷是考虑机器在实际工作时承受冲击、振动、载荷分布不均匀等因素的影响，在实际设计计算中使用的载荷。计算载荷等于名义载荷乘以载荷系数（载荷系数大于1）。

（2）零件常见的失效形式。机械零件丧失工作能力或达不到设计要求，称为失效。失效并不意味着破坏。失效比破坏具有更广泛的意义。

常见的失效形式有：因强度不足而断裂；过大的弹性变形或塑性变形；摩擦表面被破坏或过度磨损，靠摩擦力工作的零件打滑；温度过高造成热变形或因破坏润滑油膜而造成磨损；连接零件松动；压力容器、管道等泄漏；剧烈的振动；运动精度达不到要求等，如图1-7所示。

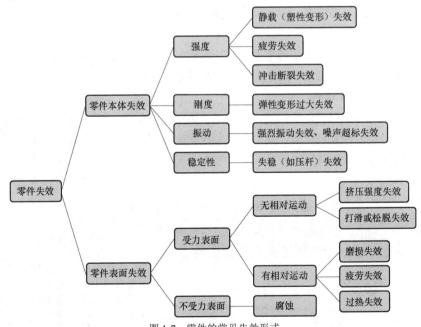

图 1-7　零件的常见失效形式

对于同种零件，由于工作形式或环境不同，其失效形式也不同。例如，齿轮的失效可能有齿面黏着、断损和胶合、磨粒磨损；齿面疲劳点蚀和剥落；轮齿疲劳折断和过载折断；齿面或齿体塑性变形等。机械零件在实际工作中，可能会同时存在几种失效形式，设计时应根据具体情况，确定避免同时发生失效的设计方案。

2. 零件的设计准则

进行零件设计时，要保证零件具有足够的抵抗失效的工作能力，必须依据一定的设计准则。所依据的设计准则与零件的失效形式紧密相关，主要有以下准则。

（1）强度准则。强度不足是零件在工作中断裂或产生过量残余变形的直接原因。一般来说，除了预定过载时应当断裂的安全装置中的零件外，其余所有机械零件都应满足强度条件。

提高零件的强度可以从结构和制造工艺两个方面着手。如合理布置零件，减少其所受载荷；均匀分布载荷；选用合理截面、减少应力集中；选用高强度的材料；适当增大零件的尺寸；采用改善材料性能的热处理方法等。

（2）刚度准则。刚度是指零件在载荷作用下抵抗弹性变形的能力。需将零件工作时的弹性变形限制在一定范围内，如果弹性变形影响机器正常工作，需进行刚度校核。通常对于机械中的主要零件需考虑刚度要求。

（3）耐磨性准则。相互接触且有相对运动的零件表面之间，因摩擦的存在而导致零件表面材料的逐渐损失，称为磨损。机械零件的报废约80%是由磨损造成的。提高零件表面质量或硬度、采取良好的润滑措施等可以提高零件的耐磨性。

（4）振动稳定性准则。零件发生周期性弹性变形的现象称为振动，振幅和频率是描述振动现象的两个参数。随着现代机器工作速度的不断提高，机器容易出现振动问题，影响工作质量。减轻振动可以采取下列措施：对转动零件进行平衡；利用阻尼作用消耗引起振动的能量；设置减振零件（如弹簧、橡胶垫等）。

（5）可靠性准则。可靠性是指产品在规定条件下或规定时间内，完成规定功能的能力。按传统强度设计方法设计的零件，由于材料强度外载荷和加工尺寸等原因，有可能出现达不到预定工作时间而失效的情况。因此，希望将出现这种失效情况的概率限制在一定范围之内，这就是对零件提出可靠性要求。

（6）标准化准则。标准化是指零件的特征参数及其结构尺寸、检验方法和制图等符合规范要求。标准化是缩短产品设计周期、提高产品质量和生产率、降低生产成本的重要途径。

3. 机械零件常用材料

机械零件常用材料有碳素结构钢、合金钢、铸铁、有色金属、非金属材料及各种复合材料。其中，碳素结构钢和铸铁应用最广泛。机械零件常用材料的牌号、力学性能及用途举例见表1-1和表1-2。

常用金属材料1

常用金属材料2

表 1-1　　　　　　　常用钢、铸铁的牌号、力学性能及用途举例

材料分类	牌号	屈服极限 σ_s/MPa	抗拉强度 σ_b/MPa	伸长率 $\delta(\geqslant)$	特点及用途举例
碳素结构钢	Q235	235	375～500	26%	具有一定的强度、硬度和良好的塑性，用于制造受力不大的零件，如螺钉、螺母、垫圈等，也可用于制造冲压件、焊接件及建筑结构件等
优质碳素结构钢	45	355	600	16%	具有较高的综合力学性能，主要用于制造要求高强度、高塑性、高韧性的重要零件，如齿轮、轴类零件等

续表

材料分类	牌号	屈服极限 σ_s/MPa	抗拉强度 σ_b/MPa	伸长率 $\delta(\geqslant)$	特点及用途举例
低合金高强度结构钢	Q345	345	470~630	21%	具有良好的综合力学性能和焊接性能,用于制造船舶、桥梁、车辆、大型容器、大型钢结构等
合金结构钢	20CrMnTi	835	1080	10%	用于制造性能要求较高或截面尺寸较大,且在循环载荷、冲击载荷及摩擦条件下工作的零件,如汽车中的变速齿轮、内燃机中的凸轮等
铸造碳钢	ZG270-500	270	500	18%	具有较高的强度和塑性,铸造性能和切削加工性能良好,焊接性能较好,用于制造轧钢机机架、轴承座、箱体、缸体等
合金弹簧钢	60Si2Mn	1175	1275	5%	用于制造线径在25~30mm的弹簧,如机车板弹簧、测力弹簧等
不锈钢	00Cr30Mo2	295	450	20%	用于制造有机酸设备、苛性碱设备等
滚动轴承钢	GCr15SiMn	硬度 61~65HRC			用于制造直径大于50mm的滚珠或直径大于22mm的滚柱,壁厚大于12mm、外径大于250mm的套圈等
碳素工具钢	T8Mn	硬度 62HRC			用于制造可承受冲击、硬度较高的工具,如冲头、压缩空气工具、木工工具等
合金工具钢	9SiCr	硬度 60~62HRC			用于制造耐磨性要求高、切削不剧烈的刀具,如板牙、丝锥、钻头、铰刀、齿轮铣刀、拉刀等,还可用于制造冷冲模具、冷轧辊等
高速工具钢	W18Cr4V	硬度 63HRC			热硬性较高,过热敏感性较小,磨削性能好,但热塑性较差,热加工废品率较高,故适用于制造一般的切削刀具,不适用于制造薄刃刀具
灰铸铁	HT250	最小抗拉强度为250MPa			碳在铸铁组织中以片状石墨形式存在,断口呈灰色,常用于制造受力不大、冲击载荷小、需要减振或耐磨的各种零件,如机床床身、机座、箱体、阀体等
可锻铸铁	KT300-06	最小抗拉强度为300MPa,最小伸长率为6%			碳在铸铁组织中以团絮状石墨形式存在。团絮状石墨对金属基体的割裂作用较片状石墨小得多,所以可锻铸铁有较好的力学性能。常用于制造汽车、拖拉机的薄壳零件,低压阀门和各种管接头等
球墨铸铁	QT400-18	最小抗拉强度为400MPa,最小伸长率为18%			碳在铸铁组织中以球状石墨形式存在,具有较好的力学性能,常用于制造气缸套、曲轴、活塞等零件

表 1-2　　常用铝合金、铜合金、轴承合金的牌号、力学性能及用途举例

材料分类			牌号	抗拉强度 δ_b/MPa	伸长率 $\delta(\geqslant)$	硬度/HBW	用途举例
铝合金	变形铝合金	防锈铝	5A02	≤245	12%	70	油箱、油管、液压容器、饮料罐、焊接件、冷冲压件、防锈蒙皮等
			3A21	≤185	16%	30	
		硬铝	2A11	≤245	12%	100	螺栓、铆钉、空气螺旋桨叶片等
			2A12	390~440	10%	100	飞机上骨架零件、翼梁、铆钉、蒙皮等
		超硬铝	7A04	≤245	10%	150	飞机大梁、桁条、加强框、起落架等
		锻铝	2A50	353	12%	105	压气机叶轮及叶片、内燃机活塞、在高温下工作的复杂锻件等
			2A70	353	8%	95	

材料分类		牌号	抗拉强度 δ_b/MPa	伸长率 $\delta(\geqslant)$	硬度/HBW	用途举例
铝合金	铸造铝合金	ZAlSi7Mg	205	2%	60	用于制造形状复杂的零件，如飞机及仪表零件、抽水机壳体等
		ZAlCu5Mn	295	8%	70	用于制造在175～300℃工作的零件，如内燃机气缸头、活塞等
		ZAlMg10	280	10%	60	用于制造在大气或海水中工作的零件，承受大振动载荷、工作温度低于200℃的零件，如氨用泵体、船用配件等
		ZAlZn11Si7	245	1.5%	90	用于制造工作温度低于200℃，形状复杂的汽车、飞机零件，仪器零件及日用品等
铜合金	黄铜	H62	330	49%	56	用于制造螺钉、螺母、垫圈、弹簧、铆钉等
		HPb59-1	400	45%	44	用于制造螺钉、螺母、轴套等冲压件或加工件
		ZCuZn38	295	30%	60	用于制造螺母、法兰、手柄、阀体等
		ZCuZn33Pb2	180	12%	50	用于制造仪器、仪表的壳体及构件等
	青铜	QSn4-3	350	40%	60	用于制造弹性元件、管道配件、化工机械中的耐磨零件及抗磁零件等
		ZCuSn10Pb1	200	3%	80	用于制造重载荷、高速度的耐磨零件，如轴承、轴套、蜗轮等
轴承合金	锡基轴承合金	ZSnSb11Cu6			27	用于制造蒸汽机、涡轮机、涡轮泵及内燃机中的高速轴承等
	铅基轴承合金	ZPbSb16Sn16Cu2			30	用于制造工作温度低于120℃、无明显冲击载荷作用的高速轴承，如汽车和拖拉机中的曲轴轴承、电动机轴承、起重机轴承、重载荷推力轴承等
	铜基轴承合金	ZCuPb30			30	用于制造在高速、重载荷情况下工作的轴承，如航空发动机、高速柴油机及其他高速机器中的主轴承等

4．材料的选择原则

合理选择材料是机械设计中的重要环节。选择材料时首先必须保证零件在使用过程中具有良好的工作能力，还要考虑其加工工艺性和经济性。

材料的使用性能指零件在工作条件下，材料应具有的力学性能、物理性能以及化学性能。对机械零件而言，较重要的是力学性能。

零件的使用条件包括3个方面：受力状况（如载荷类型、大小、形式及特点等）、环境状况（如温度特性、环境介质等）、特殊要求（如导电性、导热性、热膨胀等）。

（1）零件的受力状况。当零件（如螺栓、销等）受拉伸或剪切这类分布均匀的静载荷时，应选用组织均匀的材料，按塑性和强度性能选材。载荷较大时，可选屈服强度 σ_s 或抗拉强度 σ_b 较高的材料。

当零件（如轴类零件等）受弯曲、扭转这类分布不均匀的静载荷时，按综合力学性能选材，应保证最大应力部位有足够的强度。常选用易通过热处理等方法提高强度及表面硬度的材料（如调质钢等）。

当零件（如齿轮等）受较大的接触应力时，可选用易进行表面强化的材料（如渗碳钢、渗氮钢等）。

当零件受变应力时，应选用抗疲劳强度较高的材料，常用能通过热处理等手段提高疲劳强度的材料。

对刚度要求较高的零件，宜选用弹性模量大的材料，同时还应考虑结构、形状、尺寸对刚度的影响。

（2）零件的环境状况及特殊要求。根据零件的工作环境及特殊要求的不同，除对材料的力学性能提出要求外，还应对材料的物理性能及化学性能提出要求。例如，当零件在滑动摩擦条件下工作时，应选用耐磨性、减摩性好的材料，故滑动轴承常选用轴承合金、锡青铜等材料。

在高温下工作的零件，常选用耐热性能好的材料，如内燃机排气阀门可选用耐热钢，气缸盖则选用导热性好、比热容大的铸造铝合金。

在腐蚀介质中工作的零件，应选用耐腐蚀性好的材料。

1.1.3　机械设计的基本要求及程序

1. 机械设计的基本要求

机械设计的目的是满足社会生产和生活的需求，机械设计的任务是应用新技术、新工艺、新方法开发满足社会需求的各种新的机械产品，以及对原有机械进行改造，从而改变或提高原有机械使用性能。机械设计应满足以下几方面的基本要求。

（1）功能性要求。机械应能实现预定的功能。这要求设计者能合理利用机械的工作原理，正确设计传动方案及其他辅助系统。

（2）可靠性要求。机械在工作时要传递力，在力的作用下零件内部将产生应力，因此零件有可能发生断裂、较大变形、磨损等各种形式的失效。机械应在规定的使用期限内，保证零件不失效，达到规定的性能。

可靠性是指在机器规定的使用寿命和工况条件下完成规定功能的能力，它是衡量机械的一个重要指标。要满足可靠性要求，就要进行强度、刚度等方面的设计与计算。

（3）经济性要求。设计的机械应力求在制造和使用过程中成本最小化，以获得最大的经济效益。在设计过程中应正确选择材料，采用合理的结构和工艺，尽量采用标准化、通用化的零件。

（4）社会化要求。社会化要求包括几个方面：满足操作者的安全性和舒适性要求；造型美观、大方，色彩协调，即满足美学的要求；满足社会对环保的要求等。

2. 机械产品设计的主要过程

（1）编写产品设计任务书：产品设计任务书通常是根据市场需求提出，通过可行性分析之后确定的。内容应包括机器的预期功能、主要性能参数、使用条件、预期成本、完成期限等。

（2）制定产品设计方案：在制定产品设计方案阶段要确定机器的工作原理、传动方案和总体布置等内容，是设计中非常重要的一步。

在满足产品设计任务书的前提下，在设计人员提出的各种产品设计方案中经过分析比较、优化筛选，选出最佳方案。

（3）技术设计：通过相关的运动学和力学计算，确定产品的参数以及重要零件的结构和主要尺寸，完成零件图和装配图的绘制。

（4）试制样机：根据技术设计阶段提供的图纸进行样机的试制，并进行试运行，对发现的问题进行解决，最后鉴定。

（5）投产销售：样机通过鉴定后，可投产进行销售，并根据用户的反馈信息对产品进行改进。

在技术设计阶段，要对主要零件进行设计。对于不同的零件和工作条件，设计的步骤略有不同，但大体的设计步骤如下。

① 根据零件的工作情况，确定作用于零件上的载荷。

② 根据零件的承载情况，判定零件的失效形式，确定计算准则。

③ 选择材料及合适的热处理方法，根据计算准则计算零件的基本尺寸。

④ 考虑工艺性等要求，对零件进行结构设计。

⑤ 绘制零件图，编写相关技术文件。

1.1.4　平面机构及运动简图

1. 运动副及其分类

（1）运动副。当构件组成机构时，每个构件都以一定的方式与其他构件相互连接，这种连接使构件间保留着一定的相对运动。这种两个构件既直接接触又能产生一定相对运动的连接，称为运动副。也可以说运动副就是两构件间的可动连接。图 1-8（a）、（b）、（c）中的轴与轴承、铰链、滑块与导轨，图 1-9（b）中的轮齿与轮齿等都是运动副。而两构件直接接触构成运动副的部分称为运动副元素，即两构件之间直接接触的点、线或面为运动副元素。

运动副的种类及特点

（2）运动副分类。根据运动副各构件之间的相对运动是平面运动还是空间运动，可将运动副分成平面运动副和空间运动副。所有构件都只能在相互平行的平面上运动的机构称为平面机构，平面机构的运动副称为平面运动副。

按两构件间的接触方式不同，平面运动副可分为低副和高副两大类。

① 低副。两个构件通过面接触而形成的运动副称为低副。根据构件之间相对运动的特点，低副又可分为转动副和移动副。

若只允许组成运动副的两构件在一个平面内绕某一轴线进行相对转动，这种运动副称为转动副。例如，轴与轴承组成的运动副属于转动副，如图 1-8（a）所示。图 1-8（b）所示的转动副又称为铰链。

如图 1-8（c）所示，若组成运动副的两构件只能沿某一轴线进行相对直线移动，这种运动副称为移动副，又称为滑块与导轨。例如，内燃机的活塞与缸体组成的运动副就属于移动副。

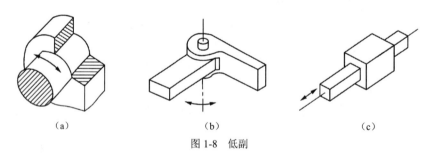

|（a）|（b）|（c）|

图 1-8　低副

由上述可知，平面机构中组成低副的构件相互之间面接触，承受的压强比点接触、线接触的小，所以磨损程度较轻。

② 高副。两个构件之间通过点接触或线接触形成的运动副称为高副。图 1-9（a）中的车轮 1 与钢轨 2 组成的运动副，图 1-9（b）中的轮齿 1 与轮齿 2 组成的运动副，图 1-9（c）中的凸轮 1 与从动件 2 组成的运动副都属于高副。在高副中，构件 2 既可以相对构件 1 绕接

触点 A 转动，又可以沿接触点 A 的切线 t-t 方向移动，而沿公法线 n-n 方向的移动受到限制。由于平面机构中组成高副的构件相互之间是点接触或线接触，接触部分的压强大，因此极易磨损。

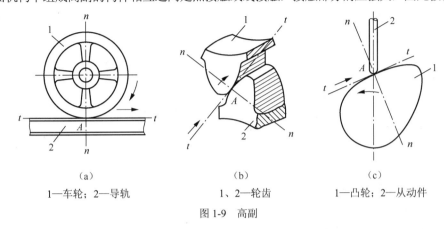

(a)	(b)	(c)
1—车轮；2—导轨	1、2—轮齿	1—凸轮；2—从动件

图 1-9 高副

常用的运动副还有球面副（球面铰链），如图 1-10（a）所示；螺旋副，如图 1-10（b）所示。它们均为空间运动副。

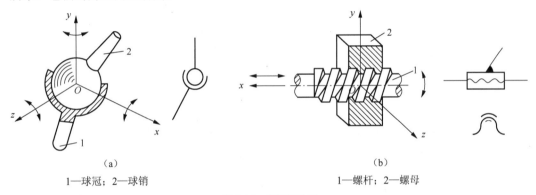

(a)	(b)
1—球冠；2—球销	1—螺杆；2—螺母

图 1-10 空间运动副

2．机构中构件的分类

任何机构都是由若干构件通过运动副连接而成的。根据机构运动过程中构件所起的作用，机构中的构件可分为如下 3 类。

（1）机架。机架是指机构中相对固定不动的构件，如机床床身、汽车底盘、飞机机身等，用作支承机构中的活动构件。研究机构运动时，常将机架作为参考坐标系，并带斜线表示固定不动。

（2）原动件。原动件又称为主动件。是指独立运动的构件，其上作用有驱动力或驱动力矩，或者是指运动规律已知的活动构件。它是机构中输入运动或动力的构件，运动规律由外界给定，故又称为输入构件。机构中存在一个或几个原动件，一个原动件只能提供一个独立参数，研究机构运动时，常用带箭头的构件表示原动件。

（3）从动件。机构中除了原动件以外，其余随原动件运动的活动构件都称为从动件。从动件传递运动和动力，输出机构预期的运动规律，该规律取决于原动件的运动规律和机构的组成。

3．平面机构运动简图

实际机构一般由外形和结构比较复杂的构件组成，而构件的运动只与原动件的运动规律、运动副的性质（低副或高副等）、运动副的数目及相对位置（转动副的中心、移动副的中心线、高副接触点的位置等）、构件的数目等有关。因此，分析现有机械或者设计新方案时，为了便于表示机构的结构和运动情况，进行运动和动力分析时，可以不考虑构件的外形结构、断面尺寸、组成构件的零件数目，以及运动副的具体构造等因素。

对实际机构按照一定比例尺确定各运动副间的相对位置，并采用国标规定的构件和运动副符号表示各构件之间的相对运动关系，这种能够准确表达机构运动特性的图称为机构运动简图。若只是为了表明机构运动的传递状况或各构件的相互关系，也可以不必严格地按比例尺来绘制机构运动简图，通常把这样的简图称为机构示意图。机构示意图常用于设计新机器时比较方案。

（1）运动副及构件规定表示方法。由于两构件间的相对运动仅与其接触形式及直接接触部分的几何形状有关，而与构件本身的实际结构无关，因此，为突出构件间的运动关系，便于分析，常将构件和运动副用简单的符号来表示。

① 低副的一般画法。两个构件组成转动副时，表示方法如图 1-11 所示。其中圆圈表示转动副，其圆心代表相对转动的轴线，带斜线的构件表示机架，机架固定不动。

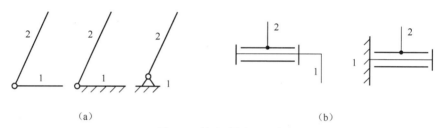

（a） （b）

图 1-11 转动副的表示方法

两个构件组成移动副时，表示方法如图 1-12 所示，移动副的导路与构件的相对移动方向一致（转动副也一致）。注意，带斜线的构件表示机架。

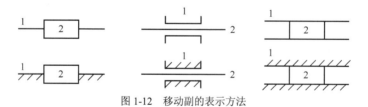

图 1-12 移动副的表示方法

② 高副的一般画法。两构件组成平面高副时，两构件的相对运动与接触部位的轮廓形状有直接的关系，应将接触部分的轮廓曲线准确画出或按标准符号绘制。对于凸轮、滚子，习惯画出其全部轮廓，如图 1-13（a）所示；对于齿轮，常用点画线画出其节圆，如图 1-13（b）所示。

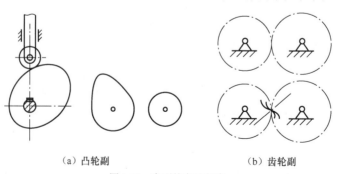

（a）凸轮副 （b）齿轮副

图 1-13 高副的表示方法

③ 构件的一般画法。绘制构件时不考虑与运动无关的复杂外形，构件常用直线或小方块表示。通常只需将构件上的运动副，按照其位置用符号表示出来，再用简单的线条连接起来即可。图 1-14 所示为带有 2 个或 3 个运动副的构件的表示方法。一个构件具有多个转动副时，则应在两线交界处涂黑，或在其内画上斜线。

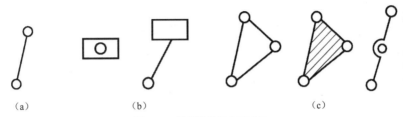

（a）　　　　　　　（b）　　　　　　　　　　（c）

图 1-14　常用构件的表示方法

其他表示方法可参看 GB/T 4460—2013《机械制图　机构运动简图用图形符号》。

（2）平面机构运动简图的绘制。绘制平面机构运动简图时可按照下列步骤进行。

① 分析机构的工作原理、实际构造和运动情况，按照传动路线对构件进行编号，确定机构中的固定构件（机架）、主动件（输入构件）及从动件。

② 从主动件（输入构件）开始，沿着运动传递路线，分析各构件之间相对运动的性质，以确定运动副的类型和数目。

③ 选择适当的视图平面，平面机构一般选择与构件运动平行的平面作为投影面。

④ 选取合适的比例尺，确定各运动副之间的相对位置，用简单的线条和规定的运动副符号绘制出平面机构运动简图。

例 1-1　绘制图 1-15（a）所示的颚式破碎机主体机构的机构运动简图。

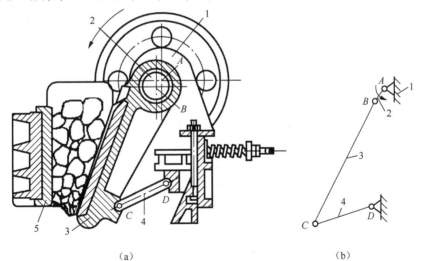

（a）　　　　　　　　　　　　　　　　　（b）

1—机架；2—偏心轴；3—动颚；4—肘板；5—定颚

图 1-15　颚式破碎机及其机构运动简图

解：① 分析颚式破碎机工作原理和运动情况，可以看出机架 1 固定不动，偏心轴 2 为原动件。当偏心轴 2 转动时，驱动动颚 3 做平面运动，将动颚 3 与定颚 5 间的矿石轧碎。动颚 3 与肘板 4 是从动件。

② 颚式破碎机的传动路线如图 1-16 所示。

从原动件开始，沿着传动路线确定运动副的类型和数目。根据组成运动副构件的相对运

绘制颚式破碎机
机构运动简图

动关系可知，偏心轴 2 与机架 1 组成转动副，回转中心在 A 点；偏心轴 2 与动颚 3 组成转动副，回转中心在 B 点；动颚 3 与肘板 4 组成转动副，回转中

图 1-16　颚式破碎机的传动路线

心在 C 点；肘板 4 与机架 1 组成转动副，回转中心在 D 点。所以颚式破碎机主体机构共有 4 个运动副，全部为转动副。

③ 因整个主体机构为平面机构，故取连杆运动平面为视图平面。

④ 根据各个构件的运动特征尺寸，选择作图比例尺 μ_1（m/mm），确定各运动副回转中心 A、B、C、D 的位置。按照规定的符号画出各个运动副和机构，并用简单的线条进行连接，绘出机构运动简图，如图 1-15（b）所示。

【任务实施】

绘制牛头刨床的运动简图

根据图 1-1 所示的牛头刨床，分析其机器的组成，绘制其机构运动简图。

① 分析牛头刨床，它是由床身 1、齿轮 2 和 3、滑块 4 和 8、导杆 5、滑枕 6、刀架 7 及其他辅助部分所组成的机器。当电动机通过带传动（图 1-1 中未画出）驱动齿轮 2、3 转动来实现减速，又通过滑块 4 推动导杆 5 摆动，再通过导杆 5 带动刀架 7 做往复直线运动来完成刨削动作。由此可以看出，电动

绘制牛头刨床机机构运动简图

机是为牛头刨床提供运动与动力源的原动装置，带传动、齿轮传动与导杆机构组成了牛头刨床运动与动力传递的传动装置，而刀架 7 则是牛头刨床完成工作任务的执行装置。通过这些装置的协同动作，可实现将电动机的电能转换为刨刀往复切削的机械能而做有用功的目的。

由图 1-1 所示可知，床身 1 是机架，齿轮 2 是主动件，齿轮 3、滑块 4、导杆 5、滑块 8、刀架 7 是从动件。

② 由齿轮 2 开始，牛头刨床机构的运动传递路线如图 1-17 所示。

图 1-17　牛头刨床机构的运动传递路线

齿轮 2 与机架构成转动副，齿轮 2 与齿轮 3 构成齿轮副，齿轮 3 与滑块 4 构成转动副，滑块 4 与导杆 5 构成移动副，滑块 8 与导杆 5 构成移动副，滑块 8 与机架构成转动副，导杆 5 与刀架 7 构成转动副，刀架 7 与机架构成移动副。

③ 选择适当投影面，这里选择齿轮的旋转平面为正投影面，确定各运动副之间的相对位置。

④ 选择恰当的比例尺，按照规定的线条和符号，绘制出该机构的运动简图，并注明原动件，如图 1-18 所示。

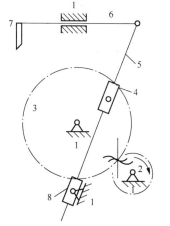

1—床身；2、3—齿轮；4、8—滑块；5—导杆；
6—滑枕；7—刀架

图 1-18　牛头刨床机构运动简图

|任务 1.2　判别机构是否具有确定运动|

【任务导入】

判定图 1-1 所示的牛头刨床能否实现所需要的确定运动。

【任务分析】

　　由任务 1.1 任务导入中的牛头刨床机构运动简图分析可知，牛头刨床是由若干构件和运动副组成的系统。牛头刨床要实现运动变换，必须使其运动具有可能性和确定性，下面我们一起来分析该机构具有哪些条件才能完成有关动作。

【相关知识】

1.2.1　平面机构的自由度

1. 自由度

构件的自由度是指构件在组成机构之前具有的独立运动的数目。一个做平面运动的自由构件通常具有 3 个独立运动，如图 1-19（a）所示，在 Oxy 坐标系中构件既可以绕任意一点 A 转动，又可以沿 x 轴或 y 轴方向移动。显然，一个在平面内运动的自由构件有 3 个自由度。

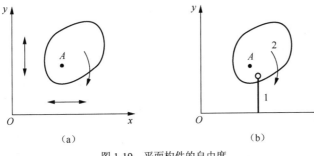

认识构件的自由度

（a）　　　　　　　　　　　　　（b）

图 1-19　平面构件的自由度

2. 约束

当两构件之间通过某种方式连接而形成运动副时，如图 1-19（b）所示，构件 2 与固联在 x 坐标轴上的构件 1 通过 A 点铰接，构件 2 沿 x 轴方向和沿 y 轴方向的独立运动受到限制。这种限制称为约束。

对于平面低副，由于两构件之间只有一个相对运动，即相对移动或相对转动，说明平面低副构件受到 2 个约束，因此有低副连接的构件将失去 2 个自由度。

对于平面高副，如图 1-9（b）、（c）所示的齿轮副、凸轮副，构件 2 可相对构件 1 绕接触点转动，也可沿接触点的切线方向移动，只是沿公法线方向的运动被限制。可见组成高副时的约束为 1，即失去 1 个自由度。

若要判定几个构件通过运动副连接而成的机构是否具有确定运动，就必须研究平面机构的自由度。平面机构的自由度是保证该机构具有确定运动时必须给定的独立运动数目，也是各构件相对于机架所具有的独立运动的数目。

3．自由度计算公式

设一个平面机构由 N 个构件组成，其中必有一个构件为机架，则活动构件的数目为 $n=N-1$。这些活动构件在未用运动副连接时，总自由度数目为 $3n$。当用 P_L 个低副和 P_H 个高副连接成机构之后，引入的约束总数为 $(2P_L+P_H)$，也就是失去 $(2P_L+P_H)$ 个自由度。因此，平面机构的自由度 F 的计算公式为

$$F = 3(N-1) - 2P_L - P_H = 3n - 2P_L - P_H \qquad (1-1)$$

例 1-2 试计算图 1-15 所示的颚式破碎机主体机构的自由度。

解：由颚式破碎机主体机构的机构运动简图，可得活动构件 $n=3$，运动副全部是低副，为 4 个转动副，可得 $P_L=4$，$P_H=0$。所以，该机构的自由度为

$$F = 3n - 2P_L - P_H = 3 \times 3 - 2 \times 4 - 0 = 1$$

因此，颚式破碎机主体机构的自由度为 1，表示它具有一个独立运动。

1.2.2　机构具有确定运动的条件

当构件任意连接而成的机构自由度 $F=0$ 时，不能产生运动。如图 1-20 所示，3 个构件连接而成的机构，其自由度为 $F = 3n - 2P_L - P_H = 3 \times 2 - 2 \times 3 - 0 = 0$，各构件之间无相对运动，此时构件系统只是刚性连接的桁架结构，并不是机构。同样，当自由度 $F<0$ 时，构件系统的约束过多，各构件之间仍然无相对运动，此时是超静定桁架结构，也不是机构。

当机构自由度 $F>0$，且原动件的数目小于自由度时，机构的相对运动是不确定的。如图 1-21 所示的平面五构件系统，其自由度为 $F = 3n - 2P_L - P_H = 3 \times 4 - 2 \times 5 - 0 = 2$，若只有构件 1 为原动件，$\varphi_1$ 为其独立运动的参变量，当给定 φ_1 一个值时，由于构件 4 的位置不确定，因此构件 2、3 的位置也不确定，可能在图 1-21 中的实线或虚线位置。此时，机构的运动是不确定的。

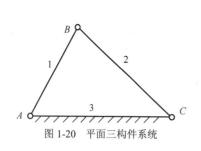
图 1-20　平面三构件系统

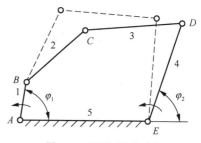
图 1-21　平面五构件系统

如图 1-15 所示，颚式破碎机的自由度为 1，如果构件 2 和构件 4 都是原动件，那么既要求构件 3 处于原动件 2 确定的位置，又要求其处于原动件 4 确定的位置，这样容易使机构卡死或在薄弱处损坏。因此，当机构自由度 $F>0$，且原动件的数目大于自由度时，不能成为机构。

图 1-21 中，如果构件 1 和构件 4 作为原动件，则每给定一组 φ_1 值和 φ_2 值时，构件 2、3 的位置随之确定。这说明自由度为 2 的机构，必须有 2 个原动件，才能具有确定的相对运动。

也就是当机构自由度 $F>0$，且原动件的数目等于自由度时，机构才能具有确定的相对运动。

由上述可知，机构具有确定运动的条件是：机构的自由度大于零，而且其自由度与原动件的数目相等。

1.2.3 计算自由度时应注意的问题

应用式（1-1）计算平面机构自由度时，应注意以下几种常见的特殊情况。

1. 复合铰链

两个以上构件在一处组成两个或更多个同轴线的转动副，称为复合铰链。图 1-22（a）所示是 3 个构件组成的复合铰链，由图 1-22（b）可以看出，该复合铰链包含 2 个转动副，由构件 3 分别与构件 1、构件 2 在同一轴线处组成。显然，如果复合铰链由 K 个构件组成，则其转动副数目为 $(K-1)$ 个。

例 1-3 图 1-23 所示为直线机构，其中 $AF=FE$，$AB=AD$，$BC=CD=DE=BE$，构件 EF 为原动件，C 点轨迹是垂直于 AF 的直线。试计算该机构的自由度。

复合铰链及其
自由度计算

解： 可以看出，该机构在 A、B、D、E 处为复合铰链，活动构件 $n=7$，转动副 $P_L=10$，高副 $P_H=0$。所以该机构的自由度为

$$F = 3n - 2P_L - P_H = 3\times7 - 2\times10 - 0 = 1$$

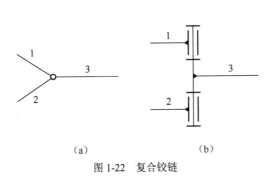

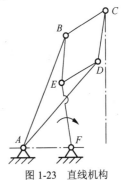

（a）　　　　　　　（b）

图 1-22　复合铰链

图 1-23　直线机构

2. 局部自由度

与机构运动无关的个别构件的独立运动，称为局部自由度或多余约束。计算机构自由度时，局部自由度应略去不计。

图 1-24（a）所示为滚子从动件盘形凸轮机构，其中凸轮 1 绕固定轴 A 转动，从动件 3 沿导路往复移动，为减少高副接触处的磨损，在从动件 3 末端安装一个滚子 2，将凸轮 1 与从动件 3 之间的滑动摩擦变为滚动摩擦。从运动的观点看，无论滚子 2 是否转动，都不影响从动件 3 的运动，因此滚子 2 绕其自身轴线的转动属于机构的局部自由度。如图 1-24（b）所示，假设把滚子 2 和从动件 3 固定连接在一起，看作一个构件，此时，该机构的自由度为

局部自由度及
其自由度计算

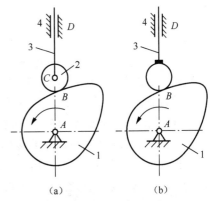

（a）　　　　　　（b）

1—凸轮；2—滚子；3—从动件

图 1-24　滚子从动件盘形凸轮机构

$$F = 3n - 2P_L - P_H = 3\times2 - 2\times2 - 1 = 1$$

机构只有一个自由度，计算结果符合实际情况。

3．虚约束

在机构中与其他约束重复而不起限制运动作用的约束，称为虚约束。在计算机构自由度时应当除去不计。平面机构的虚约束常出现在下列场合。

（1）两构件在连接点上的运动轨迹重合，则该运动副引入的约束为虚约束。

如图 1-25（a）所示，机车车轮联动机构中，由于 EF 平行并等于 AB 及 CD，杆 5 上 E 点的轨迹与杆 3 上 E 点的轨迹完全重合，因此，由 EF 杆与杆 3 连接点上产生的约束为虚约束，计算时，应将其去除，如图 1-25（b）所示，则该机构的自由度为 $F = 3n - 2P_{\mathrm{L}} - P_{\mathrm{H}} = 3 \times 3 - 2 \times 4 - 0 = 1$。

虚约束及其自由度计算

但如果不满足上述几何条件，则 EF 杆带入的约束则为有效约束，如图 1-25（c）所示。此时机构的自由度为

$$F = 3n - 2P_{\mathrm{L}} - P_{\mathrm{H}} = 3 \times 4 - 2 \times 6 - 0 = 0$$

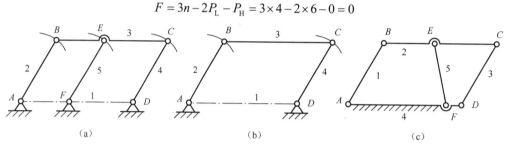

图 1-25　机车车轮联动机构

（2）两构件组成多个导路重合的移动副，或多个轴线重合的转动副，只需考虑一处的约束，其余移动副或转动副为虚约束。如图 1-26（a）所示，在 D、E 处导路重合的两个移动副，只需考虑其中一处的约束作用，另一个为虚约束；如图 1-26（b）所示，两个轴承支承一根轴，计算时只计入一个约束。

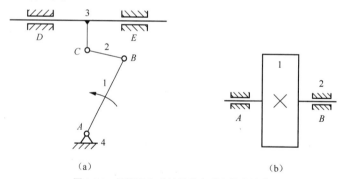

图 1-26　导路重合或轴线重合引入的虚约束

（3）机构中对运动不起作用的对称部分引入的约束为虚约束。如图 1-27 所示，行星轮系中为了受力平衡，采用了 3 个行星轮对称布置，它们所起的作用完全相同，从运动关系看，只需要一个行星轮即可满足要求。因此，其中只有一个行星轮所组成的运动副为有效约束。

机构中引入的虚约束，并不影响机构的运动，主要增加机构的刚度或改善构件的受力情况，保证机构顺利运动。应当指出，虚约束存在于一定的几何条件下，当这些条件不能被满足时，将变成实际、有效的约束，从而改变机构的自由度，使机构不能运动。同时，机构中的虚约束越多，对制造装配精度的要求越高。因此，应尽量减少机构的虚约束。

综上所述，计算平面机构自由度时，必须正确处理复合铰链、局部自由度和虚约束等问题，才能得到正确结果。

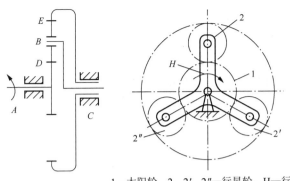

平面机构的自由度分析典型案例

1—太阳轮；2、2′、2″—行星轮；H—行星架

图 1-27　对称结构的虚约束

例 1-4　计算图 1-28（a）所示的筛料机构的自由度。

解： ① 检查机构中有无前文所述的 3 种特殊情况。

由图 1-28 所示可知，机构中滚子自转为局部自由度；顶杆 DF 与机架组成两个导路重合的移动副，故其中之一为虚约束；C 处为复合铰链。去除局部自由度和虚约束以后，应按图 1-28（b）所示计算自由度。

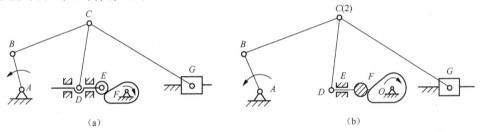

（a）　　　　　　　　　　　　　　　　　（b）

图 1-28　筛料机构

② 计算机构自由度。

机构中的可动构件数为 $n=7$，$P_L=9$，$P_H=1$，故该机构的自由度为

$$F = 3n - 2P_L - P_H = 3 \times 7 - 2 \times 9 - 1 = 2$$

【任务实施】

判定牛头刨床机构能否实现所需要的确定运动

（1）计算机构自由度。

由图 1-18 所示牛头刨床机构运动简图可知，可动构件数为 $n=6$，$P_L=8$，$P_H=1$，故该机构的自由度为

$$F = 3n - 2P_L - P_H = 3 \times 6 - 2 \times 8 - 1 = 1$$

（2）判断机构是否具有确定运动。

该机构有 1 个原动件，且机构自由度为 1，机构的自由度大于零且等于机构的原动件数，故该机构具有确定运动。

|【综合技能实训】绘制机构运动简图|

1. 目的和要求

（1）通过各种常用机构模型的动态展示，了解机构的基本结构、工作原理、特点、功能及应用，增强学生对机构与机器的感性认识，培养学生对课程理论学习和专业方向的兴趣。

（2）拓宽学生的知识面，培养学生的工程实践能力。

（3）使学生掌握测绘实际平面机构运动简图的基本方法。

（4）使学生掌握平面机构自由度的计算方法及验证机构具有确定运动的条件。

2．设备和工具

（1）各种机器实物或机构模型。

（2）钢板尺、钢卷尺、内卡钳、量角器等。

（3）自备绘图工具。

3．训练内容

（1）指定 2～3 种机器或机构模型为研究对象，进行机构运动简图的绘制。

（2）分析各机构的构件数、运动副类型和数目，计算机构的自由度，并验证其是否具有确定运动。

4．训练步骤

（1）仔细观察被测机器或机构模型，了解其工作原理、实际构造和运动情况。找出原动件并记录其编号。

（2）确定构件数目。使被测的机构或模型缓慢运动，从原动件开始，循着运动传递的路线仔细观察机构运动。分清机构中哪些构件是活动构件、哪些是固定构件,从而确定机构中的原动件、从动件、机架及其数目。

（3）判定各运动副的类型及数目。仔细观察各构件间的接触情况及相对运动的特点，判定各运动副是低副还是高副，并准确计算其数目。

（4）绘制机构示意图。选定能清楚地表达各构件相互运动关系的面为视图平面，选定原动件的位置，按构件连接的顺序，用简单的线条和规定的符号在草稿纸上徒手绘制出机构示意图。然后在各构件旁标注 1,2,3,…，在各运动副旁标注字母 A,B,C,…，并确定机构类型。

（5）绘制机构运动简图。仔细测量与机构运动有关的尺寸（如转动副间的中心距、移动副导路的位置或角度等），按选定的比例尺在表 1-3 中相应位置绘制出机构运动简图。

表 1-3　　　　　　　　　　　绘制机构运动简图实训报告

机构名称			
工作原理			
机构中的活动构件			$n=$
低副	转动副		$P_L=$
	移动副		
高副			$P_H=$
自由度计算			$F=$
需要注意的特殊情况	① 复合铰链：＿＿＿＿＿＿＿ ② 局部自由度：＿＿＿＿＿＿＿ ③ 虚约束：＿＿＿＿＿＿＿		

续表

机构运动简图	
机构是否具有确定运动	
实训中出现的问题及解决方法	
收获和体会	

（6）分析机构运动的确定性。计算机构的自由度，并将结果与实际机构的原动件数相对比。若与实际情况不符，找出原因并及时改正。

（7）对实训中出现的问题及其解决方法进行总结。

（8）分组谈谈收获和体会。

|【思考与练习】|

一、单选题

1. 组成机械的各个相对运动的实物称为（　　）。

    A. 零件　　　　　　B. 构件　　　　　　C. 部件　　　　　　D. 组件

2. 两构件构成运动副的主要特征是（　　）。

    A. 两构件以点、线、面相接触　　　　　B. 两构件能做相对运动

    C. 两构件相连接　　　　　　　　　　　D. 两构件既连接又能做一定的相对运动

3. 计算机构自由度时，虚约束应该（　　）。

    A. 除不除去都行　　B. 考虑在内　　　　C. 除去不计

4. 两个以上的构件共用同一转动轴线所构成的转动副称为（　　）。

    A. 局部自由度　　　B. 复合铰链　　　　C. 虚约束

5. 若两构件组成低副，则其接触形式为（　　）。

    A. 面接触　　　　　B. 点或线接触　　　C. 点或面接触　　　D. 线或面接触

6. 平面运动副所提供的约束个数为（　　　）。

    A. 1 或 2　　　　　　B. 1　　　　　　C. 2　　　　　　D. 3

7. 下列机构中的运动副属于低副的是（　　　）。

    A. 内燃机中气缸与活塞的运动副　　　　B. 内燃机中气门杆与凸轮之间的运动副

    C. 齿轮啮合所形成的运动副　　　　　　D. 车轮与钢轨所形成的运动副

8. 在下列自行车连接中，属于运动副的是（　　　）。

    A. 前叉与轴　　　　B. 轴与车轮　　　　C. 辐条与内圈　　　　D. 轮胎与钢圈

9. （　　　）保留了两个自由度，带进了一个约束。

    A. 低副　　　　　　B. 高副　　　　　　C. 转动副　　　　　　D. 移动副

10. 机构运动简图与（　　　）无关。

    A. 构件和运动副的结构　　　　　　B. 构件数目

    C. 运动副的数目、类型　　　　　　D. 运动副的相对位置

二、简答题

1. 机器与机构、构件、零件的区别是什么？试举例说明。

2. 什么是机械零件的失效？机械零件可能的失效形式主要有哪些？零件的设计准则主要有哪些？

3. 机械零件设计的一般步骤有哪些？

4. 什么是运动副？平面运动副有哪些？举出两三例。

5. 平面低副和平面高副各引入几个约束？平面运动副的约束数与自由度数有何关系？

6. 机构运动简图有什么作用？如何绘制机构运动简图？

7. 试写出平面机构自由度的计算公式，计算自由度时应注意哪些问题？

8. 机构具有确定运动的条件是什么？

三、画图与计算题

1. 绘制图1-29所示机构的机构运动简图，并计算其自由度。

2. 图1-30所示为牛头刨床设计方案简图，设计思路：曲柄1为原动件，驱动滑块2使摆动导杆3往复摆动，从而带动滑枕4往复移动，进行刨削加工。试分析该设计思路是否合理，如果不合理，提出修改方案。

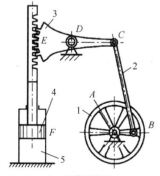

（a）活塞泵机构

1—带轮；2—连杆；3—不完全齿轮；
4—活塞；5—泵体

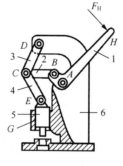

（b）手动冲床机构

1—手柄；2、3、4—连杆；
5—冲头；6—机架

图1-29　题1图

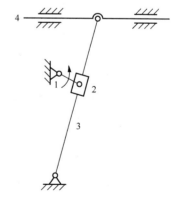

1—曲柄；2—滑块；3—摆动导杆；4—滑枕

图1-30　题2图

3. 计算图 1-31 所示机构的自由度，并判定它们是否具有确定运动。

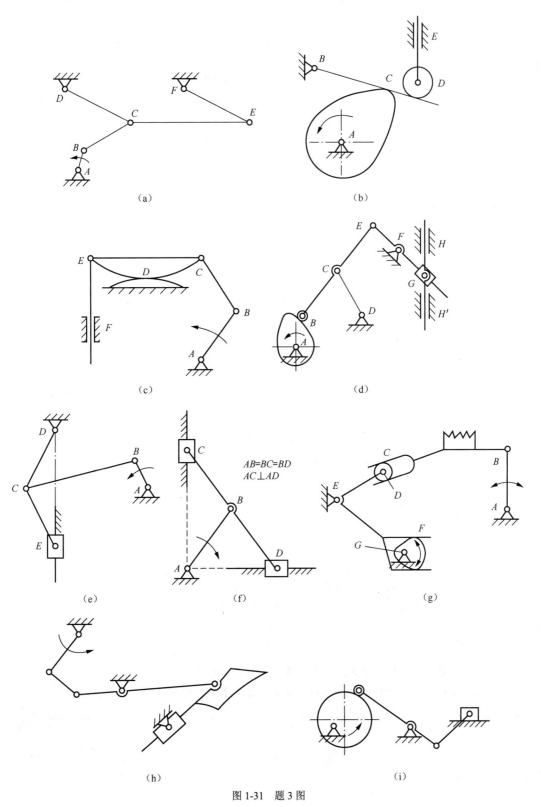

图 1-31　题 3 图

项目2
平面连杆机构

平面连杆机构在各种机械和仪器中广泛应用，因此了解其工作原理、特点及设计十分重要。本项目主要介绍平面四杆机构的特点、基本类型、演化方法及基本特性，并对平面四杆机构的运动设计进行介绍。

|【学习目标】|

知识目标

（1）掌握静力学基本概念、公理；

（2）掌握刚体的受力分析方法，平面力系的简化方法及平衡方程的建立方法；

（3）掌握平面连杆机构、平面四杆机构的概念及特点；

（4）掌握铰链四杆机构的基本形式、演化形式及应用；

（5）掌握平面四杆机构的基本特性。

能力目标

（1）能够利用静力学知识分析构件在机构中的受力状态；

（2）学会判别平面四杆机构的不同类型及运动形态；

（3）能够分析并应用平面四杆机构的工作特性解决实际问题；

（4）能够用图解法设计简单的平面四杆机构，以满足工程需求。

素质目标

（1）结合构件的受力分析，培养质量意识与安全意识；

（2）在机构设计过程中，培养创新意识和信息素养、综合设计及工程实践能力。

|任务 2.1 分析构件的受力|

【任务导入】

起重机悬臂如图 2-1 所示，悬臂横梁 AB 长 $l = 2.5\text{m}$，重力 $P = 1.2\text{kN}$；拉杆 BC 的倾角 $\alpha = 30°$，质量不计；载荷 $Q = 7.5\text{kN}$。求 $a = 2\text{m}$ 时拉杆 BC 的拉力和铰链在 A 点处的约束反力。

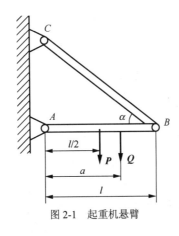

图 2-1 起重机悬臂

【任务分析】

起重机具有工作幅度大、起升高度高的特点，在高层建筑方面利用率高，起着非常重要的作用。图 2-1 所示为简化的起重机悬臂，为保证安全生产，应分析拉杆 BC 及悬臂横梁 AB 与立柱铰接点（A 点）的受力。

【相关知识】

2.1.1 静力学相关知识

1. 静力学基本概念

人们在生产和生活实践中逐渐总结出"力"。例如，人在扛东西时感到肩膀受力；用手推车，车就由静止开始运动；用冲床冲压零件，零件就发生变形。力可使物体的运动状态或形状发生变化。

静力学基本概念

（1）力的定义。

力是物体间的相互作用，其作用结果是使物体运动状态或形状发生变化。物体运动状态的变化是力的外效应（又称为运动效应），物体形状的变化是力的内效应（又称为变形效应）。

（2）力的三要素。

力对物体的作用效果由三要素决定：力的大小、力的方向和力的作用点。三要素中任何一个发生改变，都会改变力对物体的作用效果。

（3）力的单位。

度量力大小的单位随着采用的单位制的不同而不同。本书采用国际单位制，力的单位为 N。

（4）力的表示方法。

力是矢量，力矢量的始端或末端表示力的作用点；沿力矢量顺着箭头的指向表示力的方向；按一定比例所画的力矢量长度表示力的大小。如图 2-2 所示，力矢量表示小车受到约 500N 的推力。

（5）力系。

力系是同时作用在物体上的一组力。如果一个力系对物体的作用能用另一个力系来代替且不改变作用的外效应，这两个力系互为等效力系。

对于一个比较复杂的力系，求与它等效的简单力系的过程称为力系的简化。力系的简化是静力学的基本内容。

（6）平衡的概念。

平衡是指物体相对地面处于静止或匀速直线运动状态。绝对平衡是不存在的，工程上所指的物体平衡，一般相对于地球而言。物体在力系作用下处于平衡状态，则称该力系为平衡力系。

（7）刚体和变形固体的概念。

刚体是指在外力的作用下，形状和大小始终保持不变的物体。变形固体是指在外力的作用下，形状和大小发生变化的固体。在实际工程问题中，受力而不发生变形的物体是不存在的。若物体所发生的变形相对于物体的几何尺寸非常微小，忽略之后并不影响计算结果的精确度，此类物体可理想化为刚体。所以，刚体是抽象的力学模型，静力学主要讨论的对象是刚体。在材料力学中，则必须将受力的零件看成变形固体。

2．静力学基本公理

在长期的生活和生产实践中，人们较系统地认识了力的基本性质及所遵循的基本定律，总结出静力学基本公理。这些公理是静力学全部理论及解题的基础。

（1）公理 1：二力平衡公理。

作用于同一刚体的两个力，使刚体保持平衡的充分必要条件是：这两个力大小相等、方向相反且作用在同一直线上（简称等值、反向、共线）。

如图 2-3 所示，物体处于平衡状态，必须满足 $F_1 = -F_2$。F_1 和 F_2 称为作用在同一物体上的一对平衡力。

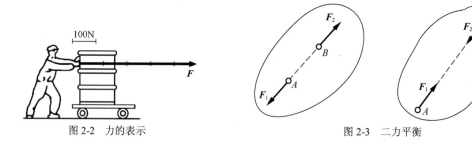

图 2-2　力的表示　　　　　　　　图 2-3　二力平衡

需要强调的是，二力平衡公理只适用于刚体；对变形固体来说，二力平衡公理所给出的条件仅是必要的但不是充分的。如图 2-4 所示，软绳受两个等值、反向的拉力作用时是平衡的，但受两个等值、反向的压力作用时就不平衡。仅受两个力作用就处于平衡状态的构件，称为二力构件，当二力构件为杆件时则称为二力杆。

（2）公理 2：加减平衡力系公理。

对于作用在刚体上的任何一个力系，增加或减去任一平衡力系，不会改变原力系对刚体的作用效果。此公理适用于刚体，是力系简化的理论基础。

推论 1——力的可传递性原理。作用在刚体上的力，其作用点可沿着作用线在刚体上任意移动，而不改变它对刚体的作用效果。例如，图 2-5 中在车后 A 点加一水平力推车，与在车前 B 点加相同大小的水平力拉车，其作用效果是一样的。

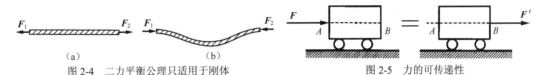

（a）　　　　　　　　　　　（b）
图 2-4　二力平衡公理只适用于刚体　　　　　　　图 2-5　力的可传递性

（3）公理 3：力的平行四边形公理。

作用于物体同一点的两个力的合力，其作用线必过该点，其大小和方向可由此二力的力矢为邻边所作的平行四边形的对角线表示，如图 2-6（a）所示。用矢量表示为 $\boldsymbol{F}_\mathrm{R} = \boldsymbol{F}_1 + \boldsymbol{F}_2$。图 2-6（b）、（c）所示为力矢量的三角形法则。

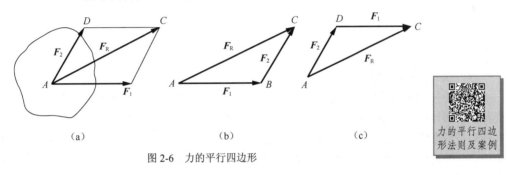

（a）　　　　　　　　　　　（b）　　　　　　　　　　　（c）

图 2-6　力的平行四边形

推论 2——三力平衡汇交定理。当刚体受到同平面内互不平行的 3 个力作用而平衡时，此三力的作用线必汇交于一点，如图 2-7 所示。

（4）公理 4：作用力与反作用力公理。

两物体之间的作用力与反作用力总是同时存在的，且两力大小相等、方向相反、沿同一直线分别作用在两个物体上。

必须指出，公理 4 是两个力分别作用于两个物体上，因此，尽管两力大小相等、方向相反、沿同一直线，但不能互相平衡。公理 1 则是两个力作用在同一物体上，不要把公理 4 与公理 1 混淆。

3．工程中常见的约束

在工程上，每个零部件都是相互联系并制约的，它们之间存在着相互的作用力。例如，转轴受到轴承的限制，使其只能绕轴线转动；

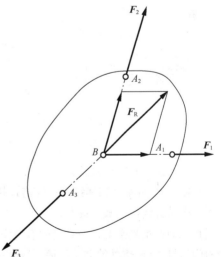

图 2-7　三力汇交

汽车受到地面的限制，使其只能沿路面运动等。这种限制物体运动的周围物体，称为约束。由此可知，轴承是转轴的约束，地面是汽车的约束。

物体的受力可分为两类：主动力和约束反力。主动力是指使物体产生运动或运动趋势的力，如物体的重力、零件的载荷等；约束对物体运动起限制作用的力称为约束反力。由于约束的作用是限制物体的运动，所以约束反力的方向与被限制运动的方向相反，其作用点在约束与被约束物体相互连接或接触之处。

（1）柔体约束。

柔体约束指由绳索、链条或胶带等柔体所形成的约束，只能受拉不能受压，限制物体沿柔体约束的中心线离开约束的运动。约束反力的方向沿着中心线背离被约束物体。约束反力通常用符号 F_T 来表示，如图 2-8（b）中线绳上的约束反力 F_{T1} 和 F_{T2}。

约束的种类及特点

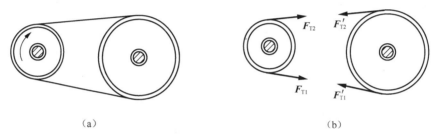

（a） （b）

图 2-8　柔体约束

（2）光滑接触面约束。

物体相互作用的接触面并不是完全光滑的，为方便研究问题，可忽略接触面间的摩擦和变形，把物体的接触面看成完全光滑的刚性接触面。其约束反力的方向沿接触表面的公法线并指向被约束物体，也称为法向反力，通常用符号 F_N 来表示，例如，图 2-9 中支持物体的固定面、啮合齿轮的齿面等，当摩擦忽略不计时，都具有这类约束。

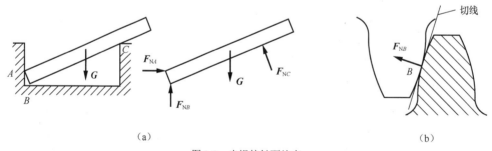

（a） （b）

图 2-9　光滑接触面约束

（3）光滑圆柱铰链约束。

图 2-10 所示为物体经圆柱铰链连接所形成的约束。圆柱铰链由两个端部带圆孔的杆件，用一个销钉连接而成。此时，受约束的两个物体都只能绕销钉轴线转动。由于销钉与物体的圆孔表面都是光滑的，两者之间有缝隙，根据光滑面约束反力的特点，销钉对物体的约束反力应沿接触点 K 处的公法线通过物体圆孔中心（即铰链中心），但因为主动力的方向不能预先确定，接触点位置不能确定，所以约束反力 F_R 的方向也不能预先确定。约束反力 F_R 通常用两个通过铰链中心的互相垂直的分力 F_x 和 F_y 来表示。

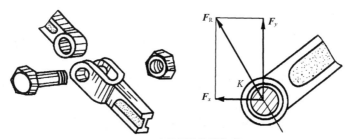

图 2-10　光滑圆柱铰链约束

根据被连接物体的形状、位置及作用，光滑圆柱铰链约束又可分为中间铰链约束，如图 2-11（a）所示；固定铰链支座约束，如图 2-11（b）所示；活动铰链支座约束，如图 2-11（c）所示。由于活动铰链支座约束只能限制物体沿支承面法线方向的运动，因此其约束反力 F_R 的作用线通过销钉中心且垂直于支承面。

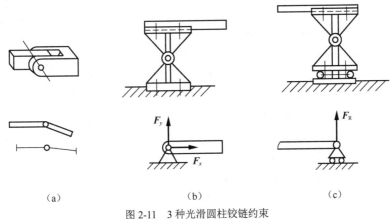

（a）　　　　　　　　　　（b）　　　　　　　　　　（c）

图 2-11　3 种光滑圆柱铰链约束

（4）固定端约束。

物体的一部分固嵌于另一物体所构成的约束，称为固定端约束。这种约束限制物体任何方向的移动和转动，其约束作用包括限制移动的两个正交约束反力 F_{Ax}、F_{Ay} 和限制转动的约束反力偶 M_A，如图 2-12 所示。

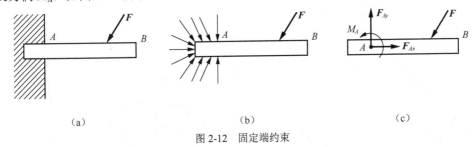

（a）　　　　　　　　　　（b）　　　　　　　　　　（c）

图 2-12　固定端约束

4．构件的受力分析及受力分析图

在对构件进行受力分析时，为了清楚地表示构件的受力情况，对所研究的对象解除全部约束，该对象称为分离体，并在分离体上画出全部的主动力和约束反力。这种表明构件受力情况的图形称为构件的受力分析图。受力分析图一般按下列步骤绘制。

（1）明确研究对象，取分离体。

根据问题的已知条件和题意要求确定研究对象，取分离体，画出其简单轮廓图形。研究对象可以是一个物体、几个物体的组合或整个物体系统。

物体的受力分析案例

（2）画主动力。

在分离体上画出作用在其上的全部主动力，一般为已知力，如重力、油压、风载等。

（3）画约束反力。

根据所解除约束的性质，在解除约束的位置，画出相应的约束反力，要注意二力构件约束反力的方向确定。

根据前面所学的知识，检查受力分析图画得是否正确。

受力分析图是解决工程力学问题的关键，掌握受力分析图画法对静力分析非常重要，举例说明如下。

例2-1 重力为 **G** 的球，用绳子拉住，放置在光滑的斜面上，如图2-13（a）所示。试画出球的受力分析图。

解：（1）取球为研究对象，并画出分离体，如图2-13（b）所示。

（2）画主动力：球受重力 **G**。

（3）画约束反力。小球受到的约束有绳和斜面：绳的约束为柔体约束，约束反力为 F_T；斜面的约束为光滑接触面约束，约束反力为 F_{NB}。

例2-2 桁架如图2-14（a）所示，画 *BC* 杆、*AD* 杆的受力分析图。

解：（1）画 *BC* 杆的受力分析图。

① 以 *BC* 杆为研究对象，并画出分离体，如图2-14（b）所示。

② *BC* 杆无主动力。

③ 画 *BC* 杆的约束反力（*BC* 杆为二力杆，F_{NB}、F_{NC} 必然反向、等值）。

（2）画 *AD* 杆的受力分析图。

① 以 *AD* 杆为研究对象，并画出分离体，如图2-14（c）所示。

② 画主动力：外力 **F**。

③ 画约束反力。*C* 点处为铰链约束，由公理4可知 $F_{NC} = -F'_{NC}$。铰链 *A* 处的约束反力；由推论2可知，也可用两个正交分力 F_{Ax}、F_{Ay} 表示。

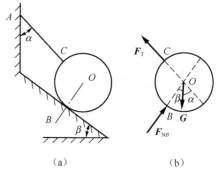

图2-13 球的受力分析

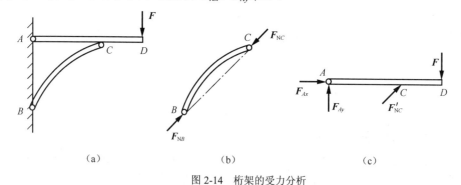

图2-14 桁架的受力分析

2.1.2 平面力系的平衡问题

工程上许多力学问题，由于结构与受力具有平面对称性，都可以在对称平面内简化为平面问题来处理。各力的作用线都在同一平面内的力系，称为平面力系。根据平面力系中各力作用线的分布不同又分为平面汇交力系（各力的作用线汇交于一点）、平面力偶系、平面一般力系（各力的作用线在平面内任意分布）和平面平行力系（各力的作用线互相平行）。

1. 平面汇交力系

（1）平面汇交力系合成。

平面汇交力系的分析方法一般有几何法与解析法两种。通过几何法可以根据力的可传递性原理，利用力的多边形法则来进行求解各力，如图 2-15 所示。无论平面汇交力系中力的数目有多少，均可用力的多边形法则求出其合力，用矢量式表示为

$$F_R = F_1 + F_2 + \cdots + F_n = \sum_{i=1}^{n} F_i \tag{2-1}$$

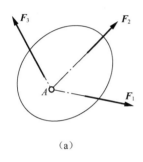 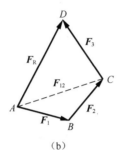 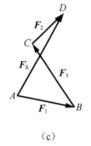

(a)   (b)   (c)

图 2-15　力的多边形法则

设由 n 个力组成的平面汇交力系作用于一个刚体上，建立直角坐标系 Oxy，如图 2-16 所示。此平面汇交力系的合力 F_R 的解析表达式为

$$F_R = F_x i + F_y j \tag{2-2}$$

式中，F_x、F_y 为合力 F_R 在 x 轴、y 轴上的投影。

根据合矢量投影定理，合矢量在某一轴上的投影等于各分矢量在同一轴上投影的代数和，将式（2-1）向 x 轴、y 轴分别投影，可得

$$\begin{cases} F_{Rx} = F_{x1} + F_{x2} + \cdots + F_{xn} = \sum_{i=1}^{n} F_{xi} \\ F_{Ry} = F_{y1} + F_{y2} + \cdots + F_{yn} = \sum_{i=1}^{n} F_{yi} \end{cases} \tag{2-3}$$

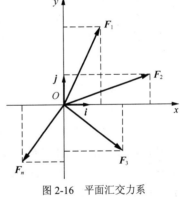

图 2-16　平面汇交力系

式中，F_{x1} 和 F_{y1}，F_{x2} 和 F_{y2}，…，F_{xn} 和 F_{yn} 分别为各分力在 x 轴和 y 轴上的投影。

合力 F_R 的大小和方向分别为

$$\begin{cases} F_R = \sqrt{\left(\sum F_{xi}\right)^2 + \left(\sum F_{yi}\right)^2} \\ \tan \alpha = \left|\dfrac{F_y}{F_x}\right| = \left|\dfrac{\sum F_{yi}}{\sum F_{xi}}\right| \end{cases} \tag{2-4}$$

式中，α 为合力 F_R 与 x 轴间所形成的锐角，合力 F_R 的指向可通过 F_x 与 F_y 的正负号判断（为便于书写，下标 i 可略去）。

例 2-3　一固定于房顶的吊钩上有 3 个力 F_1、F_2、F_3，其数值与方向如图 2-17 所示。用

解析法求此三力的合力。

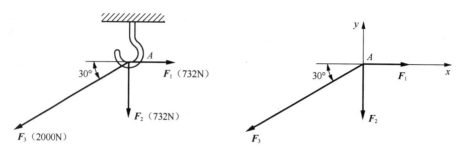

图 2-17　吊钩受力分析

解： 建立直角坐标系 Axy，并应用式（2-3），求出

$$F_{Rx} = F_{x1} + F_{x2} + F_{x3} = 732\text{N} + 0 - 2000\text{N} \times \cos 30° \approx -1000\text{N}$$

$$F_{Ry} = F_{y1} + F_{y2} + F_{y3} = 0 - 732\text{N} - 2000\text{N} \times \sin 30° = -1732\text{N}$$

再按式（2-4）解得

$$F_R = \sqrt{\left(\sum F_x\right)^2 + \left(\sum F_y\right)^2} = 2000\text{N}$$

$$\tan \alpha = \left|\frac{F_{Ry}}{F_{Rx}}\right| = \left|\frac{\sum F_y}{\sum F_x}\right| \approx 1.732$$

$$\alpha \approx 60°$$

（2）平面汇交力系的平衡条件。

由上述分析可知，平面汇交力系合成的结果是一个合力，即平面汇交力系可用其合力代替。显然，如果物体处于平衡状态，此合力应等于零；反之，物体上所受力的合力为零，则此物体处于平衡状态。所以，平面汇交力系平衡的充分必要条件是力系的合力等于零，即

$$F_R = \sum F = 0 \tag{2-5}$$

由此可得平面汇交力系平衡的几何条件和解析条件如下。

① 平面汇交力系平衡的几何条件。从力的多边形图形上看，当合力 $F_R = 0$ 时，合力封闭边变为一点，即第一个力矢量的起点与最后一个力矢量的终点重合，构成一个封闭的力矢量三角形，如图 2-18（b）所示。

② 平面汇交力系平衡的解析条件。平面汇交力系平衡时，由式（2-3）应有

$$F_R = \sqrt{\left(\sum F_x\right)^2 + \left(\sum F_y\right)^2} = 0$$

即

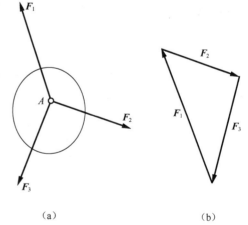

（a）　　　　（b）

图 2-18　平面汇交力系平衡的几何条件

$$\begin{cases} \sum F_x = 0 \\ \sum F_y = 0 \end{cases} \tag{2-6}$$

因此，平面汇交力系平衡的解析条件是各力在 x 轴和 y 轴上投影的代数和分别等于零。

式（2-6）为平面汇交力系的平衡方程。

用解析法求解平衡问题时，可先假设未知力的指向，若计算结果为正值，则表示所假设未知力的指向与实际相同；若计算结果为负值，则表示所假设未知力的指向与实际相反。

例 2-4　如图 2-19（a）所示，一圆柱体放置于夹角为 α 的 V 形槽内，并用压板 D 夹紧。已知压板 D 作用于圆柱体上的压力为 F。试求槽面对圆柱体的约束反力。

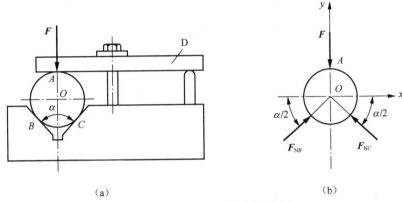

（a）　　　　　　　　　　　　　　　（b）

图 2-19　V 形槽夹具及其受力分析图

解：

（1）取圆柱体为研究对象，画出其受力分析图，如图 2-19（b）所示。

（2）选取直角坐标系 Oxy。

（3）列平衡方程，求解未知力，由式（2-6）得

$$\sum F_x = 0, F_{NB} \cos\frac{\alpha}{2} - F_{NC} \cos\frac{\alpha}{2} = 0 \qquad\text{（a）}$$

$$\sum F_y = 0, F_{NB} \sin\frac{\alpha}{2} + F_{NC} \sin\frac{\alpha}{2} - F = 0 \qquad\text{（b）}$$

由式（a）得

$$F_{NB} = F_{NC}$$

由式（b）得

$$F_{NB} = F_{NC} = \frac{F}{2\sin\dfrac{\alpha}{2}}$$

（4）讨论，由结果可知 F_{NB} 与 F_{NC} 均随角度 α 的不同而变化，角度 α 越小，则压力 F_{NB} 或 F_{NC} 越大。因此，α 不宜过小。

2．平面力偶系

（1）力对点之矩。

在生产实践活动中人们认识到，力不仅能使物体移动，还能使物体转动。如图 2-20 所示，当用扳手拧螺母时，扳手连同螺母一起绕螺母的中心线转动。

由经验可知，拧动螺母的作用不仅与力 F 的大小有关，而且与转动中心（O 点）到力作用线的垂直距离 d 有关。因此，力 F 使物体绕 O 点转动的效应用两者的乘积 Fd 来度量，称为力 F 对 O 点之矩，简称力矩，以符号 $M_O(F)$ 表示，即

平面力偶系

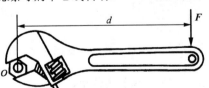

图 2-20　用扳手拧螺母

$$M_O(\boldsymbol{F}) = \pm Fd \tag{2-7}$$

式中，O 点称为力矩中心，简称矩心；O 点到力 $\boldsymbol{F}$ 作用线的垂直距离 d 称为力臂。

力矩是一个代数量，一般规定：使物体以逆时针方向转动的力矩为正，反之为负。力矩的单位为 N·m 或 kN·m。

力矩和力偶

从力矩的定义可以得到以下推论：①力在刚体上沿作用线移动时，力对点之矩不变；②力的作用线通过矩心，则力对点之矩为零。

（2）合力矩定理。

平面汇交力系的合力对平面内任意一点之矩，等于力系中各力对该点之矩的代数和，称为合力矩定理，即

$$M_O(\boldsymbol{F_R}) = M_O(\boldsymbol{F_1}) + M_O(\boldsymbol{F_2}) + \cdots + M_O(\boldsymbol{F_n}) = \sum M_O(\boldsymbol{F}) \tag{2-8}$$

求平面内力对某点的力矩，一般采用以下两种方法。

① 用力和力臂的乘积求力矩。这种方法的关键是确定力臂 d。需要注意的是，力臂 d 是矩心到力作用线的距离，即力臂一定要垂直于力的作用线。

② 用合力矩定理求力矩。工程实际中，有时力臂 d 的几何关系较复杂，不易确定，可将作用力正交分解为两个分力，然后应用合力矩定理求原力对矩心的力矩。

例 2-5 图 2-21 所示圆柱直齿轮的齿面受啮合角 $\alpha = 20°$ 的法向压力 $F_n = 1\text{kN}$ 的作用，齿轮分度圆直径 $d = 60\text{mm}$。试计算力对轴心 O 之矩。

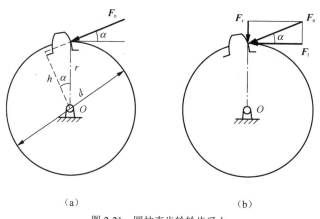

（a）　　　　　　　　　　　　（b）

图 2-21　圆柱直齿轮轮齿受力

解 1： 按力对点之矩的定义，如图 2-21（a）所示，有

$$M_O(\boldsymbol{F_n}) = F_n h = F_n \frac{d}{2} \cos\alpha \approx 28.2\text{N·m}$$

解 2： 按合力矩定理，如图 2-21（b）所示，将 F_n 沿半径的方向分解成一组正交的圆周力 $\boldsymbol{F_t}(F_t = F_n \cos\alpha)$ 与径向力 $\boldsymbol{F_r}(F_r = F_n \sin\alpha)$，有

$$M_O(\boldsymbol{F_n}) = M_O(\boldsymbol{F_t}) + M_O(\boldsymbol{F_r})$$
$$= F_t \cdot r + F_r \cdot 0$$
$$= F_n \cos\alpha \cdot \frac{d}{2} \approx 28.2\text{N·m}$$

（3）力偶与力偶矩。

人们用两个手指旋转钥匙开门、拧动水龙头，驾驶员用两手转动车辆的转向盘时，在钥

匙、水龙头和转向盘上都作用着一对等值、反向、作用点不在同一条直线上的平行力，它们都能使物体产生转动。把作用在同一物体上的等值、反向、不共线的两个平行力称为力偶，以符号(F,F')表示。

力偶中两力所在的平面称为力偶作用面，两力作用线间的垂直距离称为力偶臂，以 d 表示，如图 2-22 所示。

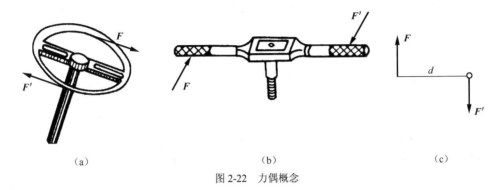

|(a)|(b)|(c)|

图 2-22　力偶概念

由经验可知，力偶使物体产生转动，力偶的大小不仅与力偶中力的大小成正比，还与力偶臂 d 的大小成正比。因此，用 F 与 d 的乘积来度量力偶，称为力偶矩，并以符号 $M(F,F')$ 表示，简写为 M，即

$$M(F, F') = M = \pm Fd \tag{2-9}$$

力偶矩的正负号、单位规定与力矩相同。

可知力偶具有以下性质。

① 力偶无合力，在坐标轴上的投影之和为零。力偶对刚体的移动不产生任何影响，力偶不能与一个力等效或平衡，力偶只能用力偶来平衡。

② 力偶对其作用面上任意一点之矩恒等于力偶矩，而与矩心的位置无关。这说明力偶使刚体对其作用平面内任意一点的转动效应是相同的。

由上述力偶的要素和性质，可对力偶做以下等效处理：只要保持力偶矩的大小和转向不变，力偶可以在其作用面内任意转移，且可以任意改变力偶中力的大小和力偶臂的长短，而不改变它对物体的转动。因此，力偶可用力和力偶臂来表示，也可直接用力偶矩来表示，即用带箭头的弧线表示，并将力偶矩值标出，箭头的转向表示力偶的转向，如图 2-23 所示。

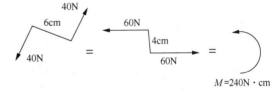

（4）平面力偶系的平衡条件。

图 2-23　力偶的不同表示方式

在同一平面内，由若干个力偶所组成的力偶系称为平面力偶系。若作用在同一平面内有 n 个力偶，则其合力偶矩应为

$$M = M_1 + M_2 + \cdots + M_n = \sum M_i \tag{2-10}$$

即平面力偶系可以合成为一个合力偶，合力偶矩等于各分力偶矩的代数和。证明略，图 2-24 所示为力偶的合成过程。

平面力偶系的合成结果是一个合力偶，要使平面力偶系平衡，合力偶矩必须等于零，即

$$\sum M = 0 \tag{2-11}$$

可见，平面力偶系平衡的充分必要条件是：平面力偶系中各力偶矩的代数和等于零。

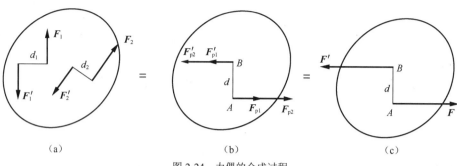

图 2-24　力偶的合成过程

例 2-6　图 2-25（a）所示的铰链四杆机构 $OABD$，在杆 OA 和 BD 上分别作用着力偶矩为 M_1 和 M_2 的力偶，而使机构在图示位置处于平衡。已知 $OA = r$，$BD = 2r$，$\alpha = 30°$，不计杆重，试求 M_1 和 M_2 的关系。

解：杆 AB 为二力杆，对杆 AO、杆 BD 进行受力分析，如图 2-25（b）所示。

分别写出杆 AO、BD 的平衡方程，由 $\sum M = 0$ 可得

$$M_1 - F_{AB} r \cos \alpha = 0$$
$$-M_2 + 2 F_{BA} r \cos \alpha = 0$$
$$F_{AB} = F_{BA}$$

解得

$$M_2 = 2M_1$$

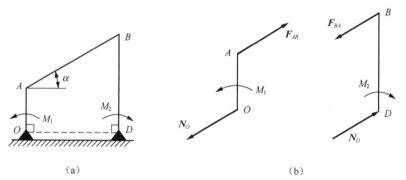

图 2-25　铰接四连杆机构及受力分析图

3．平面一般力系

（1）力的平移定理。

作用于刚体上的力 F 可以平行移动到任意一点，但必须同时附加一个力偶，其力偶矩 M_f 等于原来的力 F 对新作用点之矩。

力的平移定理
与力系简化

证明：图 2-26 中力 F 作用于刚体的 A 点，在刚体上任取一点 O，并在 O 点加上等值、反向的力 F' 和 F''，使它们与力 F 平行，且 $F' = F'' = F$。显然，3 个力 F、F'、F'' 组成的新力系与原来的一个力 F 等效，但这 3 个力可看作一个作用在 O 点的力 F' 和一个力偶（F、F''）。这样，原来作用在 A 点的力 F，现在被一个作用在 O 点的力 F' 和一个力偶（F、F''）等效替换。也就是说，可以把作用在 A 点的力 F 平行移动到另一点 O，但必须同时附加一个力偶。显然，附加力偶的力偶矩为

$$M_f = Fd \tag{2-12}$$

其中 d 为附加力偶的力偶臂。由图 2-26 可见，d 就是 O 点到力 F 作用线的垂直距离。

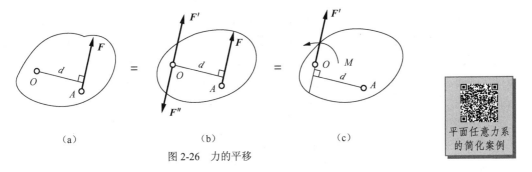

图 2-26　力的平移

（2）平面一般力系的简化。

设在刚体上作用有平面一般力系(F_1, F_2, $\cdots$, F_n)，如图 2-27（a）所示。在力系平面内任意取一点 O，称为简化中心。根据力的平移定理可将各力都向 O 点平移，得到一个平面汇交力系(F_1', F_2', $\cdots$, F_n')和一个附加平面力偶系(M_1, M_2, $\cdots$, M_n)，如图 2-27（b）所示。

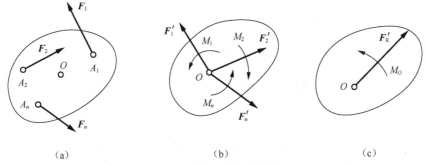

图 2-27　平面一般力系的简化

所得的平面汇交力系(F_1', F_2', $\cdots$, F_n')可以合成为一个作用于 O 点的合矢量 F_R'，则

$$F_R' = \sum F' = \sum F \tag{2-13}$$

合矢量 F_R' 称为原力系的主矢，其大小和夹角的正切值分别为

$$F_R' = \sqrt{\left(\sum F_x\right)^2 + \left(\sum F_y\right)^2}$$

$$\tan\alpha = \left|\frac{F_y}{F_x}\right| = \left|\frac{\sum F_y}{\sum F_x}\right| \tag{2-14}$$

式中，α 为主矢与 x 轴之间所形成的锐角，F_R' 的指向由 $\sum F_y$ 与 $\sum F_x$ 的正负号决定。

所得附加平面力偶系可以合成为一个合力偶，其力偶矩用 M_O 表示，如图 2-27（c）所示，则

$$M_O = \sum M = \sum M_O(F) \tag{2-15}$$

力偶矩 M_O 称为原力系对简化中心 O 的主矩。

综上所述，可得如下结论：平面一般力系在平面内任意一点简化，一般可以得到一个作用在简化中心的主矢和一个作用在原平面的主矩。主矢等于原力系各力的矢量和，主矩等于原力系各力对简化中心之矩的代数和。

由于主矢等于各力的矢量和，它与简化中心的位置无关；而主矩的大小和转向随简化中心位置的改变而改变。因此，对于主矩必须标明简化中心，符号中的下标就表示其简化中心。

在工程实际中，平面一般力系的简化方法可用来解决许多力学问题，如固定端约束问题。固定端约束反力是由约束与被约束体紧密接触而产生的一个分布力系，当外力为平面力系时，约束反力所构成的这个分布力系也是平面力系。由于其中各个力的大小与方向均难以确定，因此可将该力系向 A 点简化，得到的主矢用一对正交分力表示，而将主矩用一个反力偶矩来表示，这就是固定端约束反力，如图 2-12 所示。

（3）平面一般力系的平衡条件。

平面力系的平衡方程

当主矢和主矩都等于零时，则说明这一平面一般力系是平衡力系；反之，若平面一般力系是平衡力系，则它向任意一点简化的主矢、主矩必同时为零。所以，平面一般力系平衡的充分必要条件是：力系的主矢及力系对任意一点的主矩均为零，即

$$F_R' = \sqrt{(\sum F_x)^2 + (\sum F_y)^2} = 0$$
$$M_O = \sum M_O(\boldsymbol{F}) = 0 \qquad (2\text{-}16)$$

由此可得平面一般力系的平衡方程为

$$\begin{cases} \sum F_x = 0 \\ \sum F_y = 0 \\ \sum M_O(\boldsymbol{F}) = 0 \end{cases} \qquad (2\text{-}17)$$

式（2-17）表明，平面一般力系平衡时，力系中各力在两个任选的直角坐标轴上投影的代数和分别为零，各力对任意一点之矩的代数和也为零。式（2-17）是平面一般力系平衡的基本形式，也称为一矩式平衡方程。这 3 个方程完全独立，最多能解出 3 个未知量。此外还有二矩式平衡方程和三矩式平衡方程（证明略）。

二矩式平衡方程为

$$\begin{cases} \sum F_x = 0 \text{或} \sum F_y = 0 \\ \sum M_A(\boldsymbol{F}) = 0 \\ \sum M_B(\boldsymbol{F}) = 0 \end{cases} \qquad (2\text{-}18)$$

式中，A、B 两点的连线不能与投影轴垂直。

三矩式平衡方程为

$$\begin{cases} \sum M_A(\boldsymbol{F}) = 0 \\ \sum M_B(\boldsymbol{F}) = 0 \\ \sum M_C(\boldsymbol{F}) = 0 \end{cases} \qquad (2\text{-}19)$$

式中，A、B、C 这 3 点不能在一条直线上。

平面一般力系平衡方程的解题步骤如下。

① 确定研究对象，画出受力分析图。应取有已知力和未知力作用的物体，画出其分离体的受力分析图。

② 列平衡方程并求解。适当选取坐标轴和矩心。若受力分析图上有两个未知力互相平行，可选垂直于此二力的坐标轴，列出投影方程。若不存在两未知力平行，则选任意两未知力的交点为矩心列出力矩方程并求解。

物体的受力平衡求解

例 2-7　绞车通过钢丝牵引小车沿斜面轨道匀速上升，如图 2-28（a）所示。已知小车受的重力大小为 $P = 10\text{kN}$，绳与斜面平行，$\alpha = 30°$，$a = 0.75\text{m}$，$b = 0.3\text{m}$，不计摩擦力。求钢丝绳的拉力及轨道对车轮的约束反力。

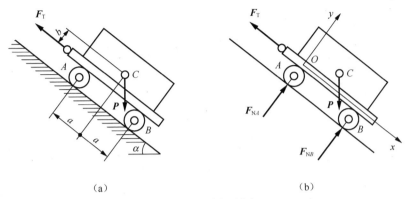

（a）　　　　　　　　　　　　　　　（b）

图 2-28　轨道牵引小车

解：（1）取小车为研究对象，画受力分析图，如图 2-28（b）所示。小车受重力 P，求钢丝绳的拉力 F_T，轨道在 A、B 处的约束反力 F_{NA} 和 F_{NB}。

（2）取图 2-28（b）所示坐标系，列平衡方程

$$\sum F_x = 0 \qquad -F_T + P\sin\alpha = 0$$

$$\sum F_y = 0 \qquad F_{NA} + F_{NB} - P\cos\alpha = 0$$

$$\sum M_O(\boldsymbol{F}) = 0 \qquad F_{NB}\cdot 2a - P\cdot\sin\alpha\cdot b - P\cdot\cos\alpha\cdot a = 0$$

得　　　　　　　　$F_T = 5\text{kN}$　　　$F_{NB} \approx 5.33\text{kN}$　　　$F_{NA} \approx 3.33\text{kN}$

4．平面平行力系及其平衡条件

各力作用线处在同一平面内且相互平行的力系称为平面平行力系。它是平面一般力系的一种特殊情况，其平衡方程可由平面一般力系平衡方程导出。如图 2-29 所示，取与 y 轴平行的各力，则平面平行力系中各力在 x 轴上的投影均为零。在式（2-17）中，$\sum F_x = 0$ 为恒等式，于是，平面平行力系只有两个独立的平衡方程，即

$$\begin{cases} \sum F_y = 0 \\ \sum M_O(\boldsymbol{F}) = 0 \end{cases} \qquad (2\text{-}20)$$

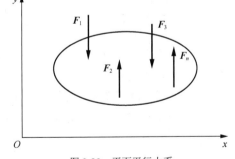

图 2-29　平面平行力系

其二矩式平衡方程可表示为

$$\begin{cases} \sum M_A(\boldsymbol{F}) = 0 \\ \sum M_B(\boldsymbol{F}) = 0 \end{cases} \qquad (2\text{-}21)$$

其中 AB 连线不能与各力作用线平行。

5．物系的平衡

前面讨论的都是单个物体的平衡问题，但工程实际中的机械和结构都是由若干个物体通过适当的约束方式组成的系统，力学上称为物体系统，简称物系。求解物系的平衡问题，往

往不仅需要求物系的外力，还要求物系内部各物体之间相互作用的内力，这就需要将物系中的某些物体取出来单独研究，才能求出全部未知力。当物系平衡时，组成物系的各部分也是平衡的。因此，求解物系的平衡问题，既可选整个物系为研究对象，也可选局部或单个物体为研究对象。对整个物系来说，内力总是成对出现的，所以研究整个物系的平衡时，这些内力无须考虑。

【任务实施】

分析起重机悬臂的受力情况

（1）确定研究对象，画出受力分析图。

选横梁 AB 为研究对象，悬臂横梁 AB 受已知力 P、Q 的作用，A 端受固定铰支座的约束反力 F_{Ax}、F_{Ay}，B 端受二力杆的拉力 F_B 作用，画受力分析图，如图 2-30 所示。

（2）列平衡方程。

由式（2-17）得

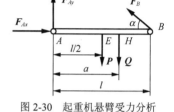

图 2-30　起重机悬臂受力分析

$$\sum M_A(\boldsymbol{F}) = 0 \qquad F_B \sin\alpha \cdot l - P \cdot \frac{l}{2} - Q \cdot a = 0 \qquad F_B = \frac{1}{\sin\alpha \cdot l}\left(P\frac{l}{2} + Q \cdot a\right) = 13.2\text{kN}$$

$$\sum F_x = 0 \qquad F_{Ax} - F_B \cos\alpha = 0 \qquad F_{Ax} = F_B \cos\alpha \approx 11.43\text{kN}$$

$$\sum F_y = 0 \qquad F_{Ay} + F_B \sin\alpha - P - Q = 0 \qquad F_{Ay} = Q + P - F_B \sin\alpha \approx 2.1\text{kN}$$

┃任务 2.2　分析平面四杆机构的运动特性┃

【任务导入】

已知图 2-31 所示的缝纫机踏板机构，$AB = 4\text{cm}$、$AD = 11\text{cm}$、$BC = 16\text{cm}$，若 BC 为机构的最长构件，问题如下。

（1）构件 CD 应满足什么条件，缝纫机踏板机构才能成为曲柄摇杆机构？

（2）该机构在工作时，若出现"卡死"现象应如何处理？

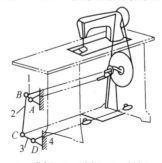

1—曲柄；2—连杆；3—摇杆

图 2-31　缝纫机踏板机构

【任务分析】

缝纫机是人们生活、生产中经常使用的工具，操作者踩踏踏板使摇杆 3（原动件）往复运动，引导连杆 2 驱动固结在带轮上的曲柄 1（从动件）做整周回转，同时带动带轮使机头主轴连续转动，最终实现动力与运动自下而上地传递。本任务要求学生会判别各构件的长度与实现相关四杆机构运动的关系，能分析该机构在工作时出现卡死现象的原因及处理办法。

【相关知识】

2.2.1 平面连杆机构的类型和特点

1．基本概念

构件间全部由低副连接而组成的机构称为连杆机构，又称为低副机构。所有构件均在某一平面内运动或平行于某一平面做平面运动的连杆机构称为平面连杆机构。平面连杆机构是在各种机器中应用最为广泛的机构之一。

由 4 个构件组成的平面连杆机构称为平面四杆机构，它是平面连杆机构中最为常见的形式之一。若平面四杆机构中的低副全部都是转动副，则称其为铰链四杆机构，它是平面四杆机构的基本形式，其他形式的平面四杆机构都可看成是在它的基础上演化而成的。

连杆机构中的构件称为杆，一般连杆机构以其所含杆的数量来命名。在工程上应用较广泛的是平面四杆机构，而平面多杆机构大多是在平面四杆机构基础上添加一些构件系统而组成的。

2．平面连杆机构的特点及应用

平面连杆机构的特点：由于连杆机构以低副连接，接触表面为平面或圆柱面，压力小，且便于润滑，磨损较小，故寿命较长；结构简单，易于制造；可实现远距离操纵控制；常用来实现预定的运动轨迹或运动规律；设计与计算比较复杂，所实现的运动规律也往往精度不高；运动时产生的惯性力难以平衡，所以不适用于高速的场合。

连杆机构由于具有以上特点，因此广泛应用于各种机械和仪表中，如内燃机、锻压机、空气压缩机、牛头刨床中的主运动机构等都是平面连杆机构；再如雷达天线俯仰角的调整机构（见图 2-32）、摄影车的升降机构（见图 2-33）、电风扇的摇头机构（见图 2-34）以及颚式破碎机、回转油泵、拖拉机等机器中的传动或控制机构都是平面连杆机构。

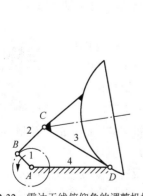

图 2-32 雷达天线俯仰角的调整机构

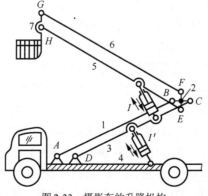

图 2-33 摄影车的升降机构

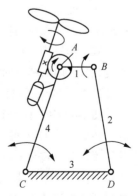

图 2-34 电风扇的摇头机构

3．铰链四杆机构的基本类型

平面四杆机构的基本形式是铰链四杆机构。图 2-35 所示为铰链四杆机构，其中杆 4 是机架，与机架相对的杆 2 称为连杆，与机架相连的杆 1 和杆 3 称为连架杆。能做整周回转运动的连架杆称为曲柄，仅能在某一角度内摆动的连架杆称为摇杆。

根据两连架杆运动形式的不同，铰链四杆机构有以下 3 种基本类型。

（1）曲柄摇杆机构。

两连架杆中一个是曲柄，另一个是摇杆的铰链四杆机构，称为曲柄摇杆机构。曲柄摇杆机构一般以曲柄为原动件做等速转动，以摇杆为从动件做往复摆动。如图 2-32 所示的雷达天线俯仰角的调整机构及图 2-36 所示的搅拌机构等。在曲柄摇杆机构中也有以摇杆为原动件而曲柄为从动件的机构，如图 2-37 所示的脚踏砂轮机构和图 2-31 所示的缝纫机踏板机构等。

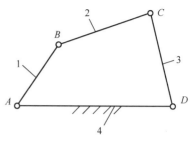

图 2-35　铰链四杆机构

曲柄摇杆机构
的工作原理

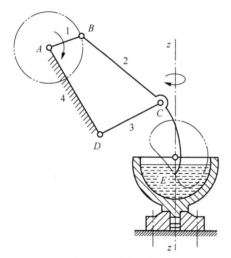

图 2-36　搅拌机构

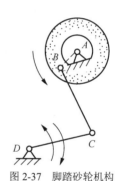

图 2-37　脚踏砂轮机构

（2）双曲柄机构。

两连架杆均为曲柄的铰链四杆机构称为双曲柄机构。一般原动件曲柄做等速转动，从动件曲柄做变速转动。图 2-38 所示的惯性筛机构正是利用从动件曲柄做变速运动而带动筛子做变速运动，使颗粒物料因惯性作用而达到筛分的目的。

双曲柄机构中有一种特殊机构称为平行四边形机构，其连杆长度与机架长度相等，两曲柄转向相同、速度相等，图 2-33 所示的摄影车的升降机构、图 2-39 所示的天平机构和图 2-40 所示的机车车轮机构都是平行四边形机构。

双曲柄机构的
工作原理

图 2-40 中含有一个虚约束，目的是防止曲柄与机架共线时运动不确定。若去掉虚约束则得到图 2-41 所示的平行四边形机构，在曲柄与机架共线时，B 点转到 B_1 点的位置，C 点转至 C_1 点的位置，当原动件曲柄 AB 继续转动使 B 点到达 B_2 点的位置时，从动件曲柄 CD 则可能继续转动使 C 点到达 C_2 点的位置，也可能反转至 C_2' 点的位置，这时出现了从动件运动不确定现象。为消除这种运动不确定现象，可采取两种措施：①依靠构件惯性；

②添加辅助构件 2，如图 2-40（b）所示。

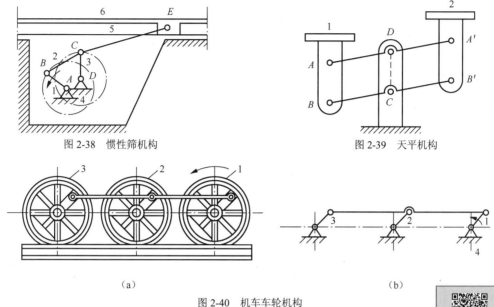

图 2-38　惯性筛机构　　　　　　　　　　图 2-39　天平机构

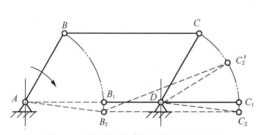

（a）

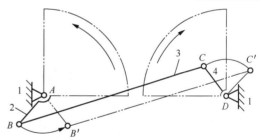

（b）

图 2-40　机车车轮机构

机车车轮联动机构的工作原理

如果双曲柄机构的对边构件长度相等且不平行，则称为反向双曲柄机构，其特点为原动件曲柄 *AB* 等速转动时，从动件曲柄 *CD* 做反向变速运动。图 2-42 所示的公共汽车的车门开闭机构就是这种机构的应用实例。

图 2-41　平行四边形机构的运动不确定　　图 2-42　反向双曲柄机构（车门开闭机构）

（3）双摇杆机构。

两连架杆均为摇杆的四杆机构称为双摇杆机构。双摇杆机构常用作操纵机构、仪表机构等。图 2-43 所示为港口起重机变幅机构，当摇杆 *CD* 摆动时，连杆 *BC* 上悬挂重物的 *M* 点做近似水平直线运动，可避免重物在移动时因不必要的升降而发生事故；再如图 2-34 所示的电风扇摇头机构，电动机安装在摇杆 4 上，铰链 *A* 处有一个与连杆 1 固连成一体的蜗轮，电动机转动时，电动机轴上的蜗杆带动蜗轮迫使连杆 1 绕 *A* 点做整周转

双摇杆机构的工作原理

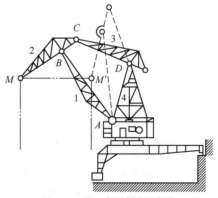

图 2-43　港口起重机变幅机构

动，从而带动连架杆 2 和 4 做往复摆动，实现电风扇摇头的目的。

2.2.2 平面四杆机构的演化

工程实际中，平面四杆机构的形式多种多样，但其中绝大多数在铰链四杆机构的基础上发展演化而来，这说明各种平面四杆机构甚至多杆机构之间是有内在联系的。了解平面四杆机构的演化，能为分析和设计平面连杆机构提供很大方便。平面四杆机构常用的演化方法有以下两种。

1. 转动副演化成移动副

（1）一个转动副的演化。

在图 2-44（a）所示的曲柄摇杆机构中，摇杆 3 上 C 点的轨迹是以 D 为圆心、CD 为半径的圆弧 $\overset{\frown}{mm}$。现将转动副 D 的半径扩大，并在机架 4 上做出弧形槽，杆 3 做成与弧形槽相配合的弧形滑块，如图 2-44（b）所示。此时，尽管转动副 D 的外形改变了，但机构的相对运动性质未变。若将弧形槽的半径增至无穷大，即转动副 D 的中心移至无穷远处，此时弧形槽变成了直槽，弧形滑块变成了平面滑块，滑块 3 上 C 点的轨迹变成了直线 mm，转动副 D 也就演化成了移动副，如图 2-44（c）所示，机构的相对运动性质也发生了变化。一个转动副演化为移动副后所得到的机构叫作曲柄滑块机构。

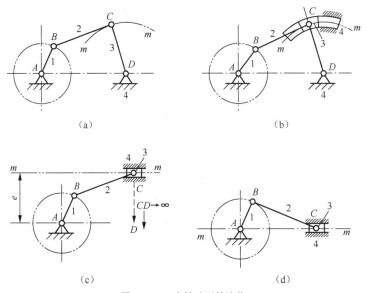

（a）　　　　　　　　　　　　　　（b）

（c）　　　　　　　　　　　　　　（d）

图 2-44　一个转动副的演化

在图 2-44（c）中，由于滑块的移动导路线 mm 不通过曲柄的转动中心 A，故称为偏置曲柄滑块机构，滑块移动导路线 mm 至曲柄转动中心 A 的垂直距离称为偏距 e。当 $e=0$ 时，滑块移动导路线通过曲柄的转动中心，称为对心曲柄滑块机构，如图 2-44（d）所示。曲柄滑块机构在冲床、空压机、内燃机等机械设备中得到了广泛应用。

（2）两个转动副的演化。

在演化一个转动副得到图 2-45（a）所示的曲柄滑块机构的基础上，按与图 2-44 同样的演化方法即可得到图 2-45（c）所示的含有两个移动副的机构，机构中构件 3 演变成了滑块 2 的移动导杆，故该机构称为曲柄移动导杆机构（又通称为正弦机构）。图 2-46 所示的缝纫机刺布机构是这种机构的应用实例。

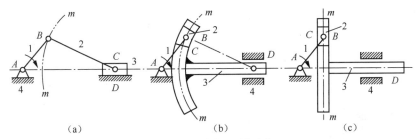

图 2-45　两个转动副的演化

2．取不同构件为机架

对于任意机构，若取不同构件为机架将得到不同的机构。

（1）对曲柄摇杆机构的演化。

在图 2-47（a）所示的曲柄摇杆机构中，杆 1 是曲柄，杆 4 是机架。若取杆 1 为机架，则得到图 2-47（b）所示的双曲柄机构；若取杆 2 为机架，则得到图 2-47（c）所示的另一个曲柄摇杆机构；若取杆 3 为机架，则得到图 2-47（d）所示的双摇杆机构。

因此，铰链四杆机构的 3 种基本形式实际上是由一种形式取不同构件为机架的演化方法而得到的。

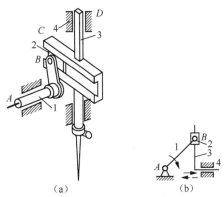

图 2-46　缝纫机刺布机构

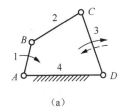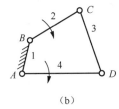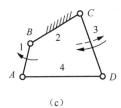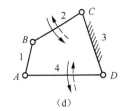

图 2-47　取不同构件为机架对铰链四杆机构的演化

（2）对曲柄滑块机构的演化。

在图 2-48（a）所示的曲柄滑块机构中，杆 1 是曲柄，杆 4 是机架。

若取杆 1 为机架，则得到图 2-48（b）所示的曲柄转动导杆机构（当杆 2 比杆 1 长时）或图 2-48（c）所示的曲柄摆动导杆机构（当杆 2 比杆 1 短时）。导杆机构广泛应用于回转式油泵（见图 2-49）、牛头刨床（见图 2-50）以及插床等机器中。

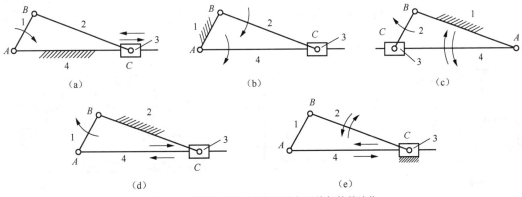

图 2-48　取不同构件为机架对曲柄滑块机构的演化

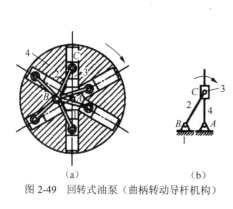

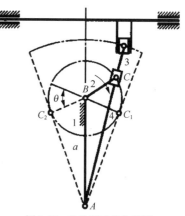

（a）
（b）

图 2-49 回转式油泵（曲柄转动导杆机构）

图 2-50 牛头刨床机构简图

若取杆 2 为机架，则得到图 2-48（d）所示的曲柄摇块机构。曲柄摇块机构在卡车自动卸料机构（见图 2-51）、插齿机（见图 2-52）等机器中得到了广泛应用。

若取构件 3 为机架，则得到图 2-48（e）所示的定块机构。这种机构常用于手压唧筒（见图 2-53）和抽油泵等机器或设备中。

四杆机构演化
形式 2

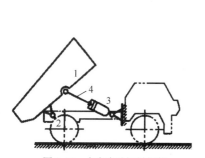

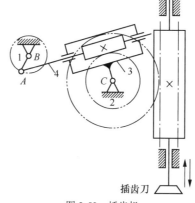

四杆机构演化
形式 3

四杆机构演化
形式 4

图 2-51 卡车自动卸料机构

插齿刀

图 2-52 插齿机

（3）对曲柄移动导杆机构的演化。

图 2-46 所示的曲柄移动导杆机构，杆 1 是曲柄，杆 4 是机架。

双转块机构的
工作原理

若取杆 1 为机架，则得到图 2-54（a）所示的双转块机构，图 2-54（b）所示的十字滑块联轴器是双转块机构的应用。

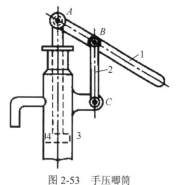

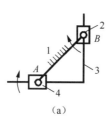

（a）

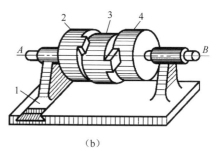

（b）

图 2-53 手压唧筒

图 2-54 双转块机构及其应用

若取杆 2 为机架，则得到另一个曲柄移动导杆机构。

若取杆 3 为机架，则得到图 2-55（a）所示的双滑块机构。图 2-55（b）所示的椭圆绘图仪是双滑块机构的应用，在构件 1 上除 A、B 两点和 AB 连线的中点外，其上（或延长线上）任意一点 M 的轨迹必为椭圆。

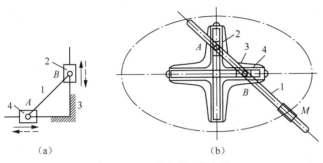

（a）　　　　　　　　　　（b）

双滑块机构的
工作原理

图 2-55　双滑块机构及其应用

2.2.3　平面四杆机构的运动特性

1．铰链四杆机构存在曲柄的条件

铰链四杆机构中是否存在曲柄，取决于机构中各杆的相对长度和对机架的选择。图 2-56 所示的铰链四杆机构，杆 1 为曲柄，杆 2 为连杆，杆 3 为摇杆，杆 4 为机架，以 a、b、c、d 分别代表杆 1、2、3、4 的长度。为保证杆 1 成为曲柄后能做整周的回转运动，必须要求杆 1 能顺利通过与机架共线的两个位置 AB' 和 AB''。

利用三角形的三边关系可以证明，在曲柄摇杆机构中曲柄 AB 必是最短杆，而 BC 杆、CD 杆和 AD 杆中必有一个最长杆。考虑取不同构件为机架的演化原理，当取最短杆 AB 为机架时得到的是双曲柄机构。综合以上分析，可得铰链四杆机构存在曲柄的条件如下。

（1）最短杆与最长杆长度之和小于或等于其余两杆长度之和。

（2）曲柄或机架为最短杆。

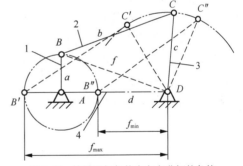

图 2-56　铰链四杆机构中存在曲柄的条件

根据曲柄存在的条件可得到以下推论。

（1）当最短杆与最长杆长度之和小于或等于其余两杆长度之和时，最短杆为机架时为双曲柄机构；最短杆的相邻杆为机架时为曲柄摇杆机构；最短杆的对面杆为机架时为双摇杆机构。

（2）当最短杆与最长杆长度之和大于其余两杆长度之和时，则不论取何杆为机架，都只能得到双摇杆机构。

2．急回特性

在某些连杆机构中，当曲柄等速转动时，从动件做往复运动，而且返回时的平均速度比前进时的平均速度要大，这种性质称为连杆机构的急回特性。在生产实际中利用连杆机构的急回特性可以提高产品质量和缩短非生产时间，从而提高生产效率，因此在设计各种机器时广泛考虑采用具有急回特性的连杆机构。

图 2-57 所示的曲柄摇杆机构，在原动件曲柄 AB 做等速转动一周的过程中，它与连杆 BC 两次共线，此时从动件摇杆 CD 分别位于两极限位置 C_1D 和 C_2D。在此两极限位置时曲柄相应的两个位置所夹的锐角称为极位夹角，以 θ 表示。

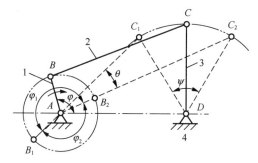

图 2-57　具有急回特性的曲柄摇杆机构

当曲柄顺时针从 AB_1 转到 AB_2 位置时，转过角度 $\varphi_1 = 180° + \theta$，摇杆由 C_1D 摆至 C_2D，所需时间为 t_1，C 点的平均速度为 v_1。当曲柄顺时针从 AB_2 转到 AB_1 位置时，转过角度 $\varphi_2 = 180° - \theta$，摇杆由 C_2D 摆至 C_1D，所需时间为 t_2，C 点的平均速度为 v_2。由于曲柄等速转动，且 $\varphi_1 > \varphi_2$，所以 $t_1 > t_2$，因为摇杆 CD 来回摆动的行程相同，均为弧 $\overset{\frown}{C_1C_2}$，所以 $v_1 < v_2$。这说明曲柄摇杆机构具有急回特性。

机构的急回特性

连杆机构急回特性的相对程度，用行程速度变化系数 K 来表示，即

$$K = \frac{\text{从动件空回行程平均速度}}{\text{从动件工作行程平均速度}} = \frac{v_2}{v_1} = \frac{t_1}{t_2} = \frac{\varphi_1}{\varphi_2} = \frac{180° + \theta}{180° - \theta} \qquad (2\text{-}22)$$

式（2-22）经变形后可得

$$\theta = 180° \times \frac{K-1}{K+1} \qquad (2\text{-}23)$$

由式（2-22）可见，连杆机构的急回特性取决于极位夹角 θ 的大小，θ 越大，K 越大，机构的急回程度越高。若 $\theta = 0°$，则 $K = 1$，机构无急回特性。

其他连杆机构的急回特性如图 2-58 所示。图 2-58（a）所示为对心曲柄滑块机构，因极位夹角 $\theta = 0°$，所以无急回特性；图 2-58（b）所示为偏置曲柄滑块机构，因极位夹角 $\theta \neq 0°$，所以具有急回特性；图 2-58（c）所示为导杆机构，其极位夹角 θ 等于导杆摆角 φ，不可能等于零，所以恒具有急回特性。

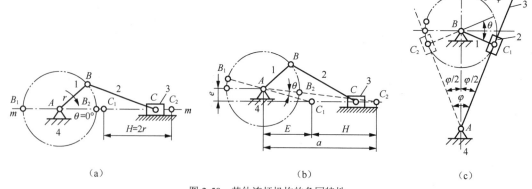

（a）　　　　　　　　　　（b）　　　　　　　　　（c）

图 2-58　其他连杆机构的急回特性

3．传力特性

（1）压力角和传动角。

在图 2-59（a）所示的曲柄摇杆机构中，若不计各构件的质量和运动副中的摩擦力，则

连杆 BC 只受两个力的作用，且作用力沿 B、C 两点连线方向，于是原动件曲柄通过连杆 BC 作用于从动件摇杆 CD 的力 F 沿 BC 方向，F 可分解为两个分力 F_t 和 F_n，其中 F_n 只能使铰链 C、D 产生径向压力，F_t 才是推动从动件 CD 运动的有效分力。由此可得

$$\begin{cases} F_t = F\cos\alpha = F\sin\gamma \\ F_n = F\sin\alpha = F\cos\gamma \end{cases} \tag{2-24}$$

机构的压力角和传动角

式中，α 为力 F 的作用线与其作用点（C 点）速度（v_C）方向所形成的锐角，称为压力角，压力角的余角 γ 称为传动角。由式（2-24）可知，α 越小或 γ 越大，从动件运动的有效分力 F_t 就越大，机构的传动性能就越好，所以压力角 α 是反映机构传动性能的重要指标。在连杆机构设计中，由于传动角 γ 便于观察和测量，故常用 γ 来衡量连杆机构的传动性能。

为保证连杆机构具有良好的传动性能，设计一般机械时要求最小传动角 $\gamma_{min} \geqslant 40°$（即 $\alpha_{max} \leqslant 50°$）；设计高速大功率机械的则要求 $\gamma_{min} \geqslant 50°$（即 $\alpha_{max} \leqslant 40°$）。为此，必须确定 $\gamma = \gamma_{min}$ 时机构的位置，并检验 γ_{min} 的值是否小于上述的许用值，即许用传动角 $[\gamma]$。

对于曲柄摇杆机构，曲柄与机架共线的两位置处出现最小传动角。对于曲柄滑块机构，如图 2-59（b）所示，当原动件为曲柄时，最小传动角出现在曲柄与机架垂直的位置。对于导杆机构，如图 2-59（c）所示，由于在任何位置时主动件曲柄通过滑块传给从动杆的力的方向，与从动杆上受力点的速度方向始终一致，所以传动角 γ 始终等于 $90°$。

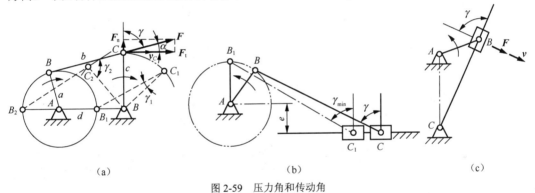

（a）　　　　　　　　　　（b）　　　　　　　　　（c）

图 2-59　压力角和传动角

（2）死点。

在不计构件的重力、惯性力和运动副中摩擦阻力的条件下，当机构处于压力角 α 为 $90°$（传动角 γ 为 $0°$）的位置时，由式（2-24）可知，推动从动件的有效分力为零。在此位置，无论驱动力多大，均不能使从动件运动，机构处于的这种位置称为死点。

四杆机构中是否存在死点，取决于从动件是否与连杆共线。对于曲柄摇杆机构，若以曲柄为原动件，因连杆与从动件摇杆无共线位置，故不存在死点；若以摇杆为原动件，因连杆与从动件曲柄有共线位置，故存在死点。

从传动的角度来看，机构中存在死点是不利的，因为这时从动件会出现卡死或运动不确定的现象（如缝纫机踏不动或倒车）。为克服死点对传动的不利影响，应采取相应措施使需要连续运转的机器顺利通过死点。比如在机器上加装惯性较大的飞轮，利用惯性来通过死点（如缝纫机）或采用错位排列的方法通过死点，如图 2-60 所示的多缸活塞发动机。

工程上有时也利用死点来实现一定的工作要求。如图 2-61 所示的夹具，工件被夹紧后 BCD 为一条直线，此时夹紧机构处于死点，即使工件反力很大也不能使夹紧机构反转，使工

件的夹紧牢固、可靠。再如图 2-62 所示的飞机起落架，当起跑轮放下时，BC 杆与 CD 杆共线，机构处于死点，地面对轮子的力不会使 CD 杆转动，从而保证飞机安全起飞和降落。又如图 2-63 所示的折叠椅也是利用死点来承受外力的。

机构的死点

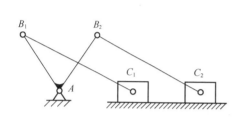

图 2-60　多缸活塞发动机机构简图

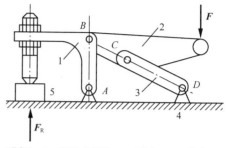

1—压板（曲柄）；2—手柄（连杆）；3—摇杆；4—工作台；5—工件

图 2-61　夹具

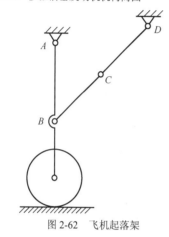

图 2-62　飞机起落架

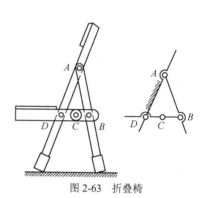

图 2-63　折叠椅

【任务实施】

分析缝纫机踏板机构的运动特性

如图 2-31 所示，分析缝纫机踏板机构的运动特性的步骤如下。

① 缝纫机踏板 CD 做往复摆动，带轮上的曲轴 AB 做整周回转，所以 CD 为摇杆原动件，AB 为曲柄从动件，BC 为连杆，AD 为机架。

根据铰链四杆机构有曲柄条件推论：当最长杆与最短杆长度之和小于或等于其余两杆长度之和，且最短杆为连架杆时，得到曲柄摇杆机构，此机构 AB 为最短。因 BC 为机构的最长构件得

$$AB + BC \leqslant AD + CD，\quad 即 \quad 4 + 16 \leqslant 11 + CD$$

$$CD \geqslant AB + BC - AD，\quad 即 \quad CD \geqslant 4 + 16 - 11 = 9$$

故当 $9 \leqslant CD < 16$ 时，缝纫机踏板机构才能为曲柄摇杆机构。

② 图 2-64 所示的缝纫机踏板机构，踏板（即摇杆 CD）为原动件，曲柄 AB 为从动件。当曲柄与连杆处于两个共线位置（AB_1C_1 实线位置和 AB_2C_2 虚线位置）时，机构的传动角 $\gamma = 0°$，连杆 BC 作用于曲柄 AB 的力 F 通过曲柄回转中心 A，对曲柄的回转力矩为零，不能驱使曲柄转动，所以机构的这两个位置均为死点。因为曲柄与大皮带轮为同一构件，一般情

况下利用皮带轮的惯性可使机构通过死点。若在速度较低情况下出现卡死现象，可用手旋转安装在机头主轴上的飞轮（即上带轮）解决。

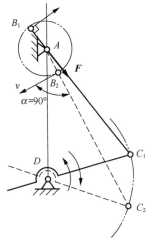

图 2-64　缝纫机踏板机构的死点

|任务 2.3　设计简单的平面四杆机构|

【任务导入】

已知图 1-2 所示内燃机中的曲柄滑块机构，其机构运动简图如图 2-44（d）所示，行程速度变化系数 $K = 1.4$，行程 $H = 200\text{mm}$，偏距 $e = 50\text{mm}$，如何设计该曲柄滑块机构？

【任务分析】

内燃机提供的动力一直是汽车的主要动力。其能源效率的优劣直接影响到汽车能源消耗水平，曲柄滑块机构是内燃机中必不可少的专用机构。我们必须了解内燃机的结构和工作原理，掌握平面四杆机构的工作特性，掌握平面四杆机构的设计和计算方法，才能设计出符合要求的内燃机曲柄滑块机构。

【相关知识】

2.3.1　按给定连杆位置设计平面四杆机构

1．概述

平面四杆机构的设计指的是运动设计，即根据已知条件来确定机构中各构件的尺寸。这种设计一般可归纳为以下两类设计问题。

（1）实现给定的运动规律。如原动件等速运动时，要求从动件实现预期的急回特性或确定连杆的几组特定位置等。

（2）实现给定的运动轨迹。如要求连杆上某一点能沿着给定轨迹运动等。

平面四杆机构的设计方法有图解法、解析法和试验法 3 种。图解法直观但精度不高，解析法精确但设计复杂，试验法简便但不实用。3 种方法各有优缺点，本书仅介绍图解法。

2．机构设计

图 2-65 所示为加热炉门，要求设计一个四杆机构，把炉门从开启位置 B_2C_2（炉门水平位置，受热面向下）转变为关闭位置 B_1C_1（炉门垂直位置，受热面朝向炉膛）。

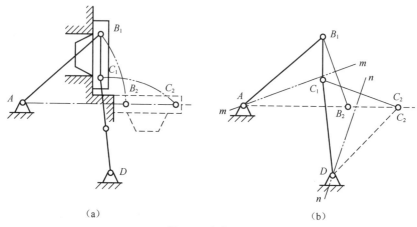

（a）　　　　　　　　　　　　　　　　　（b）

图 2-65　加热炉门

本例中，炉门即要设计的四杆机构中的连杆。因此设计的主要问题是根据给定的连杆长度及两个位置来确定另外三杆的长度，实际上就是确定两连架杆 AB 及 CD 的回转中心 A 和 D 的位置。

由于连杆上 B 点的运动轨迹是以 A 为圆心，以 AB 长为半径的圆弧，所以 A 点必在 B_1、B_2 连线的垂直平分线上，同理可得 D 点亦必在 C_1、C_2 连线的垂直平分线上。因此可得设计步骤如下。

① 选取适当的长度比例尺 μ_1（μ_1＝实际尺寸/作图尺寸），按已知条件画出连杆（如本例中的炉门）BC 的两个位置 B_1C_1、B_2C_2。

② 连接 B_1B_2、C_1C_2，分别画 B_1B_2、C_1C_2 的垂直平分线 mm、nn。

③ 分别在垂直平分线 mm、nn 上任意选取一点作为转动中心 A、D，如图 2-65（b）所示。

由此可见，若只给定连杆的两个位置，则有无穷多个解，一般再根据具体情况由辅助条件（比如最小传动角、各杆尺寸范围或其他结构要求等）得到确定解。如果给定连杆的 3 个位置，设计过程与上述相同，但由于 3 点（如 B_1、B_2、B_3）可确定一个圆，故转动中心 A、D 能够唯一确定，即有唯一解，如图 2-66 所示。

平面四杆机构的设计实例

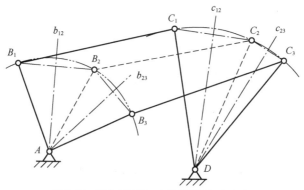

图 2-66　按给定连杆 3 个位置设计四杆机构

2.3.2　按给定行程速度变化系数 K 设计平面四杆机构

1．曲柄摇杆机构

已知摇杆 CD 的长度 l_{CD}、摆角 φ 和行程速度变化系数 K，试设计该曲柄摇杆机构。

设计的关键是确定固定铰链 A 的位置，具体设计步骤如下。

① 画摇杆的极限位置：选取适当的比例尺 μ_1，按摇杆长度 l_{CD} 和摆角 φ 画出摇杆的两极限位置 C_1D 和 C_2D，如图 2-67 所示。

② 求极位夹角：由式（2-23）算出极位夹角 θ。

③ 求曲柄回转中心 A：连接 C_1C_2，作 $\angle C_1C_2O = \angle C_2C_1O = 90° - \theta$，得点 O，以点 O 为圆心、$OC_1$ 为半径作辅助圆，则弧 $\overset{\frown}{C_1C_2}$

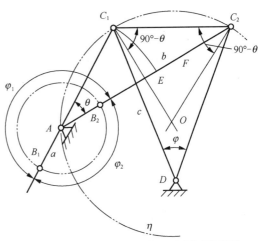

图 2-67　按行程速度变化系数设计曲柄摇杆机构

所对的圆心角为 2θ，所对的圆周角为 θ；在辅助圆圆周的允许范围内任选一点 A，则 $\angle C_1AC_2 = \theta$。

④ 确定机构尺寸：由于摇杆在极限位置时，连杆与曲柄共线，则有 $AC_1 = BC - AB$，$AC_2 = BC + AB$，故有

$$AB = \frac{AC_2 - AC_1}{2}$$

$$BC = \frac{AC_2 + AC_1}{2}$$

由上述两式求得 AB、BC 并从图 2-67 中量取 AD 后，可得曲柄、连杆、机架的实际长度分别为

$$l_{AB} = AB \cdot \mu_1,\ l_{BC} = BC \cdot \mu_1,\ l_{AD} = AD \cdot \mu_1$$

⑤ 校验：依据实际的需求可校验机构的最小传动角 γ_{min}，应使 $\gamma_{min} \geqslant [\gamma]$。因曲柄的回转中心 A 为任意选取，故该机构有无穷多个解。若再给定附加条件，如机架的长度或曲柄的长度等，A 点在圆周上的位置便可确定，则该机构有定解。此时，若最小传动角 $\gamma_{min} \leqslant [\gamma]$，或其他附加条件不满足，则需改选原始数据，重新设计。

2．曲柄滑块机构

已知曲柄滑块机构的行程速度变化系数 K、滑块行程 H、偏距 e，设计此曲柄滑块机构。设计步骤如下。

① 由给定的行程速度变化系数 K，计算出极位夹角 θ：$\theta = 180° \times \dfrac{K-1}{K+1}$。

② 取适当的长度比例尺 μ_1 确定 $C_1C_2 = H$ 和滑块的两个极限位置 C_1 和 C_2，如图 2-68 所示。

③ 以 C_1C_2 为底作等腰三角形 $\triangle C_1OC_2$，使 $\angle C_1C_2O = \angle C_2C_1O = 90° - \theta$，$\angle C_1OC_2 = 2\theta$，以 O 点为圆心、$C_1O$ 为半径作圆。

④ 作偏距线交圆弧于 A 点，即为所求曲柄与机架的固定铰链中心。

⑤ 连接 AC_1、AC_2，即可得到曲柄与连杆两共线位置，求出曲柄的长度 l_{AB} 和连杆的长度 l_{BC}。

$$l_{AB} = \mu_1 \frac{AC_2 - AC_1}{2}$$

$$l_{BC} = \mu_1 \frac{AC_2 + AC_1}{2}$$

3．导杆机构

已知曲柄摆动导杆机构的机架长 l_{AD} 和行程速度变化系数 K，试设计该机构。设计步骤如下所述。

① 由给定的行程速度变化系数 K，计算出极位夹角 θ（即摆角 φ）。

② 任取一点 D，作 $\angle mDn = \theta$，如图 2-69 所示。

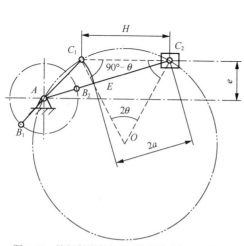

图 2-68 按行程速度变化系数设计曲柄滑块机构

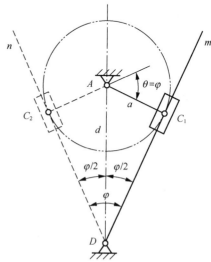

图 2-69 按行程速度变化系数设计导杆机构

③ 取适当的长度比例尺 μ_1，作角平分线，在角平分线上取 $DA = l_{AD}$，可以求得曲柄回转中心 A。

④ 过 A 点作导杆任意极限位置垂线 AC_1（或 AC_2），则 AC_1 即为曲柄长度，$l_{AC} = \mu_1 \times AC_1$。

【任务实施】

设计内燃机中的曲柄滑块机构

内燃机曲柄滑块机构的设计过程如下所述。

（1）由给定的行程速度变化系数 K，计算出极位夹角 θ。

$$\theta = 180° \times \frac{K-1}{K+1} = \frac{180°(1.4-1)}{1.4+1} = 30°$$

（2）取长度比例尺 $\mu_1 = 1:1$，$C_1C_2 = H = 200\text{mm}$，确定滑块的两个极限位置 C_1 和 C_2，如图 2-70 所示。

（3）以 C_1C_2 为底作等腰三角形 $\triangle C_1OC_2$，使 $\angle C_1C_2O = \angle C_2C_1O = 90 - \theta = 60°$，$\angle C_1OC_2 = 2\theta = 60°$。以 O 为圆心、C_1O 为半径作圆。

（4）作偏距线 $e = 50\text{mm}$，交圆弧于 A 点，即为所求曲柄与机架的固定铰链中心。

（5）连接 AC_1、AC_2，即可得到曲柄与连杆共线位置，求出曲柄的长度 l_{AB} 和连杆的长度 l_{BC}。

$$l_{AB} = \mu_1 \frac{AC_2 - AC_1}{2} = 93.1\text{mm}$$

$$l_{BC} = \mu_1 \frac{AC_2 + AC_1}{2} = 169.3\text{mm}$$

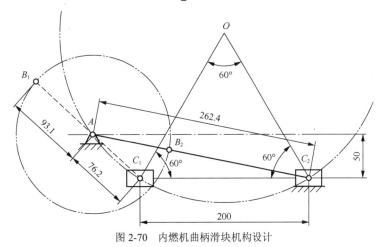

图 2-70　内燃机曲柄滑块机构设计

|【综合技能实训】组装平面四杆机构并观察其特性|

1. 目的和要求

（1）加深学生对平面连杆机构组成原理的认识，熟悉其运动特性。

（2）使学生通过机构的拼接，发现一些平面四杆机构设计中的典型问题；通过解决问题，掌握运动方案设计中的一些基本知识点，对四杆机构的运动特性有更全面的理解。

（3）拓宽学生的知识面，培养学生的创新意识、综合设计及工程实践能力。

2. 设备和工具

（1）机构组合设计搭接实训台（简称实训台，见图 2-71）。

（2）实训台配套的构件及滑块（长度、偏心距可调节），连接用的螺钉、螺母、垫圈等。

（3）活动扳手、固定扳手、内六角扳手、螺钉旋具、钢板尺、量角器等装拆工具及测量工具。

（4）自备绘图工具。

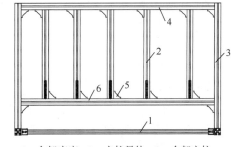

1—台架底座；2—立柱导轨；3—台架立柱；
4—上横梁；5—角铝；6—下横梁

图 2-71　机构组合设计搭接实训台

3. 训练内容

（1）提出机构的设计方案，并绘制在草稿纸上。

（2）在机构组合设计搭接实训台上组装出各机构，并验证设计方案是否合理，对方案进行修订，对机构进行调试。

4. 训练步骤

（1）各小组利用杆长条件，根据机构的运动特点，分别提出一组曲柄摇杆机构、曲柄滑块机构及曲柄导杆机构的设计方案，并绘制在草稿纸上。

（2）根据拟定的构件尺寸，利用机构组合设计搭接实训台提供的零件，按机构运动的传递顺序进行拼接。

（3）验证组装出的各机构是否能实现预定的运动，对方案进行修订，对机构进行调试，得到最终方案。

（4）按比例尺绘制实际拼装的机构运动简图，标注构件号和运动副数目，测定构件参数，填入表2-1。

（5）对实训中出现的问题、解决方法进行总结。

（6）分组谈谈收获和体会。

5．注意事项

（1）拼接时，首先要分清机构中各构件所占据的运动平面，其目的是避免各运动构件发生运动干涉。

（2）支撑销、挡销类在连杆孔内要能够转动。

表2-1 各机构的构件参数

机构名称	曲柄摇杆机构	曲柄滑块机构	曲柄导杆机构
曲柄长度			
摇（连）杆长度			—
摇（导）杆摆角		—	
机架长度			
滑块行程	—		—
机构运动简图			
实训中出现的问题及解决方法			
收获和体会			

【思考与练习】

一、单选题

1. 曲柄摇杆机构的死点发生在（　　）位置。

　　A．从动杆与连杆共线　　　　　　　B．主动杆与摇杆共线

C. 主动杆与机架共线 D. 从动杆与机架共线

2. 为使机构顺利通过死点，常采用在高速轴上装（   ）机构增大惯性的方法。

A. 飞轮 B. 齿轮 C. 凸轮 D. 棘轮

3. 当曲柄为原动件时，（   ）机构具有急回特性。

A. 摆动导杆 B. 平行双曲柄 C. 对心曲柄滑块 D. 转动导杆

4. 平行双曲柄机构的连杆上任意一点的运动轨迹是（   ）。

A. 任意的封闭曲线 B. 抛物线 C. 圆 D. 平行于机架的直线

5. （   ）机构能把等速转动转换成变速转动。

A. 曲柄摇杆 B. 摆动导杆 C. 双摇杆 D. 双曲柄

6. （   ）机构能把转动运动转换成往复直线运动。

A. 曲柄摇杆 B. 双曲柄 C. 曲柄滑块 D. 摆动导杆

7. 在曲柄摇杆机构中，只有当（   ）为主动件时，才会出现死点。

A. 曲柄 B. 摇杆 C. 机架 D. 连杆

8. 曲柄摇杆机构中，曲柄的长度（   ）。

A. 最短 B. 最长 C. 大于摇杆长度 D. 大于连杆长度

9. 某平面力系向其作用面内任意一点简化的最终结果为（   ）。

A. 一个合力 B. 一个合力偶

C. 一个力和一个力偶 D. 无法确定

10. 力偶在（   ）的坐标轴上的投影之和为零。

A. 正交 B. 与力垂直 C. 与力平行 D. 任意

二、简答题

1. 连杆机构为什么又称为低副机构？它有哪些特点？常应用于何种场合？

2. 铰链四杆机构有哪几种形式？它们各有何区别？

3. 四杆机构有哪些基本类型？它们通过何种途径从铰链四杆机构演化而来？

4. 何谓"曲柄"？铰链四杆机构中曲柄存在的条件是什么？曲柄是否一定是最短杆？

5. 连杆机构中急回特性的含义是什么？什么条件下连杆机构才具有急回特性？

6. 何谓摇杆的"行程速度变化系数"？它能说明什么问题？何谓"极位夹角"？

7. 何谓连杆机构的压力角和传动角？其大小对连杆机构的工作有何影响？

8. 何谓连杆机构的死点？是否所有四杆机构都存在死点？什么情况下会出现死点？请举出避免死点和利用死点的例子。

三、画图与计算题

1. 画出图 2-72 所示各物体系统中每个刚体的受力分析图。假设接触面都是光滑的，没有画重力矢的物体都不计重力。

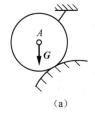

(a)

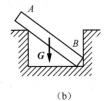

(b)

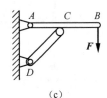

(c)

图 2-72 题 1 图

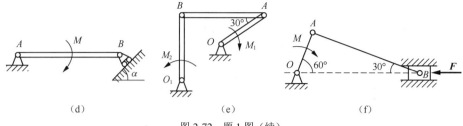

图 2-72　题 1 图（续）

2. 画出图 2-73 所示各支架中 A 销的受力分析图，并求各支架中 AB、AC 杆所受的力。

3. 图 2-74 所示为一台简易起重机。利用绞车和绕过滑轮的绳索吊起重物，其重力的大小 $G = 20kN$，各杆与滑轮的重力不计。滑轮 B 的大小可忽略不计，试求杆 AB 与 BC 所受的力。

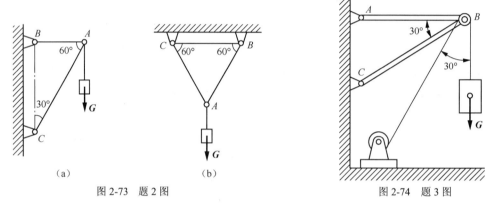

图 2-73　题 2 图　　　　　　　　　　　图 2-74　题 3 图

4. 已知图 2-75 所示支架受载荷 G 和 M 作用，杆自重不计，试分别求两支架 A 端的约束反力及 BC 杆所受的力。

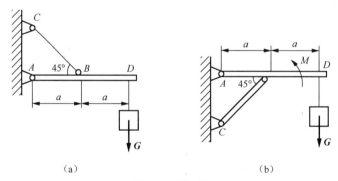

图 2-75　题 4 图

5. 如图 2-76 所示，已知 F、q、a，且 $F = qa$，$M = Fa$，试求各梁的支座反力。

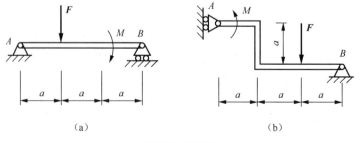

图 2-76　题 5 图

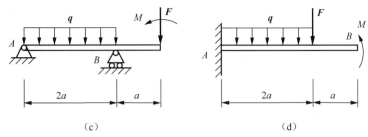

（c）　　　　　　　　　　　（d）

图 2-76　题 5 图（续）

6. 组合梁 AC 和 CE 用铰链 C 相连，A 端为固定端，E 端为活动铰链支座。受力如图 2-77 所示。已知 $l = 8$m，$P = 5$kN，均布载荷集度 $q = 2.5$kN/m，力偶矩的大小 $M = 5$kN·m，试求固定端 A、铰链 C 和支座 E 的反力。

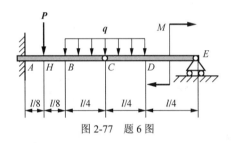

图 2-77　题 6 图

7. 试根据图 2-78 中注明的尺寸判断下列铰链四杆机构是曲柄摇杆机构、双曲柄机构，还是双摇杆机构。

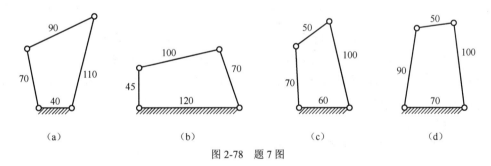

（a）　　　　　　（b）　　　　　　（c）　　　　　　（d）

图 2-78　题 7 图

8. 图 2-79 所示的四铰链运动机构，已知各构件长度 $l_{AB} = 55$mm，$l_{BC} = 40$mm，$l_{CD} = 50$mm，$l_{AD} = 25$mm。

（1）哪个构件固定可得到曲柄摇杆机构？

（2）哪个构件固定可得到双曲柄机构？

（3）哪个构件固定可得到双摇杆机构？

9. 图 2-80 所示的四铰链机构中，已知 $l_{BC} = 50$mm，$l_{CD} = 35$mm，$l_{AD} = 30$mm，AD 为机架。

（1）如果能成为曲柄摇杆机构，且 AB 是曲柄，求 l_{AB} 的极限值。

（2）如果能成为双曲柄机构，求 l_{AB} 的取值范围。

（3）如果能成为双摇杆机构，求 l_{AB} 的取值范围。

10. 试画出图 2-81 所示机构的传动角 γ 和压力角 α，并判断哪些机构正处于死点。

11. 试画出图 2-82 所示机构的极位夹角。

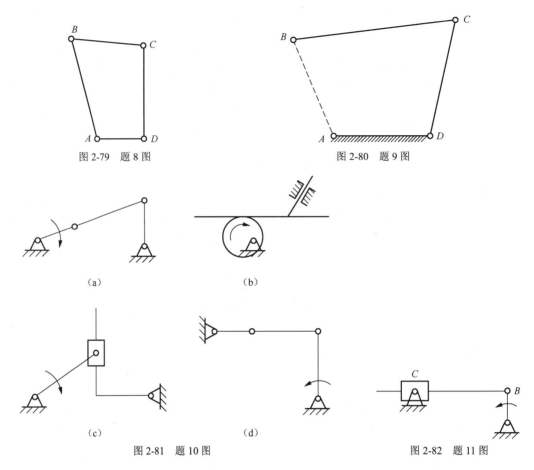

图 2-79 题 8 图

图 2-80 题 9 图

（a）

（b）

（c）

（d）

图 2-81 题 10 图

图 2-82 题 11 图

12. 设计一脚踏轧棉机的曲柄摇杆机构，如图 2-83 所示。要求踏板 CD 上下各摆 10°，且 $l_{CD}=500$mm，$l_{AD}=1000$mm，试用图解法求曲柄 AB 和连杆 BC 的长度。

13. 图 2-84 所示为偏置曲柄滑块机构，已知行程速度变化系数 $K=1.5$，滑块的行程 $h=50$mm，偏距 $e=16$mm，试用图解法求：

（1）曲柄长度 l_{AB} 和连杆长度 l_{BC}；

（2）滑块为原动件时机构的死点。

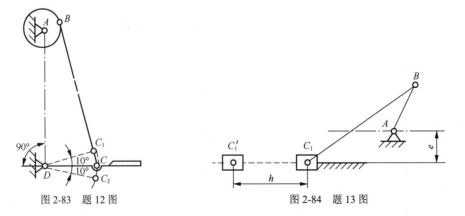

图 2-83 题 12 图

图 2-84 题 13 图

项目 3
凸轮机构和其他间歇运动机构

与连杆机构一样，凸轮机构也是平面机构中的常用机构，广泛应用于各种机械和自动控制装置中。各种机器和仪器中还应用了许多其他形式和用途的机构，它们的种类很多，一般统称为其他常用机构。本项目介绍凸轮机构和其他间歇运动机构。

|【学习目标】|

知识目标

（1）了解凸轮机构的组成、类型和适用场合；

（2）熟悉凸轮机构的工作过程、基本术语及从动件常用运动规律；

（3）理解凸轮轮廓曲线设计中所应用的"反转法"原理和压力角的概念；

（4）了解各种间歇运动机构的工作原理、特点、功能及适用场合。

能力目标

（1）能够分析从动件常用运动规律的特点，掌握其选择原则；

（2）能够对凸轮机构进行轮廓曲线的设计；

（3）掌握确定凸轮机构基本尺寸的方法；

（4）能够比较分析棘轮、槽轮及不完全齿轮等机构的工作原理、特点。

素质目标

（1）通过工程实例，了解机构的应用环境，加深对工作岗位的认识，培养尊重劳动、爱岗敬业、知行合一的工匠精神。

（2）在机构设计过程中，培养创新意识和信息素养、综合设计及工程实践能力。

| 任务 3.1   认识凸轮 |

【任务导入】

图 3-1 所示为内燃机的配气机构，配气机构是控制发动机进气和排气的装置。其作用是按照发动机的工作循环和点火次序的要求，定时开启和关闭各缸的进、排气门，以便在进气行程，使尽可能多的可燃混合气（汽油机）或空气（柴油机）进入气缸；在排气行程将废气快速排出气缸，实现换气过程。请分析其工作过程。

【任务分析】

内燃机配气机构中运用了凸轮机构，气门的打开和关闭特性取决于凸轮轮廓曲线。凸轮机构由哪些构件组成？其分类及应用如何？用图解法设计该凸轮机构中的凸轮轮廓曲线，需要了解图解法的设计原理、凸轮机构的工作过程、从动件的运动规律及机构实现预期工作要求的参数。

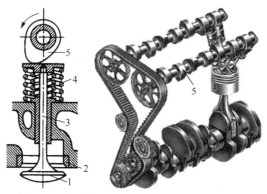

1—气门；2—气门座；3—气门杆；4—气门弹簧；5—凸轮

图 3-1   内燃机的配气机构

内燃机工作
原理

【相关知识】

3.1.1   凸轮机构的应用和分类

1. 凸轮机构的组成、特点和应用

在图 3-1 所示的内燃机的配气机构中，凸轮 5 匀速转动时，其向径的变化驱使从动件气门杆 3 按预期运动规律做上下往复运动，从而实现气门的开启和关闭。图 3-2 所示为转塔车床刀架进给凸轮机构，原动件凸轮 1 匀速转动时，其轮廓驱使从动件 2（扇形齿轮）按预期运动规律绕 O 轴转动，带动与刀架固定在一起的齿条 3 做往复进给运动。

以上两例中均含有一个凸轮，凸轮是指具有某种轮廓曲线或凹槽的构件，含有凸轮的机构称为凸轮机构。凸轮机构一般由凸轮、从动件和机架 3 个构件组成，通常凸轮为原动件，做连续等速转动，从动件（如推杆或摆杆）按预定规律做往复移动或摆动。

凸轮机构的特点是：结构简单、紧凑；设计方便，只需设计出适当的凸轮轮廓，就可使从动件实现任何预期的运动规律；但因为凸轮副是高副，为点接触或线接触，所以容易磨损。凸轮机构主要用于传递动力不大的控制或调节机构中。

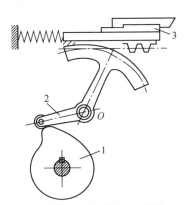

1—凸轮；2—从动件；3—齿条

图 3-2　转塔车床刀架进给凸轮机构

2．凸轮机构的分类

凸轮机构的分类方法如下。

（1）按凸轮形状分类。

① 盘形凸轮。绕固定轴转动且向径变化的凸轮称为盘形凸轮。盘形凸轮是凸轮的基本形式，如图 3-1 和图 3-2 所示。

凸轮机构的种类及其应用

② 移动凸轮。当盘形凸轮的回转中心趋于无穷远时，凸轮就做往复直线移动，这种情况下的凸轮就称为移动凸轮。图 3-3 中凸轮 1 沿水平方向往复移动，带动从动件 2 沿垂直方向往复移动。

③ 圆柱凸轮。轮廓曲线位于圆柱面上并绕圆柱轴线旋转的凸轮称为圆柱凸轮，如图 3-4 所示。

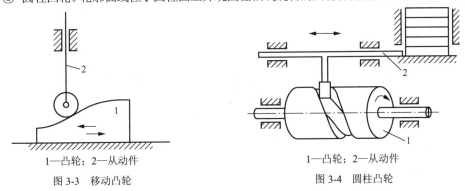

1—凸轮；2—从动件

图 3-3　移动凸轮

1—凸轮；2—从动件

图 3-4　圆柱凸轮

（2）按从动件形状分类。

① 尖顶从动件如图 3-5（a）所示，这种从动件以尖顶与凸轮接触，结构简单，能与具有任何轮廓曲线的凸轮保持高副连接，故可使从动件实现任意的运动规律。但是尖顶易磨损，所以这种从动件只用于传力不大的低速凸轮机构中。

② 滚子从动件如图 3-5（b）所示，这种从动件的顶端铰接一个滚子，并以滚子与凸轮保持接触。由于滚子与凸轮之间具有滚动摩擦，故磨损小而且均匀，可承受较大载荷，应用普遍。

③ 平底从动件如图 3-5（c）所示，这种从动件以平底与凸轮接触。在不考虑摩擦时，凸轮对这种从动件的作用力始终垂直于平底，传动效率最高。另外，凸轮与平底之间易形成楔形油膜区，便于润滑和减少磨损，所以这种从动件常用于高速凸轮机构中。但是这种从动件的缺点是不能用于具有内凹轮廓曲线的凸轮机构。

（3）按从动件与凸轮保持接触的方式分类。

① 力锁合的凸轮机构。依靠弹力或重力使从动件与凸轮保持接触，如图 3-1、图 3-2 和图 3-3 所示。

凸轮机构推杆的主要形式

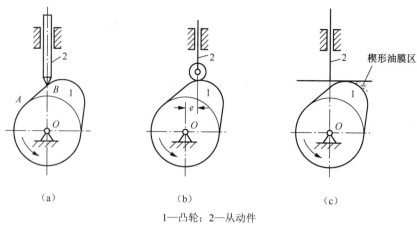

1—凸轮；2—从动件

图 3-5　从动件的形状

　　② 几何锁合的凸轮机构。依靠凸轮或从动件的几何形状使从动件与凸轮保持接触，图 3-6 所示为常用的几何锁合的凸轮机构，其中图 3-6（a）所示为沟槽凸轮机构，图 3-6（b）所示为等宽凸轮机构，图 3-6（c）所示为等径凸轮机构，图 3-6（d）所示为共轭凸轮机构。

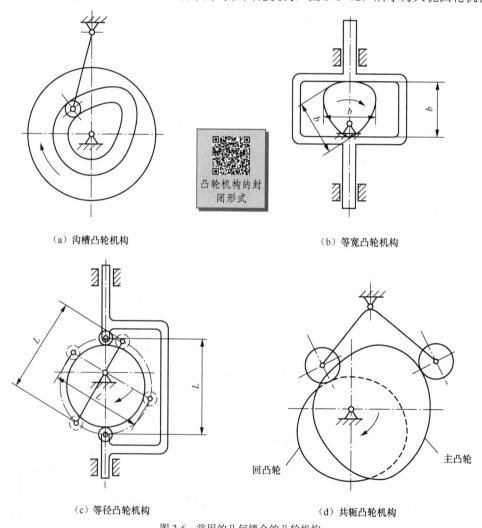

（a）沟槽凸轮机构　　　　　　　　　　　　　（b）等宽凸轮机构

（c）等径凸轮机构　　　　　　　　　　　　　（d）共轭凸轮机构

图 3-6　常用的几何锁合的凸轮机构

除以上 3 种分类方法外，还可按从动件的运动形式分为移动从动件（见图 3-1、图 3-3、图 3-4 和图 3-5）和摆动从动件（见图 3-2）凸轮机构。在移动从动件中，若导路轴线通过凸轮的回转轴，则称为对心直动从动件，如图 3-1、图 3-5（a）与图 3-5（c）所示；否则称为偏置移动从动件，如图 3-5（b）所示。

将不同类型的从动件和凸轮组合起来，就可得到各种不同类型的凸轮机构，图 3-2 所示的凸轮机构可命名为对心直动平底从动件盘形凸轮机构。

3.1.2 常用的从动件运动规律

1. 平面凸轮机构的基本尺寸和运动参数

图 3-7（a）所示为对心直动尖顶从动件盘形凸轮机构。其中以凸轮轮廓最小向径 r_0 为半径所作的圆称为凸轮的基圆，r_0 称为基圆半径。图 3-7（b）所示为对应于凸轮转动一周从动件的位移线图。横坐标代表凸轮的转角 φ，纵坐标代表从动件的位移 s。在该位移图上，由 a 到 b 是从动件上升的曲线，与这段曲线相对应的，是从动件远离凸轮轴心的运动，我们把从动件的这一行程称为推程，从动件的位移称为行程，用 h 表示，相应的凸轮转角 $\angle AOB$ 称为推程运动角，用 Φ_0 表示；由 b 到 c 是从动件在最远位置静止不动的直线，对应的凸轮转角 $\angle BOC$ 称为远休止角，用 Φ_s 表示；由 c 到 d 是从动件由最远位置回到初始位置的曲线，这一行程称为回程，对应的凸轮转角 $\angle COD$ 称为回程运动角，用 Φ_0' 表示；由 d 到 a 是从动件在最近位置静止不动的曲线，对应的凸轮转角 $\angle DOA$ 称为近休止角，用 Φ_s' 表示。从图 3-7 中可以知晓，当凸轮连续转动时，从动件将重复上述的"升—停—降—停"的运动循环。

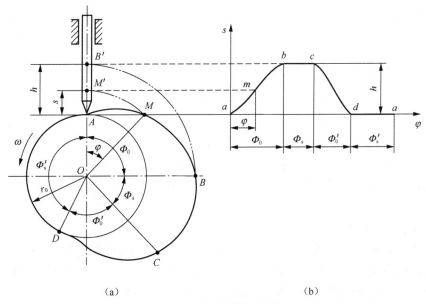

（a）   （b）

图 3-7 凸轮机构的运动过程

然而，并不是所有凸轮机构的从动件都必须有"升—停—降—停"这样的运动循环。实际上，从动件的运动循环根据工作要求的不同可以只有"升—停—降"或"升—降—停"或"升—降"等运动循环。

从动件运动循环的规律称为从动件的运动规律，或者说，从动件的运动规律就是指从动件的运动参数（即位移、速度和加速度）随时间而变化的规律。当凸轮做匀速转动时，其转角 φ 与时间成正比，所以从动件的运动规律也可以用从动件的运动参数随凸轮转角 φ 而变化的规律来表示，即 $s=f_1(\varphi)$，$v=f_2(\varphi)$，$a=f_3(\varphi)$，这称为从动件的运动方程。运动方程通常用以转角 φ 或时间 t 为横坐标，相应运动参数 s、v、a 为纵坐标的运动线图来表示，因此，可用从动件的运动线图来表示其运动规律。

根据上述分析可知，从动件的运动规律取决于凸轮的轮廓形状，轮廓形状不同，从动件的运动规律随之变化。所以，设计凸轮的轮廓时，首先要确定从动件的运动规律。

2．常见的从动件运动规律

从动件的运动规律很多，下面以直动从动件盘形凸轮机构为例，介绍几种常见的运动规律。

（1）等速运动规律。

从动件运动的速度为常数的运动规律，称为等速运动规律。这种运动规律中，从动件的位移 s 与凸轮的转角 φ 成正比。其推程运动线图如图 3-8（a）所示。从动件运动时速度保持为常数，但在行程始末两点速度有突变，加速度在理论上应有从 $+\infty$ 到 $-\infty$ 的突变，会产生非常大的惯性力，导致机构受到剧烈冲击，这种冲击称为刚性冲击。因此，若单独采用此运动规律，仅适用于低速轻载的场合。

（2）等加速等减速运动规律。

从动件在一个行程中，先做等加速运动，后做等减速运动，且通常加速度与减速度的绝对值相等，这样的运动规律称为等加速等减速运动规律。其推程运动线图如图 3-8（b）所示。这种运动规律的速度曲线是连续的，不会产生刚性冲击。但在加速度曲线中，A、B、C 这 3 处加速度存在有限突变，使从动件的惯性力也随之发生突变，从而与凸轮轮廓产生一定的冲击，这种冲击称为柔性冲击，它比刚性冲击要小得多。因此，此运动规律一般可用于中速轻载的场合。

（3）余弦加速度运动规律。

从动件运动时，其加速度是按余弦规律变化的，这种运动规律称为余弦加速度运动规律，也称为简谐运动规律。其推程运动线图如图 3-8（c）所示。这种运动规律在行程的始末点加速度发生有限突变，故也会引起柔性冲击，因此，在一般情况下，它仅适用于中低速中载或重载的场合。当从动件做"升—降—升"运动循环时，若在推程和回程中，均采用此运动规律，则可获得包括始末点的全程光滑、连续的加速度曲线。在此情况下，不会产生冲击，故可用于高速凸轮机构。

（4）正弦加速度运动规律。

从动件运动时，其加速度是按正弦规律变化的，这种运动规律称为正弦加速度运动规律，也称为摆线运动规律。其推程运动线图如图 3-8（d）所示。从动件在整个行程中无速度和加速度的突变，不会使机构产生冲击，所以适用于中高速重载场合。

常见的从动件运动规律及运动特性如表 3-1 所示。

应该指出，除了以上几种常见的从动件运动规律外，有时还要求从动件满足特定的运动规律，其动力性能的好坏及适用场合，仍可参考表 3-1 中的方法进行分析。

3．从动件运动规律的选择

在选择从动件的运动规律时，应根据机器工作时的运动要求来确定。为了获得更好的运动特性，可以把多种基本运动规律组合起来加以应用。如机床中控制刀架进刀的凸轮机构，要求刀架进刀时做等速运动，所以应选择从动件做等速运动的运动规律，至于行程始末点，可以通过拼接其他运动规律的曲线来消除冲击。对于无一定运动要求，只需要从动件有一定位移量的凸轮机构，如夹紧、送料等凸轮机构，可只考虑加工方便，采用圆弧、直线等轮廓的凸轮。对于高速机构，应减小惯性力所造成的冲击，多选择具有正弦加速度运动规律或其他改进型的运动规律的从动件。

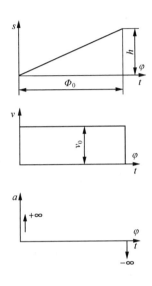

（a）等速运动规律

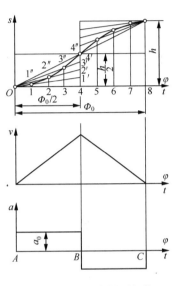

（b）等加速等减速运动规律

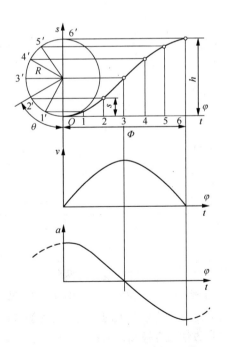

（c）余弦加速度运动规律

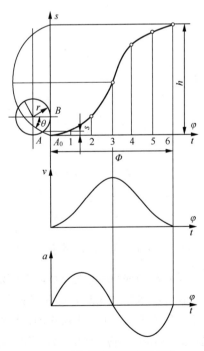

（d）正弦加速度运动规律

图 3-8　常见的从动件运动规律推程运动线图

表 3-1　　　　　　　　　　　常见的从动件运动规律及运动特性

运动规律	运动方程		冲击位置	冲击性质	适用范围
	推程 $0° \leqslant \varphi \leqslant \Phi$	回程 $0° \leqslant \varphi' \leqslant \Phi'$			
等速运动	$s = \dfrac{h}{\Phi}\varphi$ $v = \dfrac{h}{\Phi}\omega$ $a = 0$	$s = h - \dfrac{h}{\Phi'}\varphi'$ $v = -\dfrac{h}{\Phi'}\omega$ $a = 0$	行程始末两点	刚性冲击	低速轻载
等加速等减速运动	$0° \leqslant \varphi \leqslant \dfrac{\Phi}{2}$ $s = \dfrac{2h}{\Phi^2}\varphi^2$ $v = \dfrac{4h\omega}{\Phi^2}\varphi$ $a = \dfrac{4h\omega^2}{\Phi^2}$ $\dfrac{\Phi}{2} \leqslant \varphi \leqslant \Phi$ $s = h - \dfrac{2h(\Phi-\varphi)^2}{\Phi^2}$ $v = \dfrac{4h\omega}{\Phi^2}(\Phi-\varphi)$ $a = -\dfrac{4h\omega^2}{\Phi^2}$	$0° \leqslant \varphi' \leqslant \dfrac{\Phi'}{2}$ $s = h - \dfrac{2h}{\Phi'^2}\varphi'^2$ $v = -\dfrac{4h\omega}{\Phi'^2}\varphi'$ $a = -\dfrac{4h\omega^2}{\Phi'^2}$ $\dfrac{\Phi'}{2} \leqslant \varphi' \leqslant \Phi'$ $s = \dfrac{2h(\Phi'-\varphi')^2}{\Phi'^2}$ $v = -\dfrac{4h\omega}{\Phi'^2}(\Phi'-\varphi')$ $a = \dfrac{4h\omega^2}{\Phi'^2}$	行程始末两点和中点	柔性冲击	中速轻载
余弦加速度运动（简谐运动）	$s = \dfrac{h}{2}\left(1 - \cos\dfrac{\varphi}{\Phi}\pi\right)$ $v = \dfrac{\pi h\omega}{2\Phi}\sin\dfrac{\varphi}{\Phi}\pi$ $a = \dfrac{\pi^2 h\omega^2}{2\Phi^2}\cos\dfrac{\varphi}{\Phi}\pi$	$s = \dfrac{h}{2}\left(1 + \cos\dfrac{\varphi'}{\Phi'}\pi\right)$ $v = -\dfrac{\pi h\omega}{2\Phi'}\sin\dfrac{\varphi'}{\Phi'}\pi$ $a = -\dfrac{\pi^2 h\omega^2}{2\Phi'^2}\cos\dfrac{\varphi'}{\Phi'}\pi$	行程始末点	柔性冲击	中低速中载或重载
正弦加速度运动（摆线运动）	$s = h\left(\dfrac{\varphi}{\Phi} - \dfrac{1}{2\pi}\sin\dfrac{2\varphi}{\Phi}\pi\right)$ $v = \dfrac{h\omega}{\Phi}\left(1 - \cos\dfrac{2\varphi}{\Phi}\pi\right)$ $a = \dfrac{2\pi h\omega^2}{\Phi^2}\sin\dfrac{2\varphi}{\Phi}\pi$	$s = h\left(1 - \dfrac{\varphi'}{\Phi'} + \dfrac{1}{2\pi}\sin\dfrac{2\varphi'}{\Phi'}\pi\right)$ $v = -\dfrac{h\omega}{\Phi'}\left(1 - \cos\dfrac{2\varphi'}{\Phi'}\pi\right)$ $a = -\dfrac{2\pi h\omega^2}{\Phi'^2}\sin\dfrac{2\varphi'}{\Phi'}\pi$	无	无冲击	中高速重载

3.1.3　盘形凸轮轮廓曲线设计

在确定从动件的运动规律后，就可设计凸轮的轮廓。凸轮轮廓的设计有两种方法。一种是图解法（也称为作图法），这种方法简单、直观，可直接得出凸轮的轮廓，但作图有一定误差，设计精度不高。如果细心作图，精确度还是可满足一般工程要求的，因此用图解法设计凸轮轮廓在工程上应用较多。另一种是解析法，这种方法精度较高，但设计计算量大，多用于精密或高速凸轮机构的设计。本节主要介绍用图解法设计凸轮轮廓。

用图解法设计凸轮轮廓的依据是"反转法"原理。图 3-9 所示为对心直动尖顶从动件盘形凸轮机构设计原理。当凸轮以等角速度 ω 沿逆时针方向转动时，从动件按一定的运动规律做直线运动。现假设对整个凸轮机构加上一个绕凸轮转动中心 O 转动且与凸轮角速度 ω 等值、反向的公共角速度 $-\omega$，此时，凸轮与从动件的相对运动并未改变，但凸轮在定参考系里却静止不动，而从动件一方面随导路一起以等角速度 $-\omega$ 绕 O 点转动，另一方面仍以原来的运动规律在导路中做相对移动。由于从动件的尖顶始终与凸轮接

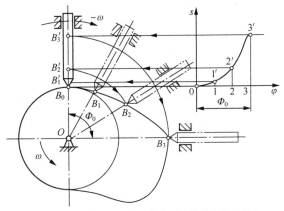

图 3-9　对心直动尖顶从动件盘形凸轮机构设计原理

触，所以反转后从动件尖顶的运动轨迹就是凸轮的轮廓曲线。

1. 对心直动尖顶从动件盘形凸轮轮廓的设计

某对心直动尖顶从动件盘形凸轮机构，已知其从动件的运动规律，基圆半径为 r_0，凸轮以角速度 ω 沿顺时针方向转动，试设计该凸轮的轮廓曲线。

设计步骤如下所述。

① 绘制从动件位移线图：根据已知从动件的运动规律，选定适当比例尺 μ_s 作出位移线图，如图 3-10（b）所示。

② 确定从动件初始位置：取与位移线图相同的比例尺 μ_s 画出基圆，选定从动件尖顶离轴心 O 的最近点为从动件的初始位置，如图 3-10（a）所示，从动件与凸轮轮廓在 B_0 点接触。

图解法设计对心直动尖顶从动件盘形凸轮机构

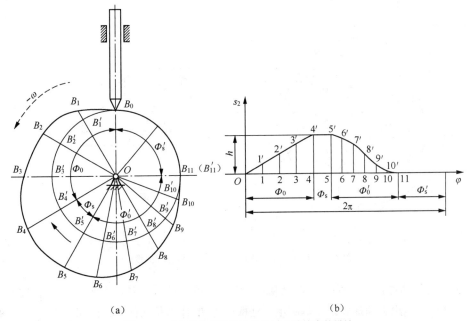

（a）　　　　　　　　　　　　　（b）

图 3-10　对心直动尖顶从动件盘形凸轮轮廓的设计

③ 确定从动件反转运动占据的各位置：在基圆上自 B_0 开始，沿 $-\omega$ 方向量取推程运动角、远休止角、回程运动角和近休止角，并将推程运动角和回程运动角各分成若干等份，得 B_1'，

B_2', B_3', …，过凸轮轴心 O 和上述各等分点作射线 OB_1'，OB_2'，OB_3'，…，这些射线即从动件导路在反转过程中所依次占据的位置。

④ 确定从动件预期运动占据的各位置：将位移线图横坐标分段等分，分成与基圆相同的等份，通过各等分点作横坐标的垂线并与位移曲线相交，得到相应的凸轮各转角时从动件的位移 $11'$，$22'$，$33'$，…，如图 3-10（b）所示。在各条射线上自 B_1'，B_2'，B_3'，…各点从基圆开始向外分别量取位移量，分别截取 $B_1B_1' = 11'$，$B_2B_2' = 22'$，$B_3B_3' = 33'$，…，得到 B_1，B_2，B_3，…各点。

⑤ 连接从动件高副元素族：将 B_0，B_1，B_2，B_3，…各点连成光滑曲线，该曲线即所要设计的对心直动尖顶从动件盘形凸轮轮廓曲线。

2. 偏置移动尖顶从动件盘形凸轮轮廓的设计

某偏置移动尖顶从动件盘形凸轮机构，已知其从动件的运动规律，偏距为 e、基圆半径为 r_0，凸轮以角速度 ω 沿顺时针方向转动，试设计该凸轮的轮廓曲线。

偏置移动尖顶从动件盘形凸轮轮廓的设计步骤与对心直动尖顶从动件盘形凸轮轮廓的设计步骤相似，但由于从动件导路不通过凸轮的转动中心，所以从动件在反转的过程中，其导路也不通过凸轮的转动中心，而是始终与以凸轮的转动中心为圆心、以偏距 e 为半径所作的偏距圆相切。根据这一特点，可以得到偏置移动尖顶从动件凸轮轮廓的设计步骤如下。

图解法设计偏置直动尖顶从动件盘形凸轮轮廓

① 绘制从动件位移线图：根据已知从动件的运动规律，按选定的比例尺 μ_s 作出位移线图，并将横坐标分段等分，如图 3-11（b）所示。

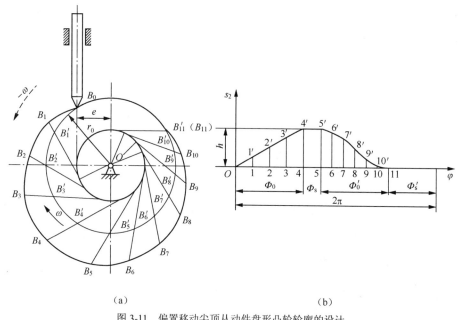

（a）　　　　　　　　　　　　（b）

图 3-11　偏置移动尖顶从动件盘形凸轮轮廓的设计

② 确定从动件初始位置：以 O 为圆心，以已知的偏距 e、基圆半径 r_0 为半径按所选比例尺 μ_s 分别作偏距圆和基圆。在基圆上，任取一点 B_0 作为从动件升程的起始点，并过 B_0 作偏距圆的切线，该切线即从动件导路的起始位置。

③ 确定从动件反转运动占据的各位置：由 B_0 开始，沿 ω 的相反方向将基圆分成与位移线图相同的等份，得 B_1'，B_2'，B_3'，…等分点。过 B_1'，B_2'，B_3'，…各点分别作偏距圆的切线并延长，

则这些切线就是从动件在反转过程中所依次占据的位置。

④ 确定从动件预期运动占据的各位置：在各条切线上自 B_1', B_2', B_3', …分别截取 B_1B_1' = 11′，B_2B_2' = 22′，B_3B_3' =33′ 等，得 B_1, B_2, B_3, …。

⑤ 连接从动件高副元素族：将 B_0, B_1, B_2, B_3, …连成光滑曲线，该曲线即所要设计的偏置移动尖顶从动件盘形凸轮轮廓曲线。

3．滚子从动件盘形凸轮轮廓的设计

已知某基圆半径为 r_0 的滚子从动件盘形凸轮机构，其从动件的位移线图如图 3-10（b）所示，凸轮以角速度 ω 沿顺时针方向转动。试设计该凸轮的轮廓曲线。

滚子从动件盘形凸轮轮廓曲线的设计步骤与尖顶从动件盘形凸轮轮廓的设计步骤基本相同，如图 3-10 所示。其不同点就是将滚子中心看作尖顶从动件的尖顶，按上述方法先设计出其轮廓曲线 β_0。以 β_0 上各点为中心、以滚子半径为半径作一系列滚子圆，再作这些滚子圆的内包络线 β，则包络线 β 就是与从动件直接接触的凸轮轮廓曲线，称为凸轮工作轮廓曲线，也是滚子从动件盘形凸轮机构的实际轮廓曲线，如图 3-12 所示。曲线 β_0 称为凸轮的理论轮廓曲线。在设计理论轮廓曲线 β_0 时，半径为 r_0 的基圆称为凸轮理论轮廓基圆，而以凸轮实际轮廓曲线最小向径值为半径所作的圆，称为凸轮实际轮廓基圆。

由图 3-12 所示可知，用反转法使凸轮停止转动后，从动件的滚子将始终与凸轮轮廓曲线 β 相接触，而滚子中心将描出一条曲线 β_0。这条曲线 β_0 与凸轮轮廓曲线 β 在法线方向的距离处处等于滚子半径 r_T。因此，曲线 β_0 是凸轮轮廓曲线 β 的法向等距曲线。由于滚子中心是从动件上的一个固定点，因此它的运动就代表了从动件的运动，于是理论轮廓曲线 β_0 可理解为以滚子中心作为尖顶从动件的尖顶时，所得到的凸轮轮廓曲线。

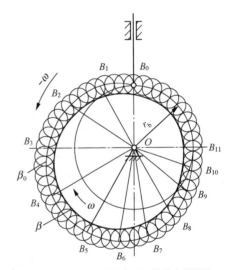

图 3-12　滚子从动件盘形凸轮轮廓的设计

根据以上分析，滚子从动件盘形凸轮轮廓的设计步骤如下。

① 将滚子中心视为尖顶从动件的尖顶，按上述尖顶从动件凸轮轮廓曲线的作图方法，画出理论轮廓曲线 β_0。

② 以理论轮廓曲线 β_0 上各点为圆心，以滚子半径为半径画出一系列滚子圆。然后作这一系列滚子圆的内包络线 β，曲线 β 就是所要设计的滚子从动件盘形凸轮的实际轮廓曲线。

3.1.4　凸轮设计中的几个问题

设计凸轮机构时，不仅要遵循从动件的运动规律，还要求结构紧凑和传力性能良好，这些要求与凸轮机构的压力角、基圆半径和滚子半径等有关。

1．凸轮机构的压力角和自锁

图 3-13 所示为对心直动尖顶从动件盘形凸轮机构在推程任一位置的受力情况，F_Q 为从动件所受的载荷（如工作阻力、重力、弹簧力和惯性力等），若不计摩擦，则凸轮对从动件的作用力 F 沿接触点的法线方向。力 F 可分解为两个分力，即沿从动件运动方向的有用分力

F_1 和使从动件压紧导路的有害分力 F_2。由此可得

$$\begin{cases} F_1 = F\cos\alpha \\ F_2 = F\sin\alpha \end{cases} \qquad (3\text{-}1)$$

式中，α 是从动件在接触点所受力的方向与该点速度方向所形成的锐角，称为压力角。显然，有用分力 F_1 随压力角的增大而减小，有害分力 F_2 随压力角的增大而增大。当压力角 α 增大到一定值时，由有害分力 F_2 引起的摩擦阻力将超过有用分力 F_1。此时，无论凸轮对从动件的力 F 有多大，都不能使从动件运动，这种现象称为自锁。在设计凸轮机构时自锁现象是绝对不允许出现的。

可见，压力角的大小是衡量凸轮机构传力性能好坏的一个重要指标。为提高传动效率、改善受力情况，凸轮机构的压力角越小越好。但是，压力角的大小不只与从动件的受力情况有关。根据运动学知识，可得

$$r_0 = \frac{v}{\omega\tan\alpha} - s \qquad (3\text{-}2)$$

由式（3-2）可知，压力角 α 与基圆半径 r_0 成反比，压力角 α 越小，基圆半径 r_0 就越大，凸轮尺寸随之变大。所以，为避免凸轮尺寸过大，使机构尺寸更加紧凑，凸轮机构的压力角越大越好。

综合上述两方面的因素，既要使凸轮机构传力性能良好，又要使凸轮机构尺寸尽可能紧凑，则压力角既不能过大，也不能过小。因此，压力角应有一许用值，以[α]表示。设计凸轮机构时应使凸轮机构的实际最大压力角 $\alpha_{max} \leqslant [\alpha]$。根据工程实践经验，许用压力角[α]的取值推荐如下。

推程（工作行程）：移动从动件[α] = 30°；

摆动从动件[α] = 45°。

回程（空回行程）：因受力较小且无自锁问题，所以[α]可取大些，通常[α]取 70°～80°。

凸轮轮廓曲线上各点的压力角是变化的，在绘出凸轮轮廓曲线后，必须对理论轮廓曲线，特别是对推程段轮廓曲线上各点的压力角进行检验，以防超过许用值。常用的简便检验方法如图 3-14 所示，在理论轮廓曲线上某几处较陡的地方取几点，作这几点的法线，再用量角器检验各点法线与该点向径之间的夹角是否超过许用压力角值，若超过许用压力角值，则要修改设计，通常采用增大凸轮基圆半径的方法使 α_{max} 减小。

凸轮机构的压力角

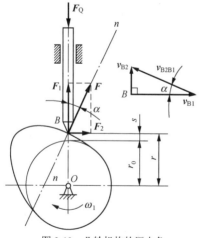

图 3-13　凸轮机构的压力角

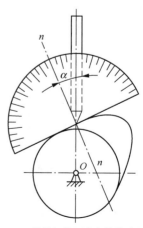

图 3-14　凸轮机构压力角的检验方法

2. 基圆半径的确定

由于基圆半径 r_0 与凸轮机构压力角 α 的大小有关，所以在确定基圆半径时，主要考虑的是机构的最大压力角 α_{max} 小于许用压力角$[\alpha]$这一要求。具体确定方法是，根据式（3-2）由许用压力角$[\alpha]$的值求出凸轮许用的最小基圆半径$[r_0]$，再按结构条件取基圆半径 $r_0 \leqslant [r_0]$。

由于按这一方法确定的基圆半径比较小，且方法烦琐，所以实际设计时，通常都由结构条件初步确定基圆半径，并进行凸轮轮廓设计和压力角检验，直至满足 $\alpha_{max} \leqslant [\alpha]$ 为止。

工程实际中，还可按经验来确定基圆半径 r_0。当凸轮与轴制成一体时，可取凸轮基圆半径 r_0 略大于轴的半径；当凸轮与轴分开制造时，r_0 由下面的经验公式确定：

$$r_0 = (1.6 \sim 2)r \tag{3-3}$$

式中，r 是安装凸轮处轴颈的半径。

3. 滚子半径的确定

一般来说，滚子半径增大，对提高接触强度和耐磨性都有利，但是滚子半径的增大要受到凸轮轮廓曲线曲率半径的限制。设凸轮理论轮廓曲线的最小曲率半径为 ρ_{min}，滚子半径为 r_T，实际轮廓曲线最小曲率半径为 ρ_a。对于轮廓曲线的内凹部分，有 $\rho_a = \rho_{min} + r_T$，不论滚子半径 r_T 多大，ρ_a 总大于零，因此总能作出凸轮实际轮廓曲线，如图 3-15（a）所示。对于轮廓曲线的外凸部分，有 $\rho_a = \rho_{min} - r_T$，若 $\rho_{min} > r_T$，如图 3-15（b）所示，同样可作出凸轮实际轮廓曲线；若 $\rho_{min} = r_T$，如图 3-15（c）所示，则实际轮廓曲线出现尖点，极易磨损；若 $\rho_{min} < r_T$，如图 3-15（d）所示，则实际轮廓曲线发生交叉，在加工凸轮时，轮廓上的交叉部分将被切去。凸轮实际轮廓曲线上的尖点被磨损或交叉部分被切去后，都将使滚子中心不在理论轮廓曲线上，这会造成从动件的运动失真现象。

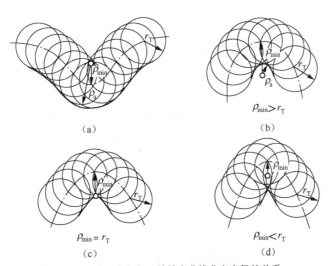

$\rho_{min} > r_T$

（a）　　　　　　　　　　（b）

$\rho_{min} = r_T$　　　　　　　　$\rho_{min} < r_T$

（c）　　　　　　　　　　（d）

图 3-15　滚子半径与凸轮轮廓曲线曲率半径的关系

根据上述分析可知，滚子半径 r_T 必须小于凸轮理论轮廓曲线外凸部分的最小曲率半径 ρ_{min}，从结构上考虑，r_T 还必须小于基圆半径 r_0。实际设计时，r_T 应满足以下两个经验公式：

$$\begin{cases} r_T \leqslant 0.8\rho_{min} \\ r_T \leqslant 0.4r_0 \end{cases} \tag{3-4}$$

【任务实施】

分析内燃机配气机构的运动

结合已学过的知识分析图 3-1，可知配气机构气门的开、闭由凸轮驱动（凸轮也可通过摇臂等驱动气门打开）。现将凸轮相关参数填写在图 3-16 中，并分析其工作过程（见表 3-2）。

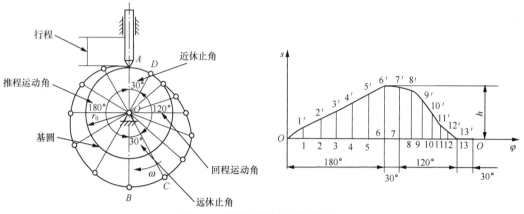

图 3-16　凸轮机构的基本运动过程

表 3-2　　　　　　　　　　　　　　　　凸轮工作过程分析

序号	参数名称	分析
1	基圆	以凸轮轮廓最小向径 r_0 为半径所作的圆称为凸轮的基圆，r_0 称为基圆半径
2	推程	由 A 到 B 是从动件上升的一段曲线。与这段曲线相对应的从动件的运动，是远离凸轮轴心的运动，这一行程称为推程，从动件所移动的距离称为行程，用 h 表示。相应的凸轮转角 $\angle AOB$ 称为推程运动角，为 180°，即气门打开的过程
3	远休止角	由 B 到 C 是从动件在最远位置静止不动的曲线，对应的凸轮转角 $\angle COB$ 称为远休止角，为 30°，即气门保持打开的状态
4	回程	由 C 到 D 是从动件由最远位置回到初始位置的曲线，这一行程称为回程。对应的凸轮转角 $\angle COD$ 称为回程运动角，为 120°，即气门闭合的过程
5	近休止角	由 D 到 A 是从动件在最近位置静止不动的曲线，对应的凸轮转角 $\angle AOD$ 称为近休止角，为 30°，即气门保持闭合的状态

| 任务 3.2　认识其他间歇运动机构 |

【任务导入】

已知一冲压式蜂窝煤成形机的转盘采用槽轮间歇运动机构，槽轮间歇运动机构槽数 z 按工位要求选定为 6，按结构情况确定中心距 $A = 300\text{mm}$。试设计该槽轮间歇运动机构。

【任务分析】

冲压式蜂窝煤成形机的工作原理如下：将煤粉加入转盘上的模筒内，经冲头在柱饼状煤中冲出若干通孔压成蜂窝煤。图 3-17（a）所示是冲压式蜂窝煤成形机示意图。冲压式蜂窝煤成形机通过加料、冲压成形、脱模、扫屑、模筒转模间歇运动及输送 6 个动作来完成整个工作过程。模筒转盘上均布模筒，转盘的间歇运动使加料后的模筒进入加压位置，成形后的模筒进入脱模位置，空的模筒进入加料位置。其模型如图 3-17（b）所示。

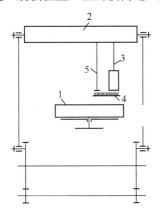

(a) 示意图　　　　　　　　　　　　　　　(b) 模型

1—模筒转盘；2—滑梁；3—冲头；4—扫屑刷；5—脱模盘

图 3-17　冲压式蜂窝煤成形机

实际工作中，常常要求原动件连续运动，而从动件做周期性运动和停歇。实现这种运动的机构，称为间歇运动机构。棘轮机构、槽轮机构、不完全齿轮机构和凸轮式间歇机构等是实现这种间歇运动常用的机构。它们广泛用于自动机床的进给机构、送料机构、刀架的转位机构、精纺机的成形机构等。为了合理地设计转盘的间歇运动机构，必须了解槽轮机构等的组成、工作原理、运动特点、主要参数及几何尺寸如何确定和计算。

【相关知识】

3.2.1　棘轮机构

1. 棘轮机构的工作原理

图 3-18（a）所示为齿式棘轮机构，它主要由摇杆 1、驱动棘爪 2、从动棘轮 3、制动爪 4、机架 5 和弹簧 6 等组成。弹簧 6 用来使制动爪 4 和从动棘轮 3 保持接触。摇杆 1 和从动棘轮 3 的回转轴线重合。

棘轮机构有两大类型，不同类型棘轮机构的工作原理不同。图 3-18（a）所示是齿式棘轮机构，其工作原理是往复摆动的摇杆 1 在逆时针摆动时，使其上的驱动棘爪 2 插入从动棘轮 3 的齿槽中，刚性推动从动棘轮 3 转动，而制动爪 4 则在从动棘轮 3 的齿背上滑过；当摇杆 1 顺时针摆动时，驱动棘爪 2 在从动棘轮 3 的齿上滑过，不产生刚性推动，而制动爪 4 则阻止从动棘轮 3 顺时针转动，从而使从动棘轮 3 不动。因此，当摇杆 1 连续往复摆动时，从动棘轮做单向间歇运动。

图 3-18（b）所示是外摩擦式棘轮机构，其工作原理是当往复摆动的摇杆 1 逆时针摆动时，其上向径逐渐增大的楔块 2 与摩擦轮 3 的表面楔紧成一体来实现摩擦轮的转动，制动爪 4 在棘轮上滑过；摇杆 1 顺时针摆动时，楔块 2 在摩擦轮 3 的表面滑过，摩擦轮 3 静止不动，

此时制动爪 4 则与棘轮楔紧，防止棘轮反转。

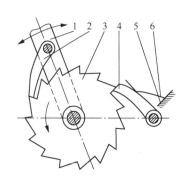
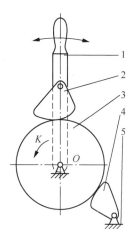

（a）齿式棘轮机构

1—摇杆；2—驱动棘爪；3—从动棘轮；4—制动爪；
5—机架；6—弹簧

（b）外摩擦式棘轮机构

1—摇杆；2—楔块；3—摩擦轮；
4—制动爪；5—机架

图 3-18　棘轮机构

2．棘轮机构的类型

除按工作原理可将棘轮机构分为齿式和外摩擦式两大类外。按结构和功能，还可将棘轮机构分为如下几种。

（1）外啮合和内啮合棘轮机构。

图 3-18 所示的棘轮机构，棘爪（或楔块）2 装在从动棘轮 3 的外面，称为外啮合棘轮机构。图 3-19 所示的棘轮机构，棘爪（或楔块）2 装在从动棘轮 3 的内部，称为内啮合棘轮机构。比如自行车后轴上的"飞轮"，是典型的内啮合齿式棘轮机构。图 3-19（c）所示是摩擦式滚珠或滚柱内啮合棘轮机构，在自行车的倒蹬闸及一些机床中得到较广泛的应用。

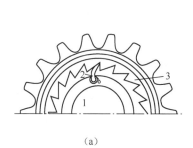
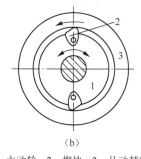
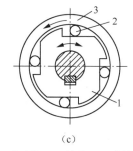

（a）

1—主动轮；2—棘爪；3—从动棘轮

（b）

1—主动轮；2—楔块；3—从动棘轮

（c）

1—主动轮；2—滚珠；3—摩擦轮

图 3-19　内啮合棘轮机构

（2）单动式和双动式棘轮机构。

图 3-18 和图 3-19 所示的棘轮机构，都是当原动件往某一方向摆动时，才能推动棘轮转动，故称为单动式棘轮机构。图 3-20 所示的棘轮机构具有两个棘爪，摇杆往复摆动时都可推动棘轮机构转动，故称为双动式棘轮机构。

（3）可变向棘轮机构。

以上所介绍的棘轮机构，棘轮都只能按一个方向做单向间歇运动，因此可统称单向棘轮机构。图 3-20 所示的棘轮机构根据工作需求可使棘轮做双向

单向棘轮机构
的工作原理

双向棘轮机构
的工作原理

间歇运动，这类机构称为可变向棘轮机构，也称双向棘轮机构。图 3-21（a）所示的可变向棘轮机构采用翻转棘爪，当翻转棘爪位于实线位置时，棘轮逆时针转动；当翻转棘爪位于虚线位置时，棘轮顺时针转动。图 3-21（b）所示的可变向棘轮机构采用回转棘爪，当回转棘爪按图示位置放置时，棘轮逆时针间歇转动；若将回转棘爪提起并绕本身轴线转 180° 后再插入棘轮齿槽，棘轮将顺时针间歇转动；若将回转棘爪提起后绕本身轴线转 90°，回转棘爪将被架在壳体顶部并与棘轮齿槽分开，此时棘轮静止不动。

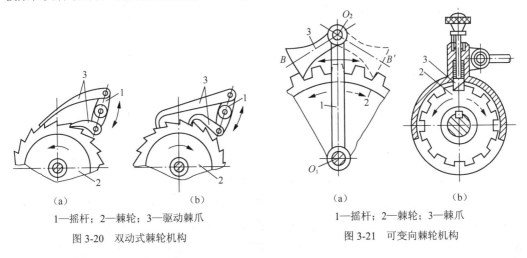

| （a） | （b） | （a） | （b） |

1—摇杆；2—棘轮；3—驱动棘爪 　　　　　　　1—摇杆；2—棘轮；3—棘爪

图 3-20　双动式棘轮机构 　　　　　　　　　图 3-21　可变向棘轮机构

3．棘轮机构的特点与应用

棘轮机构结构简单、易于制造、运动可靠，改变棘轮转角方便（如改变摇杆的摆角），可实现"超越运动"（原动件不动而从动件继续运动的现象叫作超越运动）。但棘轮机构只能有级调节，且工作时存在较大的冲击与噪声，运动精度不高，所以常用在传力不大、转速不高的场合，以实现步进运动、分度、超越运动和制动等要求。

应用案例 1：图 3-22 所示为自行车后轮轴上的棘轮机构。当脚蹬踏板时，经链轮 1 和链条 2 带动内圈具有棘齿的小链轮 3 顺时针转动，再经过棘爪推动后轮轴顺时针转动，从而驱使自行车前进。自行车下坡时，踏板不动，链轮 1 和链条 2 均不动，后轮轴依靠惯性力继续旋转，棘爪划过棘齿，实现超越运动。

应用案例 2：图 3-23 所示为提升机构中防止机构逆转的棘轮制动部分。这种棘轮制动部分广泛应用于卷扬机、提升机以及运输机等设备中。

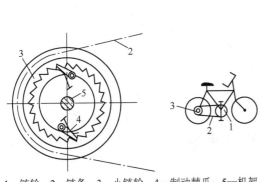

1—链轮；2—链条；3—小链轮；4—制动棘爪；5—机架

图 3-22　自行车后轮轴上的棘轮机构

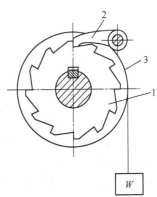

1—棘轮；2—棘爪；3—卷筒

图 3-23　棘轮制动部分

应用案例 3：图 3-24 所示的牛头刨床工作台的横向进给机构中，运动由一对齿轮传到曲柄 1，经连杆 2 带动摇杆 4 做往复摆动。摇杆 4 上装有图 3-21（b）所示的双向棘轮机构的棘爪，棘轮 3 与丝杠 5 固连，棘爪带动棘轮 3 做单方向间歇转动，从而使工作台 6 做间歇进给运动。若改变棘爪摆角，可以调节进给量；改变棘爪的位置，可改变进给运动的方向。

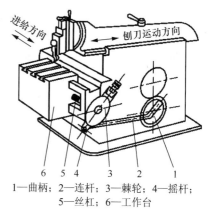

1—曲柄；2—连杆；3—棘轮；4—摇杆；
5—丝杠；6—工作台

图 3-24　牛头刨床的横向进给机构

3.2.2　槽轮机构

槽轮是带有若干个径向槽的构件，含有槽轮的机构称为槽轮机构，又称为马耳他机构，是另一种主要的单向间歇运动机构。

1．槽轮机构的工作原理

图 3-25 所示的外啮合槽轮机构，由带有圆柱销 A 的原动件拨盘 1、从动件槽轮 2 及机架组成。拨盘 1 以等角速度 ω_1 转动时，槽轮 2 做间歇运动。当拨盘上的圆柱销 A 未进入槽轮的径向槽时，槽轮上的内凹锁止弧 β 被拨盘上的外凸锁止弧 α 卡住，槽轮静止不动；当拨盘上的圆柱销 A 进入槽轮的径向槽时，内凹锁止弧 β 刚好被松开，槽轮在圆柱销 A 的驱动下转动；当圆柱销 A 离开槽轮的径向槽时，槽轮上的下一个内凹锁止弧 β 又被拨盘上的外凸锁止弧 α 卡住，使槽轮静止不动。槽轮依次重复着以上的运动循环，即做间歇运动。

槽轮机构的工作原理

2．槽轮机构的类型

槽轮机构有两种基本类型：外啮合槽轮机构（见图 3-25）和内啮合槽轮机构（见图 3-26）。前者拨盘与槽轮的转向相反，后者拨盘与槽轮的转向相同。

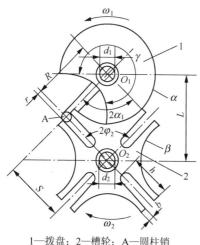

1—拨盘；2—槽轮；A—圆柱销

图 3-25　外啮合槽轮机构

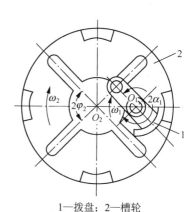

1—拨盘；2—槽轮

图 3-26　内啮合槽轮机构

拨盘上的圆柱销可以有一个，也可以有多个。图 3-27 所示为双圆柱销外啮合槽轮机构，此时拨盘转动一周，槽轮转动两次。

3．槽轮机构的特点与应用

在槽轮机构中，槽轮在进行啮合和脱离啮合时比棘轮机构平稳，但仍然存在有限的加速度突变，即存在柔性冲击。槽轮在转动过程中，其角速度和角加速度有较大的变化，槽轮的槽数越少，这种变化越大，越影响其动力特性，所以槽轮的槽数不宜选得过少，一般选取槽数 z 为 4～8。对于槽轮机构，拨盘上的圆柱销数及槽轮的径向槽数是其主要参数，这两个参数要根据具体的运动要求来确定。

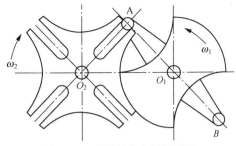

图 3-27　双圆柱销外啮合槽轮机构

　　槽轮机构结构简单、尺寸紧凑、工作可靠、平稳性高、机械效率高，但在圆柱销进入和脱离径向槽时存在冲击，而且加工精度要求高、槽轮转角不可调，所以槽轮机构主要应用于各种仪器和精密机械中，起间歇运动作用。

　　应用案例 1：图 3-28 所示为转塔车床刀架转位槽轮机构，刀架 3 上可装 6 把刀具并与具有相应径向槽的槽轮 2 固连，拨盘上装有一个圆柱销 A。拨盘每转一周，圆柱销 A 进入槽轮一次，驱使槽轮（即刀架）转 60°，从而将下一工序的刀具转换到工作位置。

　　应用案例 2：图 3-29 所示为电影放映机卷片槽轮机构，槽轮 1 具有 4 个径向槽，拨盘 2 上装有一个圆柱销 A。拨盘转一周，圆柱销 A 拨动槽轮转过 1/4 周，胶片移动一个画格，并停留一定时间（即放映一个画格）。拨盘继续转动，重复上述运动。利用人眼的视觉暂留效应，当每秒放映 24 幅画面时即可使人看到连续的画面。

电影放映机的工作原理

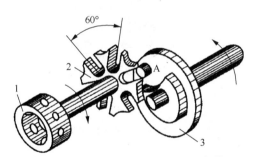

1—刀架；2—槽轮；3—拨盘；A—圆柱销

图 3-28　转塔车床刀架转位槽轮机构

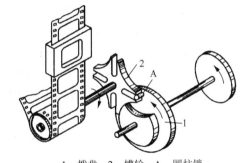

1—拨盘；2—槽轮；A—圆柱销

图 3-29　电影放映机卷片槽轮机构

3.2.3　不完全齿轮机构

1. 不完全齿轮机构的工作原理

　　不完全齿轮机构由普通渐开线齿轮机构演化而成，图 3-30（a）所示的外啮合不完全齿轮机构，由具有一个或几个齿的不完全齿轮 1（简称轮 1）、具有正常轮齿和带锁止弧的从动轮 2（简称轮 2）及机架组成。在轮 1 等速连续转动中，当轮 1 的轮齿与轮 2 的正常齿啮合时，轮 1 驱动轮 2 转动；当轮 1 的锁止弧 S_1 与轮 2 的锁止弧 S_2 接触时，轮 2

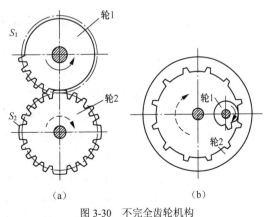

图 3-30　不完全齿轮机构

停歇不动并停止在确定的位置上，从而实现周期性单向间歇运动。停歇时轮 2 上的锁止弧与轮 1 上的锁止弧密合，保证轮 2 停歇在确定的位置上而不发生游动现象。在外啮合不完全齿轮机构中，主动轮每转过 1 周，从动轮只转 1/4 周，从动轮转 1 周停歇 4 次。

不完全齿轮机构有外啮合和内啮合两种类型，内啮合不完全齿轮机构如图 3-30（b）所示，一般常用外啮合不完全齿轮机构。

2．不完全齿轮机构的特点

不完全齿轮机构结构简单、制造方便，从动轮转动和停歇的时间比例关系不受机构结构的限制。但因为从动轮在转动开始和终止时速度有突变，冲击较大，所以一般多用于转速不高、要求步进转动一定角度的分度装置和自动化机械。例如，步进转动的工作台或刀架、电影放映机的送片机构等。

3.2.4　凸轮式间歇运动机构

1．凸轮式间歇运动机构的工作原理

凸轮式间歇运动机构利用凸轮的轮廓曲线，通过推动转盘上均匀分布的滚子（或圆柱销），将凸轮的连续转动变换为从动件转盘的间歇转动。凸轮式间歇运动机构主要用于垂直交错轴间的传动。图 3-31 所示为凸轮式间歇运动机构的一种常用形式——圆柱凸轮式间歇运动机构。主动件是带有螺旋槽的圆柱凸轮 1，从动件是端面上装有若干个均匀分布的滚子 3 的圆盘 2，其轴线与圆柱凸轮的轴线垂直交错。

2．凸轮式间歇运动机构的特点

凸轮式间歇运动机构的优点是结构简单、运转可靠、传动平稳且无噪声，承载能力较强，适用于高速、中载和高精度分度的场合，故在轻工机械、冲击机械和其他自动机械中得到广泛应用。其缺点是凸轮加工复杂、精度要求高、装配与调整要求较高，因此应用受到限制。

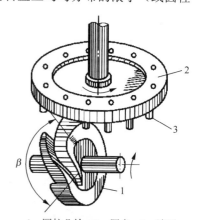

1—圆柱凸轮；2—圆盘；3—滚子

图 3-31　圆柱凸轮式间歇运动机构

【任务实施】

分析冲压式蜂窝煤成形机中的间歇运动机构

冲压式蜂窝煤成形机转盘采用的槽轮机构如图 3-32 所示，槽轮各部分尺寸设计如下。

（1）槽数 z：按工位要求选定为 6（已知）。

（2）中心距 A：按结构情况确定 $A = 300mm$（已知）。

（3）圆柱销回转半径 R_1：$R_1 = A\sin(180°/z) = 300mm\sin30° = 150mm$。

（4）圆柱销直径 D：$D = R_1/3 = 150mm/3 = 50mm$。

（5）拨盘外形半径 R_t：$R_t = R_1 + 0.5D + 2mm = (150 + 0.5 × 50 + 2)mm = 177mm$。

（6）槽轮半径 R_2：$R_2 = A\cos(180°/z) = 300mm\cos30° \approx 259.8mm$。

（7）槽深 H：$H = A - R_1 + 2 = (300 - 150 + 2)mm = 152mm$。

（8）槽顶一侧壁厚 e：$e = 0.3D = 0.3 × 50mm = 15mm$。

（9）锁止弧半径 R_x：$R_x = R_1 - 0.5D - e = (150 - 0.5 × 50 - 15)mm = 110mm$。

（10）锁止弧张开角 J：$J = 180°(1 - 2/z) = 180° × 2/3 = 120°$。

（11）槽轮转动半角 S：$S = 180°/z = 30°$。

（12）拨盘转动半角 W：$W = 90° - S = 60°$。

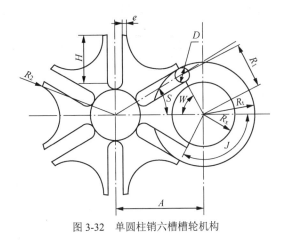

图 3-32　单圆柱销六槽槽轮机构

|【综合技能实训】设计汽车内燃机配气机构凸轮轮廓曲线|

１．目的和要求

（1）使学生熟练掌握应用反转法原理设计凸轮轮廓曲线的方法。

（2）培养学生的创新意识和信息素养、综合设计能力。

２．设备及工具

（1）钢直尺、圆规、量角器。

（2）自备纸、笔等文具。

３．训练内容

用图解法设计汽车内燃机配气机构对心直动盘形凸轮轮廓曲线。已知凸轮的基圆半径 $r_0 = 13mm$，行程 $h = 8mm$，推程运动角为 $60°$，近休止角为 $220°$，远休止角为 $20°$，回程运动角为 $60°$，凸轮顺时针匀速转动，从动件在推程和回程中按等加速等减速运动规律运动。

４．训练步骤

（1）选定长度比例尺、角度比例尺，画出从动件位移线图。按角度比例尺在横轴上从原点向右量取推程运动角、远休止角、回程运动角、近休止角，并将位移线图横坐标上代表推程运动角和回程运动角的线段各分为 6 等份，远休止角和近休止角的线段不必等分点。在纵轴上按长度比例尺向上截取推程位移，按已知运动规律画位移线图。过等分点分别作垂线，这些垂线与位移曲线相交所得的线段 11′、22′、33′、…、1212′即代表相应位置从动件位移量。

（2）选取与位移线图相同的比例尺。任取一点 O 为圆心，以已知基圆为半径作凸轮的基圆。过 O 点画从动件导路与基圆交于 B_0 点。

（3）自 OB_0 开始，沿 $-\omega$ 方向在基圆上量取各运动阶段的凸轮转角。再将这些角度各分为与从动件位移线图同样的等份，从而在基圆上得到相应的 B_1、B_2、B_3、…等分点，连接 OB_1、OB_2、OB_3、…即代表机构在反转后各瞬时位置从动件尖顶相对导路（即移动方向）的方向线。

（4）在 OB_1, OB_2, OB_3,…的延长线上分别截取 $A_1B_1 = 11'$, $A_2B_2 = 22'$, $A_3B_3 = 33'$,…得到机构反转后从动件尖顶的一系列位置点 A_1, A_2, A_3,…。

（5）将 A_1, A_2, A_3,…连成一条光滑的封闭曲线，即凸轮轮廓曲线。

将汽车内燃机配气机构对心直动盘形凸轮轮廓曲线的设计内容填入表 3-3。

表 3-3　　　　　　　　　　凸轮轮廓曲线设计实训报告

机构名称	
从动件的位移线图	
凸轮轮廓曲线	
实训中出现的问题及解决方法	
收获和体会	

【思考与练习】

一、单选题

1. 为了保证从动件工作顺利，凸轮轮廓曲线推程段的压力角取（　　）为好。

　　A. 小些　　　　　　　B. 大些　　　　　　　C. 大小都可以

2. 凸轮轮廓曲线没有凹槽，要求机构传力很大、效率高，应选（　　）从动杆。

　　A. 尖顶　　　　　　　B. 滚子　　　　　　　C. 平底

3. 压力角是指凸轮轮廓曲线上某点（　　）。

　　A. 切线方向与从动杆速度方向之间的夹角

　　B. 速度方向与从动杆速度方向之间的夹角

　　C. 法线方向与从动杆速度方向之间的夹角

4. （　　）从动件可适应任何运动规律形式而不发生运动失真。

　　A. 尖顶　　　　　　　B. 滚子　　　　　　　C. 平底

5. 在凸轮机构中，从动件在推程按等速运动规律上升时，在（　　）发生刚性冲击。

    A. 推程开始点　　　　B. 推程结束点　　　　C. 推程开始点和结束点

6. 对于外凸的凸轮轮廓曲线，滚子半径必须（　　）理论轮廓外凸部分的最小曲率半径。

    A. 等于　　　　　　　B. 大于　　　　　　　C. 小于

7. （　　）的凸轮机构，宜使用尖顶从动件。

    A. 转速较高　　　　　B. 需传动灵敏、准确　　C. 传力较大

8. （　　）决定从动件预定的运动规律。

    A. 凸轮轮廓曲线　　　B. 凸轮转速　　　　　C. 凸轮形状

二、简答题

1. 在凸轮机构中，常见的凸轮形状有哪几种？各有什么特点？

2. 试比较尖顶、滚子、平底从动件的优缺点，并说明它们的适用场合。

3. 在凸轮机构中，常用从动件的运动规律有哪几种？各有什么特点？应如何选择？

4. 何谓凸轮轮廓设计的反转法原理？它对凸轮轮廓的设计有何作用？

5. 简述绘制凸轮曲线的过程。在绘制尖顶和滚子从动件凸轮机构的轮廓曲线时，有哪些相同和不同之处？

6. 何谓凸轮机构的压力角？设计凸轮机构时，为什么要控制压力角的最大值 α_{max}？

7. 凸轮基圆半径的选择与哪些因素有关？

8. 在设计滚子从动件凸轮机构时，如何确定滚子半径？

9. 棘轮机构是如何实现间歇运动的？棘轮机构有哪些类型？列举你所见过的棘轮机构应用实例。

10. 棘轮机构的转角可调吗？采用什么方法可以改变棘轮的转角范围？

11. 槽轮机构是如何实现间歇运动的？槽轮机构有哪些类型？

12. 在槽轮机构和棘轮机构中，如何保证从动件在间歇时间内静止不动？

13. 简述不完全齿轮机构的工作原理。

14. 简述凸轮式间歇运动机构的工作原理。

三、画图与分析题

1. 说出图 3-33 所示凸轮机构的名称。已知 AB 段为凸轮的推程轮廓曲线，试在图 3-33 上标注推程运动角 Φ。

2. 说出图 3-34 所示凸轮机构的名称，画出凸轮的基圆并标出图示位置的压力角。已知凸轮为以 C 点为中心的圆盘，轮廓上 D 点与尖顶接触时其压力角为多大？试作图加以表示。

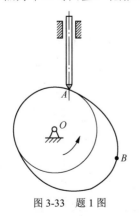

图 3-33　题 1 图

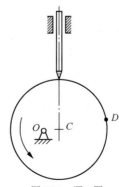

图 3-34　题 2 图

3. 试标出图3-35中各凸轮机构A点位置的压力角和再转过45°时的压力角。

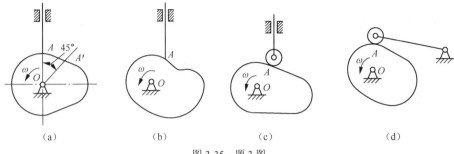

（a）　　　　　　（b）　　　　　　（c）　　　　　　（d）

图3-35　题3图

4. 已知一对心直动尖顶从动件盘形凸轮机构的基圆半径 $r_0 = 30\text{mm}$，凸轮沿顺时针方向转动，行程为 15mm，从动件的运动规律如表 3-4 所示。试用图解法设计该凸轮机构的凸轮轮廓。

表 3-4　　　　　　　　　　　　　从动件的运动规律

位置	推程	远休止角	回程	近休止角
运动规律	匀速上升	静止	匀速下降	静止
角度	0°～150°	150°～210°	210°～300°	300°～360°

5. 已知一偏置直动尖顶从动件盘形凸轮机构的基圆半径 $r_0 = 40\text{mm}$、偏距 $e = 20\text{mm}$、行程为 10mm，从动件的位移线图如图 3-36 所示，凸轮沿逆时针方向转动。试用图解法设计该凸轮机构的凸轮轮廓。

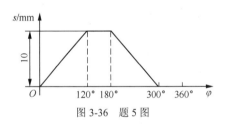

图3-36　题5图

6. 分析表 3-5 中内容，写出它们的运动线图名称并分析表示的内容。

表 3-5　　　　　　　　　　　　凸轮机构运动线图的分析

图示			
运动线图名称			
运动线图所示内容分析			

项目 4
机件连接

机器是由许多的零件组合而成的，而这些零件是通过各种不同的方式来实现连接的。连接种类很多，根据被连接件之间的相对位置是否变动，可分为动连接和静连接两类。

（1）动连接：被连接件的相互位置在工作时可以按需求变化的连接，如变速器中滑移齿轮与轴的连接、轴与滑动轴承的连接等。

（2）静连接：被连接件之间的相互位置在工作时不能也不允许变化的连接，如减速器中箱体与箱盖的连接、齿轮与轴的连接等。

连接还可分为可拆连接和不可拆连接。允许多次拆装而不损坏使用性能的连接称为可拆连接，如螺纹连接、键连接和销连接等；不损坏组成零件就不能拆开的连接称为不可拆连接，如铆接、焊接、粘接和过盈配合连接等。本项目介绍螺纹连接、键连接和销连接的类型、特点和应用，分析其性能和使用条件，根据不同连接的结构、受力情况和可能存在的失效形式提出相应的计算准则和设计方法以提高其连接性能。

|【学习目标】|

知识目标

（1）掌握内力、应力及强度等概念；

（2）了解螺纹的形成，记住螺纹的基本参数；

（3）掌握各种螺纹连接的特点及在实际工作中的应用；

（4）了解键连接、销连接的主要类型、应用特点；

（5）掌握键连接的强度计算方法。

能力目标

（1）能够熟练应用材料力学的思路和方法解决构件安全校核的问题；

（2）能够根据工作条件，正确选用螺纹连接类型，并进行验算和设计；

（3）能够利用螺纹预紧和防松的方法解决工程中螺纹松动的问题；

（4）能够根据工作条件，正确选用键连接类型，并进行验算和设计。

素质目标

（1）结合强度校核过程，培养质量意识与安全意识；

（2）在机构设计过程中，培养创新意识和信息素养、综合设计及工程实践能力。

| 任务 4.1　分析构件的安全问题 |

【任务导入】

图 4-1 所示为一刚性梁 *ACB* 由圆杆 *CD* 在 *C* 点悬挂连接，*B* 端作用有集中载荷 *F* = 25kN，已知 *CD* 杆的直径 *d* = 20mm，许用应力[σ] = 160MPa。

（1）请分析 *CD* 杆能否安全工作；

（2）试求结构中使 *CD* 杆不断裂时 *B* 处的许可载荷。

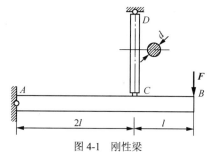

图 4-1　刚性梁

【任务分析】

为了维持构件各部分之间的联系，保持构件的形状和尺寸，构件内部各部分之间必定存在着相互作用的力，这些力称为内力。在外部载荷的作用下，构件内部各部分之间相互作用的力也随之改变，这个因外部载荷作用而引起的构件内力改变的力，称为附加内力。在材料力学中，附加内力简称内力。它的大小及其在构件内部的分布规律随外部载荷的改变而变化，并与构件的强度、刚度和稳定性等密切相关。若内力的大小超过一定的限度，则构件将不能正常工作。通过本任务研究杆件的受力变形，包括轴向拉伸和压缩、剪切和挤压、扭转、弯曲及组合变形。

【相关知识】

4.1.1　杆件轴向拉伸和压缩

1. 轴向拉伸和压缩杆件的受力特点和变形特点

杆件是指长度远大于宽度和高度尺寸的构件。按照轴线形状的不同，一般可将杆件分为曲杆与直杆。轴线是曲线的杆件称为曲杆，如图 4-2（a）所示；轴线是直线的杆件称为直杆，各横截面相等的直杆又称为等直杆，如图 4-2（b）所示。等直杆是我们研究的主要对象。

在工程实际中，许多杆件都承受轴向拉伸和压缩的变形。起重机悬臂机构中的拉杆 *BC*

在起吊重物时受拉伸，如图 4-3 所示；内燃
机中的连杆，在燃烧冲程中受压缩，如图 4-4
所示，此外，千斤顶的螺杆在顶起重物时受
压也属于这种变形。承受轴向拉伸的杆件称
为拉杆；承受轴向压缩的杆件称为压杆。

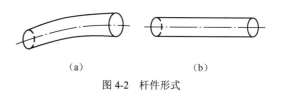

（a）　　　　　　　　（b）

图 4-2　杆件形式

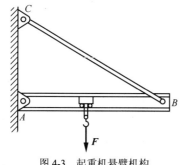

图 4-3　起重机悬臂机构

图 4-4　内燃机中的连杆

　　承受轴向拉伸和压缩的杆件的外形各有差异，加载方式和连接形式也各不相同，但是都可以
简化成图 4-5 所示的形式。其中实线表示变形前的形状，双点画线表示变形后的形状。这类杆件的
受力特点是杆件承受外力的作用线与杆件轴线重合，变形特点是杆件沿着轴线方向伸长或缩短。

2．轴向拉伸和压缩时的内力

（1）截面法。

　　杆件受到外力作用而变形时，其内部各部分之间的相互作用力会发生改
变。这种由于外力作用而引起杆件内部各部分之间相互作用力的改变的量，
称为内力。为了显示杆件横截面上的内力，如图 4-6（a）所示，假想地沿横
截面 *m-m* 把杆件截开，杆件左、右两段在横截面 *m-m* 上相互作用的内力（分布力系）的合
力为 F_N，如图 4-6（b）、（c）所示。取左段为研究对象，列出平衡方程

轴向拉伸与
压缩变形

$$\sum F_x = 0, F_N - F = 0$$

得　　　　　　　　　　　　　　　　$$F_N = F$$

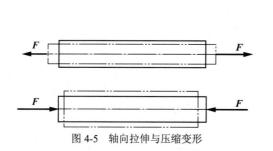

图 4-5　轴向拉伸与压缩变形

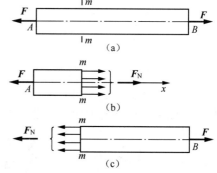

图 4-6　拉杆横截面上的内力分析

同理，也可由右段求得内力 F_N。

综上所述，用截面法求内力的步骤如下。

① 切，即在欲求内力处，假想用一横截面将杆件切开，分为两段。

② 留，即选其中一段作为研究对象，取出分离体并画受力分析图。

③ 代，在切开的横截面上，拿走去掉段并对留下段的作用力用内力表示。

④ 平，列平衡方程并求解，即列研究对象的静力学平衡方程求解内力。

（2）轴力图。

由于轴向拉伸或压缩时所求得内力 F_N 的作用线与杆件的轴线重合，故称 F_N 为轴力。习惯上规定轴力的正负号：当轴力方向与横截面的外法线方向一致时，杆件受拉伸变长，轴力为正；杆件受压缩变短，轴力为负。在用截面法来求解轴力时，通常将未知轴力假定为正值，计算结果的正负表示轴力是拉力还是压力。

在实际问题中，直杆各横截面上的轴力 F_N 是横截面位置坐标的函数，用平行于杆件轴线的坐标表示横截面的位置，用垂直于杆件轴线的坐标表示轴力的数值，轴力与横截面位置关系的曲线称为轴力图。下面通过例 4-1 来讲解轴力图的绘制方法。

例 4-1 已知 $F_1 = 20kN$，$F_2 = 12kN$，$F_3 = 26kN$。试画出图 4-7（a）所示直杆的轴力图。

解：（1）求支座反力。取直杆 AD 为研究对象，列出平衡方程

$$\sum F_x = 0$$

求得支座反力 $F_D = 18kN$。

（2）求截面轴力。应用截面法分别求解横截面 1-1、2-2、3-3 的轴力。假设沿横截面 1-1 将直杆分为两段，取右段为研究对象，如图 4-7（b）所示，列出平衡方程

$$\sum F_x = 0 , \quad F_1 - F_{N1} = 0$$

$$F_{N1} = 20kN$$

同理，应用截面法分别取横截面 2-2、3-3 为研究对象，如图 4-7（c）、（d）所示，可求得

$$F_{N2} = 8kN , \quad F_{N3} = -18kN$$

F_{N3} 为负值，表明 F_{N3} 的方向与假设方向相反。

（3）绘制轴力图。根据所求的轴力值绘制轴力图，如图 4-7（e）所示。可以看出，$F_{Nmax} = 20kN$ 在 AB 段的各横截面上。

3. 轴向拉伸和压缩时截面上的应力和应变

在用截面法确定了杆件的内力后，不能单凭轴力判断杆件具有足够的强度。例如，用相同材料制成粗细不同的两根直杆，在相同的拉力下，两杆件的轴力虽然相同，但当拉力逐渐增大时，细杆必然先被拉断。这说明杆件的强度不仅与轴力大小有关，而且与杆件的横截面积大小有关，为此需引入应力的概念。

轴向拉伸和压缩时截面上的应力和应变

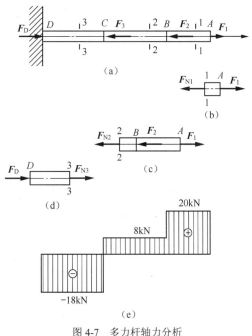

图 4-7 多力杆轴力分析

（1）应力的概念。

内力在截面上的分布集度称为应力。图4-8所示的杆件，在截面 *m-m* 上任意一点 *O* 的周围取一微小面积 ΔA，并设作用在 ΔA 上的内力为 $\Delta \boldsymbol{F}$，则 $\Delta \boldsymbol{F}$ 与 ΔA 的比值称为 ΔA 内的平均应力，并用 $\boldsymbol{p}^*$ 表示，即

$$p^* = \frac{\Delta \boldsymbol{F}}{\Delta A} \tag{4-1}$$

一般情况下，横截面上的内力分布并不均匀，为了能真实反映横截面上一点处的内力分布情况，忽略所取截面 ΔA 大小造成的影响。当 ΔA 趋于零时，平均应力 $\boldsymbol{p}^*$ 的极限值称为截面 *m-m* 上 *O* 点处的应力，用 $\boldsymbol{p}$ 来表示，即

$$p = \lim_{\Delta A \to 0} \frac{\Delta \boldsymbol{F}}{\Delta A} = \frac{\mathrm{d} \boldsymbol{F}}{\mathrm{d} A} \tag{4-2}$$

将该点处的应力 $\boldsymbol{p}$ 分解，垂直于横截面的应力称为正应力，用 $\boldsymbol{\sigma}$ 表示；与横截面相切的应力称为切应力，用 $\boldsymbol{\tau}$ 表示，如图4-9所示。

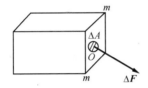

图4-8 应力概念

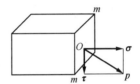

图4-9 正应力与切应力

关于应力，应注意以下几点。

① 应力是指受力杆件某一截面中某一点处的力，在讨论应力时必须明确其在哪个截面的哪个点上。

② 某一截面上某一点处的应力是矢量。一般规定正应力的符号与轴力的符号相同，即拉应力为正，压应力为负。切应力符号规定为对所研究的点产生顺时针力矩时为正，反之为负。

③ 应力的单位是 Pa（N/m²），读作"帕斯卡"。材料工程学上常采用 MPa 和 GPa。它们之间的关系是 1MPa = 1×10^6Pa；1GPa = 1×10^9Pa。

（2）拉压杆横截面上的应力。

取横截面积为 A 的等直杆，在杆件表面任意画上与杆件轴线正交的直线 *ab* 和 *cd*，然后施加轴向 $\boldsymbol{F}$ 使其变形，如图4-10（a）所示。拉伸后可以观察到原来的直线分别平移到 *a'b'* 和 *c'd'* 位置，但仍为直线，且垂直于杆件轴线。根据变形现象，从变形的可能性出发，可假设变形前原为平面的横截面，在变形后仍为垂直于杆件轴线的平面，仅沿轴线发生了相对平移，这就是平面假设。设想拉杆由无数条纵向纤维组成，由平面假设可知，拉杆任意两个横截面间所有的纵向纤维只产生伸长变形，且各条纵向纤维伸长量相等，也就是说横截面上的正应力 $\boldsymbol{\sigma}$ 均匀分布，其分布情况如图4-10（b）所示。设杆件的横截面积为 A，$\boldsymbol{F}_\mathrm{N}$ 是横截面上分布内力的合力，于是等直杆拉伸时横截面上的正应力为

$$\sigma = \frac{F_\mathrm{N}}{A} \tag{4-3}$$

式（4-3）同样适用于轴向压缩的等截面杆件。对于变截面杆件，除在截面突变处附近外，此式也适用。

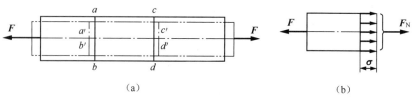

（a）

（b）

图 4-10　拉杆横截面上的应力

例 4-2　图 4-11（a）所示的支架，其水平杆直径为 30mm，矩形截面斜杆的尺寸为 60mm×100mm，$\tan\alpha = 0.75$，$F = 24$kN。试确定各杆的正应力。

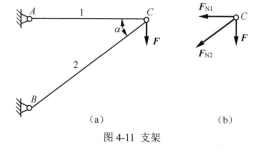

解： 对支架进行受力分析，可得图 4-11（b）所示的受力分析图，由平衡方程可得

$$F_{N1} = 32\text{kN}，\quad F_{N2} = -40\text{kN}$$

图 4-11　支架

因此，各杆的正应力分别为

$$\sigma_{AC} = \frac{F_{N1}}{A_1} = \frac{32 \times 10^3}{\dfrac{30^2 \times \pi}{4}}\text{MPa} \approx 45.3\text{MPa}$$

$$\sigma_{BC} = \frac{F_{N2}}{A_2} = \frac{-40 \times 10^3}{60 \times 100}\text{MPa} \approx -6.7\text{MPa}$$

（3）拉压杆横截面上的应变。

设直杆的原长为 l，横向尺寸为 b。受轴向拉力后，直杆长度变为 l_1，横向尺寸变为 b_1，如图 4-12 所示。

直杆的轴向绝对变形值为　　　　　　　$\Delta l = l_1 - l$

横向绝对变形值为　　　　　　　　　　$\Delta b = b - b_1$

图 4-12　拉杆变形分析

杆件的变形大小与杆件原尺寸有关，为了度量杆件变形的程度，消除原尺寸的影响，需用单位长度的变形，即线应变来衡量。线应变是无量纲的量，与两种应变相对，应有轴向线应变和横向线应变，分别为

$$\varepsilon = \frac{\Delta l}{l}，\varepsilon' = \frac{\Delta b}{b} \tag{4-4}$$

试验表明：在一定的应力范围内，横向线应变 ε' 与纵向线应变 ε 之间有如下关系，即 $\varepsilon' = -\mu\varepsilon$。式中，$\mu$ 称为材料的横向变形系数或泊松比。

（4）胡克定律。

试验表明，当杆件的正应力 σ 不超过某一限度时，杆件的正应力 σ 与相应的纵向线应变

ε 成正比，即

$$\sigma = E\varepsilon \qquad (4\text{-}5)$$

式（4-5）称为胡克定律。式中，E 称为材料的弹性模量，反映材料抵抗拉（压）变形的能力，单位与应力相同，常用 GPa 来表示。若将 $\sigma = \dfrac{F_N}{A}$ 和 $\varepsilon = \dfrac{\Delta l}{l}$ 代入式（4-5），则得

$$\Delta l = \frac{F_N l}{EA} \qquad (4\text{-}6)$$

式（4-6）为胡克定律又一表示形式。它表明，在其他条件不变的情况下，从材料方面看，E 越大，Δl 小，表明材料抵抗拉、压变形的能力越强，所以 E 是度量材料刚度的一个重要指标；从杆件整体角度来看，EA 越大，Δl 就越小，杆件抵抗变形的能力就越强，所以 EA 为杆件的抗拉（压）刚度。

E 和 μ 都是表征材料弹性的常量，可由试验测得，几种常用材料的 E 和 μ 如表 4-1 所示。

表 4-1 　　　　　　　　　　　　几种常用材料的 E 和 μ

材料	材料弹性模量 E/GPa	泊松比 μ
碳钢	196～216	0.24～0.28
合金钢	186～206	0.25～0.30
灰铸铁	78.5～157	0.23～0.42
铜及其合金	72.6～128	0.31～0.42
铝合金	70	0.33

例 4-3 图 4-13（a）所示为阶梯直杆，已知材料的弹性模量 $E = 200$GPa，AC 段的横截面积为 $A_{AB} = A_{BC} = 500\text{mm}^2$，$CD$ 段的横截面积 $A_{CD} = 250\text{mm}^2$，$F_1 = 30$kN，$F_2 = 10$kN，杆件的长度及受力情况如图 4-13（a）所示。试分别求杆件横截面上的轴力和正应力，并求杆件的总变形。

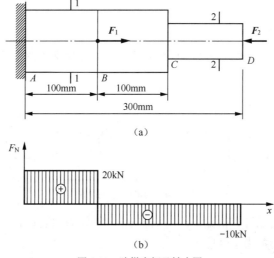

图 4-13 阶梯直杆及轴力图

解：（1）画出轴力图，计算杆件各段横截面上的轴力。

AB 段：
$$F_{N1} = F_1 - F_2 = (30 - 10)\text{kN} = 20\text{kN （拉力）}$$

BC 与 CD 段：
$$F_{N2} = -F_2 = -10\text{kN （压力）}$$

（2）计算杆件各段的正应力。

AB 段：

$$\sigma_{AB} = \frac{F_{N1}}{A_{AB}} = \frac{20 \times 10^3}{500 \times 10^{-6}} \text{Pa} = 4.0 \times 10^7 \text{Pa} = 40 \text{MPa}$$

得 $\boldsymbol{\sigma}_{AB}$ 为拉应力。

BC 段：

$$\sigma_{BC} = \frac{F_{N2}}{A_{BC}} = \frac{-10 \times 10^3}{500 \times 10^{-6}} \text{Pa} = -2.0 \times 10^7 \text{Pa} = -20 \text{MPa}$$

得 $\boldsymbol{\sigma}_{BC}$ 为压应力。

CD 段：

$$\sigma_{CD} = \frac{F_{N2}}{A_{CD}} = \frac{-10 \times 10^3}{250 \times 10^{-6}} \text{Pa} = -4.0 \times 10^7 \text{Pa} = -40 \text{MPa}$$

得 $\boldsymbol{\sigma}_{CD}$ 为压应力。

（3）计算杆件的总变形。杆件的总变形 Δl_{AD} 等于杆件各段变形的代数和，即

$$\Delta l_{AD} = \Delta l_{AB} + \Delta l_{BC} + \Delta l_{CD} = \frac{F_{N1}l_{AB}}{EA_{AB}} + \frac{F_{N2}l_{BC}}{EA_{BC}} + \frac{F_{N2}l_{CD}}{EA_{CD}}$$

将有关数据代入上式，可得

$$\Delta l_{AD} = \frac{1}{200 \times 10^9} \times \left(\frac{20 \times 10^3 \times 0.10}{500 \times 10^{-6}} - \frac{10 \times 10^3 \times 0.10}{500 \times 10^{-6}} - \frac{10 \times 10^3 \times 0.10}{250 \times 10^{-6}} \right) \text{m}$$

$$= -0.01 \times 10^{-3} \text{m} = -0.01 \text{mm}$$

上述 Δl_{AD} 为负值，表明该杆件处于压缩状态，缩短了 0.01mm。

4．材料在拉伸和压缩时的力学性能

材料的力学性能是指材料在外力作用下其强度和变形方面表现出来的性能，它是构件进行强度计算及材料选用的重要依据。GB/T 228.1—2021《金属材料 拉伸试验 第 1 部分：室温试验方法》规定了金属材料拉伸试验方法的原理，此标准适用于金属材料室温拉伸性能的测定。

试验条件：室温（10～35℃）、缓慢且平稳加载。

试验器材：拉伸试验机、标准试样、游标卡尺等。

标准试件：选取圆形横截面试样，如图 4-14 所示，标距 l 和直径 d 有两种比例，即 $l = 10d$ 和 $l = 5d$。

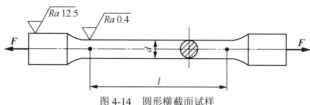

图 4-14　圆形横截面试样

工程中常用的材料品种有很多，下面以低碳钢和铸铁为主要代表，介绍材料的拉伸性能。

（1）低碳钢拉伸时的力学性能。

低碳钢是工程上广泛使用的金属材料，其含碳量一般在 0.25%（质量分数）以下，在拉伸试验中表现出来的力学性能十分典型。

将试样安装在拉伸试验机上，缓慢、平稳地增加拉力直至拉断。对应着每一个拉力 $\boldsymbol{F}$，试样标距 l 都有一伸长量 Δl。将 F 和 Δl 的关系绘制成曲线，称为拉伸图或 $F\text{-}\Delta l$ 曲线，如图 4-15（a）所示。$F\text{-}\Delta l$ 曲线与试样的尺寸有关。为了消除试样尺寸的影响，了解材料本身的

力学性能，通常用拉力 F 除以试样的原始横截面积 A，得出正应力 $\sigma = \dfrac{F}{A}$；同时，把伸长量 Δl 除以试样的原始标距 l，得到应变 $\varepsilon = \dfrac{\Delta l}{l}$。以 σ 为纵坐标，ε 为横坐标，可得到表示 σ 与 ε 关系的曲线，称为应力-应变图或 σ-ε 曲线，如图 4-15（b）所示。

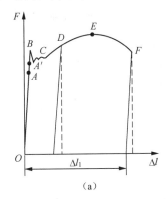
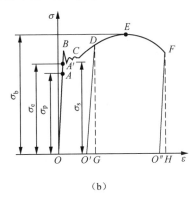

（a）　　　　　　　　　　（b）

图 4-15　F-Δl 曲线和 σ-ε 曲线

根据 σ-ε 曲线及测试过程中所体现出的不同性质，低碳钢的拉伸过程大致可分为 4 个阶段：弹性阶段、屈服阶段、强化阶段、局部变形阶段。

① 弹性阶段。

从 σ-ε 曲线来看，这一阶段可分为直线 OA 和微弯曲线 AA' 两段。OA 表明应力与应变成正比，即 $\sigma = E\varepsilon$，材料服从胡克定律，直线的斜率为 $\tan \alpha = \sigma / \varepsilon = E$，即材料的弹性模量。直线部分的最高点 A 对应的应力 σ_p 称为比例极限。

当应力超过比例极限后，图 4-15 中 AA' 部分不再是直线，胡克定律不再适用，但当应力值不超过 A' 点所对应的应力值 σ_e 时，如卸去外力，试样的变形也随之全部消失，属于弹性变形，故 σ_e 称为弹性极限。工程上，对大多数材料而言，σ_p 和 σ_e 二者虽然含义不同，但数值非常接近，两者通常不做严格区分。

② 屈服阶段。

从曲线来看，当应力超过弹性极限 σ_e 后，应变有非常明显的增加，而应力在很小的范围内波动，在 σ-ε 曲线上表现为一段接近水平线的小锯齿形线段（BC）。这说明此时应力虽然有波动，但变化不大，而应变却急剧增加，材料暂时失去抵抗变形的能力。这种应力变化不大而应变显著增加的现象称为屈服（或流动）。BC 对应的阶段称为屈服阶段，屈服阶段的最低应力值 σ_s 称为材料的屈服极限，也称为屈服点，是衡量材料强度的重要指标。如果试样表面光滑，可以看到试样表面出现与轴线约成 45° 的条纹，如图 4-16 所示，称为滑移线。滑移线是由材料内部晶格间相对滑移形成的。

③ 强化阶段。

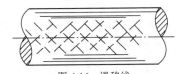

图 4-16　滑移线

从曲线来看，超过屈服阶段后，出现上凸的曲线 CD，表明若要使材料继续变形，还需要增加应力，即材料又恢复了抵抗变形的能力，这种现象称为材料的强化。而 CE 对应的过程称为材料的强化阶段，其最高点 E 对应的应力值 σ_b，称为抗拉强度或强度极限，它是材料所能承受的最大应力。抗拉强度 σ_b 是衡量材料强度的另一重要指标。

④ 局部变形阶段。

从曲线来看，当应力达到抗拉强度 σ_b 后，试样较薄弱处的横截面发生急剧的局部收缩，出现颈缩现象，如图 4-17 所示。由于颈缩处的横截面积迅速减小，所需拉力也相应降低，最后导致试样断裂。

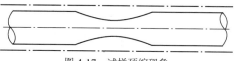

图 4-17　试样颈缩现象

综上所述，当应力增大到屈服点时，材料出现了明显的塑性变形。抗拉强度表明材料抵抗破坏的最大能力，故 σ_s 和 σ_b 是衡量材料力学性能的两个重要指标。

试样拉断后，由于弹性变形消失，但塑性变形保留下来，工程上常用试样拉断后残留的塑性变形来表示材料的塑性性能。常用的性能指标有两个：伸长率 δ 和断面收缩率 ψ，分别为

$$\delta = \frac{l_1 - l}{l} \times 100\% \tag{4-7}$$

$$\psi = \frac{A - A_1}{A} \times 100\% \tag{4-8}$$

式（4-7）和式（4-8）中，试样长度由原来的长度 l 变为 l_1，试样颈缩处的横截面积由原来的 A 变为 A_1。

试样的塑性变形越大，伸长率就越大，伸长率是衡量材料塑性的重要指标。工程中通常把 $\delta \geqslant 5\%$ 的材料称为塑性材料，如钢材、铝和铜等；把 $\delta < 5\%$ 的材料称为脆性材料，如铸铁、砖石等。

试验表明，如果将试样拉伸到超过屈服极限的任意一点 D 处，然后逐渐卸去载荷，可看出如下规律，在卸载过程中，试样的应力和应变的关系将沿着大致与 OA 平行的直线 DO' 回到 O' 点，这一规律称为卸载规律。$O'G$ 表示卸载后消失的弹性变形，OO' 表示试样保留下来的塑性变形。如果卸载后立即加载，则曲线将基本上沿着卸载时的同一直线 $O'D$ 上升到 D 点，D 点以后的曲线与原来的曲线相同。由此看出，在试样的应力超过屈服点后卸载，重新加载时，材料的比例极限提高，而塑性变形和伸长率降低，这种现象称为冷作硬化。在工程中常用冷作硬化来提高某些构件（如钢筋、钢丝绳等）在弹性阶段的承载能力。

（2）铸铁及其他材料在拉伸时的力学性能。

其他材料的拉伸试验和低碳钢的拉伸试验的步骤基本相同，但材料所显示出来的力学性能有很大差异。图 4-18 所示是灰铸铁拉伸时的 σ-ε 曲线。由此可以看出，它没有明显的直线部分，在拉应力较低时就被拉断，也没有屈服阶段和局部变形阶段，拉断前应变很小，伸长率也很小。因此，灰铸铁是典型的脆性材料。由于灰铸铁没有屈服现象，因此抗拉强度 σ_b 是衡量其强度的唯一指标。铸铁等脆性材料在拉伸时的抗拉强度很低，一般不用于制作受拉构件。

图 4-19 中绘制了 Q345 钢、退火球墨铸铁、铝合金以及塑料等几种常用材料的 σ-ε 曲线。对于没有明显屈服极限的塑性材料，工程上规定，取试样产生 0.2% 的塑性应变时的应力值为材料的名义屈服强度，用 $\sigma_{0.2}$ 表示，如图 4-20 所示，并以它作为材料的强度指标。

（3）材料压缩时的力学性能。

金属材料的压缩试样常做成短的圆柱体，其高度约为直径的 1.5～3 倍，以免试验时被压弯；非金属材料，如混凝土、石料等，常用试样一般为立方体。

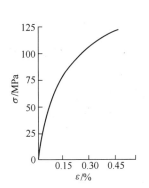

图 4-18　灰铸铁拉伸时的 $\sigma\text{-}\varepsilon$ 曲线

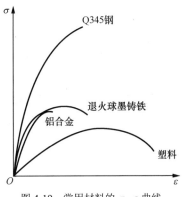

图 4-19　常用材料的 $\sigma\text{-}\varepsilon$ 曲线

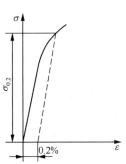

图 4-20　名义屈服强度

低碳钢压缩时的 $\sigma\text{-}\varepsilon$ 曲线如图 4-21 所示，虚线是拉伸时的 $\sigma\text{-}\varepsilon$ 曲线。可以看出，在弹性阶段和屈服阶段两曲线是重合的，这表明低碳钢在压缩与拉伸时的比例极限 σ_p、弹性模量 E、弹性极限 σ_e、屈服极限 σ_s 基本相同。屈服阶段以后，两曲线逐渐分离，这是因为试样在强化阶段越压越扁，横截面积不断增大，所以产生很大的塑性变形亦不破裂，使得试样的抗压能力也继续提高，故不能测出材料的抗压强度。

铸铁压缩时的 $\sigma\text{-}\varepsilon$ 曲线类似于拉伸过程的变化曲线，如图 4-22 所示。从图 4-22 中可以看出，铸铁压缩时的 $\sigma\text{-}\varepsilon$ 曲线没有直线部分，因此压缩时也近似服从胡克定律。一般压缩时的抗压强度较拉伸时的要高 4～5 倍，且存在较大的塑性变形。其他脆性材料的抗压强度也显著高于抗拉强度，一般用于制作承压构件。

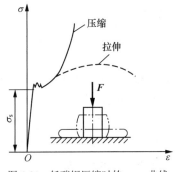

图 4-21　低碳钢压缩时的 $\sigma\text{-}\varepsilon$ 曲线

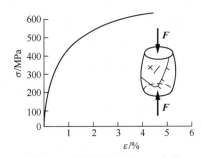

图 4-22　铸铁压缩时的 $\sigma\text{-}\varepsilon$ 曲线

5．拉压杆的强度计算

（1）极限应力、许用应力和安全系数。

由上述分析可知，对于不同的材料，发生的失效形式不同。塑性材料的应力达到屈服极限 σ_s 或名义屈服极限 $\sigma_{0.2}$ 时，就会出现显著的塑性变形；脆性材料的应力达到抗拉强度 σ_b 时，就会发生断裂。这两种情况都会使材料丧失正常工作的能力，称为强度失效，这种应力称为极限应力，用 σ^0 表示。对于塑性材料，有 $\sigma^0 = \sigma_s$ 或 $\sigma^0 = \sigma_{0.2}$；对于脆性材料，有 $\sigma^0 = \sigma_b$。

为了保证杆件在外力作用下，能安全、可靠地工作，且有足够的强度，应使它的工作应力小于材料的极限应力，此外还要对杆件留有必要的储备强度。为了确保安全，将极限应力除以大于 1 的安全系数 S，以作为设计杆件时的最大应力，称为许用应力，用 $[\sigma]$ 表示，即

拉压杆的强度
计算

$$[\sigma] = \frac{\sigma^0}{S} \qquad (4-9)$$

安全系数的确定是合理化解安全与经济间矛盾的关键，如果安全系数偏大，则许用应力偏低，杆件偏安全，但浪费材料；反之，则杆件工作时危险。因此一般根据载荷估计的准确程度、应力计算方法的精确程度、材料的均匀程度、构件的重要性等因素加以考虑。安全系数可以从相关手册中查到，一般情况下，对于塑性材料，S取$1.4 \sim 2.0$；对于脆性材料，S取$2.0 \sim 3.5$。

（2）拉伸和压缩时的强度计算。

为了保证拉杆或压杆在载荷作用下正常工作，必须使杆件内的最大工作应力$\sigma_{\max}$不超过材料的许用应力$[\sigma]$，即

$$\sigma_{\max} = \frac{F_N}{A} \leqslant [\sigma] \qquad (4-10)$$

式中，F_N为危险截面上的轴力（N）；A为危险截面横截面积（mm^2）。

式（4-10）称为拉压杆的强度条件。根据强度条件，可解决下列3种计算问题。

① 校核强度。已知杆件的尺寸、所受载荷和材料的许用应力，可用强度条件验算杆件是否满足强度要求。

② 设计截面。已知杆件所承受的载荷及材料的许用应力，由强度条件确定杆件所需要的横截面积或尺寸，即$A \geqslant \dfrac{F_N}{[\sigma]}$。

③ 确定许用载荷。已知杆件横截面尺寸及材料的许用应力，由强度条件确定杆件所能承受的最大载荷，即先计算轴力F_N，再确定杆件承受的许用载荷$[F]$。

在计算杆件的强度时，可能出现最大正应力稍大于许用应力的情况。按照设计规范的规定，超过的值只要在许用值的5%以内，杆件仍然安全。

例4-4 三铰屋架的主要尺寸如图4-23（a）所示，承受长度$l = 9.3m$的竖向均匀分布载荷，沿水平方向的分布集度$q = 4.2kN/m$。屋架中的钢拉杆直径$d = 16mm$，许用应力$[\sigma] = 170MPa$。试校核钢拉杆的强度。

解：（1）画计算简图：由于两屋面板之间和钢拉杆与屋面板之间的接头难以阻止微小的相对转动，故可将接头看作铰接，于是屋架的计算简图如图4-23（b）所示。

（2）求支座反力：从屋架整体，可据图4-23（b）所示得平衡方程$\sum F_x = 0$，得

$$F_{Ax} = 0$$

为了简便，可利用对称关系得

$$F_{Ay} = F_{By} = \frac{1}{2}ql = \frac{1}{2} \times 4.2 \times 9.3\,kN = 19.53\,kN$$

（3）求拉杆的轴力F_N：取半个屋架为分离体，如图4-23（c）所示，有平衡方程

$$\sum M_C = 0 \qquad F_N \times 1.42 + \frac{4.65^2}{2} \times q - F_{Ay} \times 4.25 = 0$$

求得：

$$F_N = 26.3\,kN$$

（4）求拉杆横截面上的工作应力σ：由拉杆直径$d = 16mm$及轴力F_N得

$$\sigma = \frac{F_N}{A} = \frac{26.3 \times 10^3 \, \text{N}}{\frac{\pi}{4}(16 \times 10^{-3} \, \text{m})^2} \approx 131 \times 10^6 \, \text{Pa} = 131 \text{MPa}$$

（5）强度校核：因为 $\sigma = 131 \text{MPa} \leqslant [\sigma]$，满足强度条件，故钢拉杆是安全的。

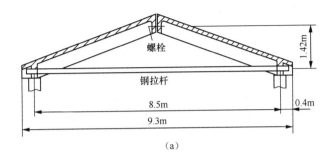

（a）

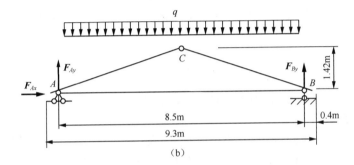

（b）

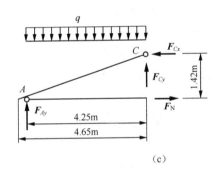

（c）

图 4-23　三铰屋架

4.1.2　杆件剪切和挤压

1. 剪切

图 4-24（a）所示为钢杆的剪切。在剪切钢杆时，钢杆在上、下刀刃的作用下发生变形。当外力足够大时，钢杆沿刀刃被剪断。

杆件剪切和挤压强度计算

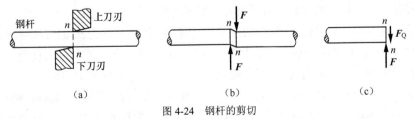

（a）　　　　　　　　　（b）　　　　　　　　　（c）

图 4-24　钢杆的剪切

剪切与挤压
变形

剪切变形的受力与变形特征：构件受到大小相等、方向相反且作用线相距很近的一对横向力的作用。变形表现：构件在两个力作用线间的截面发生相对错动或有错动趋势，如图 4-24（b）所示。构件的这种变形称为剪切变形，发生相对错动或有错动趋势的面称为剪切面。机械中常用的连接件如铆钉、螺栓、键、销等受力后大多会产生剪切变形。

2．剪切强度计算

在讨论剪切时，通过剪切面 n-n 将受剪构件分成两部分，并以其中一部分为研究对象，如图 4-24(c)所示。n-n 截面受的内力 F_Q 与截面相切，称为剪力。由平衡方程容易求得 $F_Q = F$，实际计算中，假设在剪切面上切应力是均匀分布的。若以 A 表示剪切面面积，则应力为

$$\tau = \frac{F_Q}{A} \tag{4-11}$$

τ 与剪切面相切，故为切应力。

为保证连接件工作时安全、可靠，要求切应力不超过材料的许用切应力，因此剪切的强度条件为

$$\tau = \frac{F_Q}{A} \leqslant [\tau] \tag{4-12}$$

根据以上强度条件，便可进行强度计算。常用材料的许用切应力可从相关手册中查得。

3．挤压强度计算

在外力作用下，连接件和被连接件之间必须在接触面上相互压紧，这种现象称为挤压。例如，在铆钉连接中，铆钉与钢板相互压紧，这可能使铆钉及钢板的接触面产生局部塑性变形。图 4-25 所示的就是铆钉孔被压成长圆孔的情况。当然，铆钉也可能被压成扁圆柱，所以应该进行挤压强度计算。在挤压面上，应力分布一般比较复杂。实际计算中，假设挤压面上的应力均匀分布。以 F_{jy} 表示挤压面上传递的力，A_{jy} 表示挤压面积，于是挤压应力为

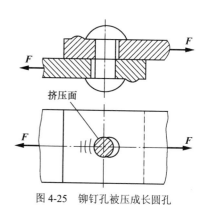

图 4-25　铆钉孔被压成长圆孔

$$\sigma_{jy} = \frac{F_{jy}}{A_{jy}} \tag{4-13}$$

相应的强度条件是

$$\sigma_{jy} = \frac{F_{jy}}{A_{jy}} \leqslant [\sigma_{jy}] \tag{4-14}$$

式中，$[\sigma_{jy}]$ 为材料的许用挤压应力。

当连接件与被连接件的接触面为平面时，如键连接，上式中的 A_{jy} 就表示接触面的面积。当接触面为圆柱面时（如销钉、铆钉等钉孔间的接触面），挤压应力 σ_{jy} 的分布情况如图 4-26 所示，最大应力在圆柱面的中点。实际计算中，挤压力 F_{jy} 除以圆孔或圆钉的直径平面面积 td（即图 4-26（c）中阴影线的面积），则所得应力大致上与实际最大应力接近。

例 4-5　电机车挂钩的销钉连接如图 4-27（a）所示。已知挂钩厚度 $t = 8mm$，销钉材料的许用切应力 $[\tau] = 60MPa$，许用挤压应力 $[\sigma_{jy}] = 200MPa$，电机车的牵引力 $F = 20kN$，试选择销钉的直径。

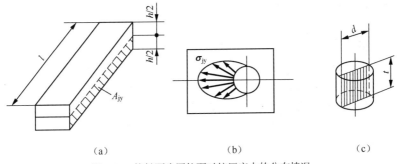

（a）　　　　　　　　（b）　　　　　　　（c）

图 4-26　接触面为圆柱面时挤压应力的分布情况

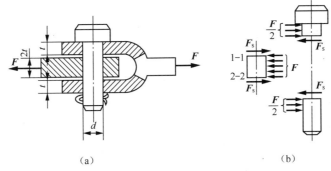

（a）　　　　　　　　　　　　　（b）

图 4-27　电机车挂钩的销钉连接

解：（1）求剪力 F_Q。销钉受力情况如图 4-27（b）所示，因销钉受双剪切，故每个剪切面上的剪力 $F_Q = \dfrac{F}{2}$，剪切面面积 $A = \dfrac{\pi d^2}{4}$。

（2）根据剪切强度条件设计销钉直径。由式（4-12）可得

$$A = \frac{\pi d^2}{4} \geqslant \frac{\dfrac{F}{2}}{[\tau]}$$

有

$$d \geqslant \sqrt{\frac{2F}{\pi[\tau]}} = \sqrt{\frac{2 \times 20 \times 10^3}{\pi \times 60 \times 10^6}}\text{m} \approx 14.57 \times 10^{-3}\,\text{m} = 14.57\text{mm}$$

四舍五入取 d=15mm。

（3）根据挤压强度条件设计销钉直径。由图 4-27（b）所示可知，销钉上、下部挤压力 $F_{jy} = \dfrac{F}{2}$，挤压面积 $A_{jy} = t \cdot d$，由式（4-14）得

$$A_{jy} = t \cdot d \geqslant \frac{\dfrac{F}{2}}{[\sigma_{jy}]}$$

即

$$d \geqslant \frac{F}{2t[\sigma_{jy}]} = \frac{20 \times 10^3}{2 \times 0.008 \times 200 \times 10^6}\text{m} = 6.25 \times 10^{-3}\,\text{m} \approx 7\text{mm}$$

所以选 d=15mm，可同时满足对挤压和剪切强度的要求。

4.1.3　圆轴扭转

工程中，有很多杆件在工作过程中承受扭转。比如机器中的传动轴、钻探机的钻杆以及汽车转向盘轴（见图4-28）等。这些杆件都通过两端作用两个力偶（大小相等、方向相反且作用平面垂直于杆件轴线），使杆件的任意两截面之间都发生绕轴线的相对转动，这种变形为扭转变形，如图4-29所示。我们一般将以扭转为主要变形的杆件称为轴，其变形特点是：各横截面绕杆的轴线发生相对转动，两截面相对转过的角度称为扭转角。

杆件扭转的强度计算

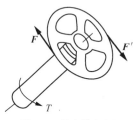

图4-28　汽车转向盘轴

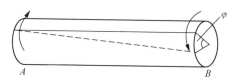

图4-29　扭转变形

1．圆轴扭转的内力

（1）外力偶矩的计算。

工程中作用于轴上的外力偶矩往往并不直接给出，而是给出轴的转速和轴所传递的功率，它们之间的换算关系为

圆轴的扭转

$$T = 9550\frac{P}{n} \tag{4-15}$$

式中，T 为外力偶矩（N·m）；P 为轴传递的功率（kW）；n 为轴的转速（r/min）。

应当注意的是，输入功率的齿轮、带轮上作用的力偶为主动力偶，其方向与轴的转动方向一致；输出功率的齿轮、带轮上作用的力偶为阻力偶，其方向与轴的转动方向相反。当作用于轴上的外力偶确定后，即可用截面法求得圆轴扭转时横截面上的内力。

（2）扭矩与扭矩图。

现分析图4-30（a）所示的圆轴，在任意 m-m 截面处，取右段为研究对象，因 B 端有外力偶矩 T 的作用，为保持右段平衡，故 m-m 截面上必有一个内力偶矩 M_n 与之平衡，称为扭矩。由平衡方程 $\sum M_x = 0$ 可得到 $M_n = T$。如取左段为研究对象，求得的扭矩与右段扭矩的大小相等、转向相反，它们是作用与反作用的关系。为使取左段和右段所求得的扭矩不但在数值上相同而且符号也一样，对扭矩符号规定如下：用右手螺旋法则，如图4-30（b）所示，拇指指向横截面的外法线方向，扭矩的转向与四指的环绕方向一致时，扭矩为正；反之为负。在求扭矩时，不考虑外力偶矩的转向，均假设扭矩为正。

当轴上作用多个外力偶矩时，需以外力偶矩所在的截面将轴分成几个段，逐段求出其扭矩。为了确定轴上最大扭矩的位置，找出危险截面，常用图形表示各横截面的扭矩随截面位置的变化规律，这种图形称为扭矩图。作图时以横坐标表示各横截面的位置，纵坐标表示扭矩，下面举例说明。

例4-6　图4-31（a）所示的传动轴BD，已知轴的转速 $n = 300$r/min，主动轮 A 的输入功率 $P_A = 400$kW，3个从动轮 B、C、D 的输出功率 $P_B = 120$kW、$P_C = 120$kW、$P_D = 160$kW。试求各段轴的扭矩并画出传动轴的扭矩图，确定最大扭矩 $|M_n|_{max}$。

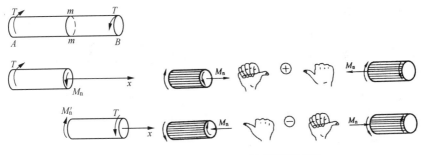

（a）扭矩计算　　　　　　（b）扭矩符号判定

图 4-30　扭转内力分析及符号确定

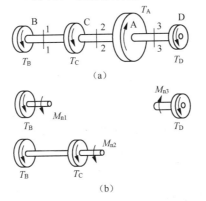

（a）

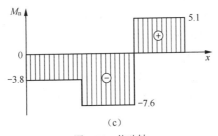

（b）

M_n
　　　5.1
0
　　　　⊕　　　　x
−3.8
⊖
　　　　−7.6

（c）

图 4-31　传动轴

解：（1）先求出主、从动轮上所受的外力偶矩。

$$T_A = \frac{9550 P_A}{n} = \frac{9550 \times 400}{300} \text{N} \cdot \text{m} \approx 1.27 \times 10^4 \, \text{N} \cdot \text{m} = 12.7 \text{kN} \cdot \text{m}$$

$$T_B = T_C = \frac{9550 P_B}{n} = \frac{9550 \times 120}{300} \text{N} \cdot \text{m} \approx 3.8 \times 10^3 \, \text{N} \cdot \text{m} = 3.8 \text{kN} \cdot \text{m}$$

$$T_D = \frac{9550 P_D}{n} = \frac{9550 \times 160}{300} \text{N} \cdot \text{m} \approx 5.1 \times 10^3 \, \text{N} \cdot \text{m} = 5.1 \text{kN} \cdot \text{m}$$

（2）用截面法求各段轴的扭矩。在 4 个轮之间任取截面 1-1、2-2、3-3，并取相应轴段为研究对象，画受力分析图，如图 4-31（b）所示。由平衡条件得

$$\sum M_x = 0 \qquad M_{n1} = -T_B = -3.8 \text{kN} \cdot \text{m}$$

$$\sum M_x = 0 \qquad M_{n2} = -(T_B + T_C) = -7.6 \text{kN} \cdot \text{m}$$

$$\sum M_x = 0 \qquad M_{n3} = T_D = 5.1 \text{kN} \cdot \text{m}$$

（3）画扭矩图，如图 4-31（c）所示，最大扭矩 $|M_n|_{\max} = 7.6 \text{kN} \cdot \text{m}$。

从例 4-6 的分析可知：轴上任意截面的扭矩等于该截面左段或右段上各外力偶矩的代数和。

2. 圆轴扭转时的应力及变形

（1）圆轴扭转时横截面上的应力。

圆轴扭转时，横截面上各点的应力问题仅用静力学关系已无法解决，还要考虑变形的几何关系和物理关系。

为了观察圆轴扭转时的变形，取一实心圆轴并在其表面画出圆周线和纵向线，如图 4-32（a）所示。圆轴在一对力偶的作用下产生扭转变形，如图 4-32（b）所示。在变形不大的情况下，我们可以得到如下结论。

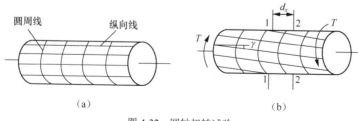

图 4-32　圆轴扭转试验

① 各圆周线相对旋转一个角度，但圆周线的形状、大小及间距不变。这种现象表明圆轴扭转时各横截面之间距离不变，即无轴向变形，所以横截面上无正应力。

② 各纵向线仍为直线，且倾斜同一角度 γ，原来的矩形变成平行四边形。这种现象表明圆轴扭转时横截面之间有相对转动，即出现剪切变形，所以横截面上必然有切应力。

③ 当横截面绕轴线相对转动时，其同一横截面上边缘各点的位移量相同且最大，越接近圆心，位移量越小，圆心处的位移量为零。这表明圆轴扭转时横截面上任意一点的切应力大小与该点到圆心的距离成正比；又由原截面大小、形状未发生变化，可以得知某点切应力方向垂直于半径，并与横截面上扭矩的转向一致。图 4-33 所示为圆轴扭转切应力分布规律。

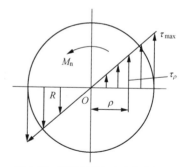

图 4-33　圆轴扭转切应力分布规律

通过上述分析以及推导证明（推导证明略，可参考有关材料力学教材），可以得到圆轴扭转时的计算公式

$$\tau_{\rho} = \frac{M_n \rho}{I_P} \tag{4-16}$$

式中，τ_{ρ} 为横截面上任意一点切应力；ρ 为所求切应力点到圆心的距离；I_P 为横截面对圆心的极惯性矩，它是一个仅与截面几何形状和尺寸有关的几何量，常用单位为 m^4 或 mm^4。

从式（4-16）可以看出，当 $\rho = \rho_{max} = R$ 时，切应力最大，其值为

$$\tau_{max} = \frac{M_n R}{I_P} \tag{4-17}$$

令 $W_P = \dfrac{I_P}{R}$，则式（4-17）变形为

$$\tau_{max} = \frac{M_n}{W_P} \tag{4-18}$$

式中，W_P 为抗扭截面系数（单位为 m^3 或 mm^3）。

上述公式仅适用于圆轴扭转问题，并且在公式推导中运用了胡克定律，所以最大切应力应该不超过材料的剪切比例极限值，这样才能应用上述公式。

极惯性矩和抗扭截面系数都是衡量圆轴扭转时截面抗扭能力的指标。I_P 和 W_P 越大，则截面抗扭能力越强。工程中常见轴的截面形状和 I_P、W_P 的计算公式如表 4-2 所示。

表 4-2　常见轴的截面形状和 I_P、W_P 的计算公式

截面形状	极惯性矩	抗扭截面系数
（实心圆）	$I_\mathrm{P} = \dfrac{\pi d^4}{32}$	$W_\mathrm{P} = \dfrac{\pi d^3}{16}$
（空心圆）	$I_\mathrm{P} = \dfrac{\pi D^4}{32}(1-\alpha^4)$　（式中 $\alpha = \dfrac{d}{D}$）	$W_\mathrm{P} = \dfrac{\pi D^3}{16}(1-\alpha^4)$　（式中 $\alpha = \dfrac{d}{D}$）

（2）圆轴扭转时的变形。

圆轴扭转时，两横截面之间的相对转角称为扭转角，用 φ 来表示，其单位为弧度（rad）。通过试验证实：圆轴扭转时，若最大切应力不超过材料的比例极限，扭转角 φ 正比于扭矩 M_n 和轴的长度 l，反比于截面的极惯性矩 I_P。引入比例系数 G，得到圆轴扭转变形的计算公式为

$$\varphi = \frac{M_\mathrm{n} l}{G I_\mathrm{P}} \tag{4-19}$$

式中，G 为材料的切变模量（GPa），反映材料抵抗剪切变形的能力，一般由试验测得；$G I_\mathrm{P}$ 为截面的抗扭刚度，与轴的材料和截面尺寸有关，反映轴抵抗扭转变形的能力。

对于阶梯轴，必须分段计算各段的扭转角，然后求其代数和。扭转角的正负号与扭矩相同。

从式（4-19）可以得出，扭转角的大小与距离 l 有关系，工程上常用"单位长度的扭转角"来表示其变形的程度，计算公式如下

$$\theta = \frac{\varphi}{l} = \frac{M_\mathrm{n}}{G I_\mathrm{P}} \tag{4-20}$$

3．圆轴扭转的强度和刚度计算

（1）强度计算。

对于等直圆轴，最大切应力 $\tau_{\max}$ 不一定产生在最大扭矩 M_n 所在截面边缘上的各点处。为了使扭转的圆轴能正常工作，必须使整个轴的最大工作切应力不超过材料的许用切应力，于是圆轴扭转时的抗扭强度条件为

$$\tau_{\max} = \frac{M_\mathrm{n}}{W_\mathrm{P}} \leqslant [\tau] \tag{4-21}$$

式中，M_n 为轴上危险截面的扭矩（绝对值）；W_P 为危险截面的抗扭截面系数；$[\tau]$ 为材料的许用切应力。

（2）刚度计算。

设计轴类构件时，不仅要满足强度要求，有时还要考虑刚度问题，即限制轴的扭转变形在一定的范围之内。通常限制单位长度的扭转角 θ（rad/m）不超过规定的许用值 $[\theta]$。圆轴

扭转的刚度条件为

$$\theta = \frac{M_n}{GI_P} \leqslant [\theta] \tag{4-22}$$

工程中，许用扭转角$[\theta]$的单位为$°/m$，考虑单位的换算，式（4-22）可写为

$$\theta = \frac{M_n}{GI_P} \times \frac{180}{\pi} \leqslant [\theta] \tag{4-23}$$

对于一般的传动轴，$[\theta]$为$(0.5°\sim1.0°)/m$；对于精密机器的传动轴，$[\theta]$为$(0.15°\sim0.3°)/m$。$[\theta]$的数值按传动轴的工作条件和机器的精度要求确定，可查阅有关工程手册。

利用刚度条件，可以解决刚度校核、设计截面和确定许用载荷等3种类型的刚度问题。

例4-7 如图4-34所示，有一减速器传动轴。已知直径$d=45mm$，转速$n=300r/min$，主动轮A输入功率$P_A=36.7kW$，从动轮B、C、D的输出功率分别为$P_B=14.7kW$、$P_C=P_D=11kW$，轴的材料为45钢，材料的切变模量$G=8\times10^4MPa$，许用切应力$[\tau]=40MPa$，许用单位长度扭转角$[\theta]=2°/m$。试校核轴的强度和刚度。

解：（1）计算外力偶矩。

$$T_A = 9550\frac{P_A}{n} = 9550\times\frac{36.7}{300}N\cdot m \approx 1168N\cdot m$$

$$T_B = 9550\frac{P_B}{n} = 9550\times\frac{14.7}{300}N\cdot m \approx 468N\cdot m$$

$$T_C = T_D = 9550\frac{P_C}{n} = 9550\times\frac{11}{300}N\cdot m \approx 350N\cdot m$$

（2）画扭矩图，确定最大扭矩。用截面法在4个轮之间分别取截面1-1、2-2、3-3，并根据平衡条件求出相应的扭矩，并确定其正负号，如下

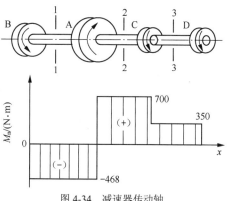

图4-34 减速器传动轴

$$M_{n1} = -T_B = -468N\cdot m$$
$$M_{n2} = T_A - T_B = 1168N\cdot m - 468N\cdot m = 700N\cdot m$$
$$M_{n3} = T_D = 350N\cdot m$$

最大扭矩在主动轮A与从动轮C之间，$M_{n\,max} = M_{n2} = 700N\cdot m$。

（3）校核强度。

轴的极惯性矩：$$I_P = \frac{\pi d^4}{32} = \frac{\pi\times45^4}{32}mm^4 \approx 4\times10^5 mm^4$$

抗扭截面系数：$$W_P = \frac{\pi d^3}{16} = \frac{\pi\times45^3}{16}mm^3 \approx 1.8\times10^4 mm^3$$

最大切应力：$$\tau_{max} = \frac{M_{n\,max}}{W_P} = \frac{700\times10^3}{1.8\times10^4}MPa \approx 38.9MPa$$

$\tau_{max} = 38.9MPa < [\tau]$，因此轴的强度足够。

（4）校核刚度。轴的最大单位长度扭转角为

$$\theta_{max} = \frac{180°M_n}{GI_P\pi} = \frac{180°\times700}{8\times10^4\times10^6\times4\times10^5\times10^{-12}\times\pi}/m \approx 1.25°/m$$

由于$\theta_{max} = 1.25°/m < [\theta]$，所以轴的刚度也足够。

4.1.4　直梁弯曲强度计算

1．平面弯曲的概念

当直杆受到垂直于轴线的外力（通常称为横向力）或力偶作用时，其轴线将由原来的直线变成曲线，这种变形称为弯曲。变形以弯曲为主的杆件称为梁，如图 4-35 所示的火车轮轴。

工程中使用的梁，其横截面都有一根竖向对称轴，梁的轴线与对称轴所构成的平面称为梁的纵向对称面。如果作用于梁上的外力（包括外力偶）都位于纵向对称面内，变形后梁的轴线将在纵向对称面内弯曲成一条平面曲线，如图 4-36 所示，这种变形称为平面弯曲。它是梁弯曲问题中最简单的情形之一，是杆件的一种基本变形。

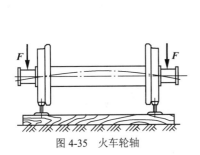

图 4-35　火车轮轴

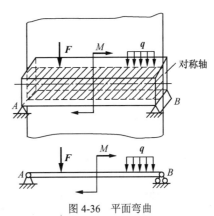

图 4-36　平面弯曲

2．梁弯曲时的内力

为了便于分析与计算，需要对工程梁的截面形状、载荷及支撑情况进行简化。

（1）工程上梁的基本类型。

根据支座对梁约束特点的不同，可将梁分为如下 3 种基本形式。

① 简支梁：一端为固定铰支座，另一端为可动铰支座的梁，如图 4-37（a）所示。

② 外伸梁：一端或两端伸出支座之外的梁，如图 4-37（b）所示。

③ 悬臂梁：一端固定，另一端自由的梁，如图 4-37（c）所示。

（2）梁上载荷的简化。

一般作用于梁上的载荷可简化成集中力、集中力偶和分布载荷 3 种形式，分别如图 4-38（a）、（b）、（c）所示。

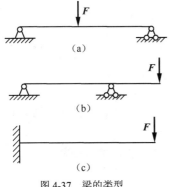

图 4-37　梁的类型

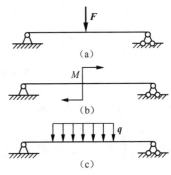

图 4-38　载荷的类型

在平面弯曲问题中，梁上的载荷与支座反力组成一个平面力系，且该力系中有 3 个独立的平衡方程，可用静力学平衡方程求解。

（3）剪力和弯矩。

确定了梁上所有的载荷和支座反力后，便可以用截面法来分析梁上任意横截面的内力。

图 4-39（a）所示为悬臂梁，上面作用载荷 F，由静力学平衡方程可求得固定端 B 的支座反力为 $F_B = F$，$M_B = Fl$，如图 4-39（b）所示。现用截面法来分析梁上任意截面 m-m 的内力。沿截面 m-m 将梁截开分成两段，取左段研究，如图 4-39（c）所示，若使左段仍满足平衡条件，m-m 截面上必然有内力 F_Q 和 M。列写平衡方程如下

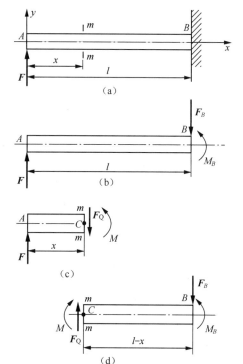

$$\sum F_y = 0, F - F_Q = 0$$

$$\sum M_C = 0, M - Fx = 0$$

得

$$F_Q = F, M = Fx$$

F_Q 和 M 分别称为剪力和弯矩，剪力为相切于横截面的内力分量；弯矩为作用面垂直于横截面的内力偶矩。

如果取右段为研究对象，如图 4-39（d）所示，同样可以求得 F_Q 和 M，且数值与上述结果相等，只是符号相反。

为了使左、右两段梁上求得的同一截面两侧的内力不仅数值相等，而且符号相同，对剪力和弯矩的符号做如下规定：所求截面左、右两段梁发生"左上右下"（顺时针）的相对错动

图 4-39　悬臂梁受力分析

时，剪力为正，反之为负；所求截面附近的梁发生"上凹下凸"的弯曲变形时，弯矩为正，反之为负，如图 4-40 所示。根据上述规定，图 4-39 所示情况的横截面上的剪力和弯矩的符号都为正。

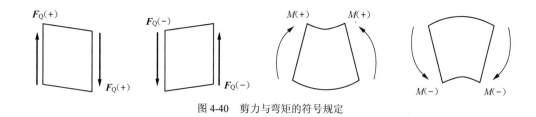

图 4-40　剪力与弯矩的符号规定

与求轴力类似，横截面上的剪力和弯矩的符号通常假设为正，根据计算结果的正负确定其实际方向。

例 4-8　简支梁如图 4-41 所示，试求其中各指定横截面上的剪力和弯矩。

解：（1）求两支座 A、B 点的反力。

$$\sum M_B = 0, F_A = \frac{Fb}{l}$$

$$\sum M_A = 0, F_B = \frac{Fa}{l}$$

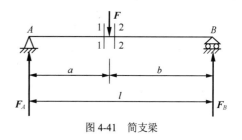

图 4-41　简支梁

（2）求截面 1-1 的内力。以左段为研究对象，根据平衡条件列平衡方程，可求得该截面的剪力和弯矩为

$$F_{Q1} = F_A = \frac{Fb}{l}, M_1 = F_A a = \frac{Fab}{l}$$

显然，弯矩和剪力均为正值。

（3）求截面 2-2 的内力。以左段为研究对象，根据平衡条件列平衡方程，可求得该截面的剪力和弯矩为

$$F_{Q2} = F_A - F = -\frac{Fa}{l}, M_2 = F_A a - F \cdot 0 = \frac{Fab}{l}$$

显然，弯矩为正值，剪力为负值。

通过例 4-8 的分析可知，剪力、弯矩和载荷之间有如下规律。

① 梁任意横截面上的剪力，其数值大小等于该横截面任意侧梁上所有横向外力的代数和。横截面左段梁向下的外力或右段梁向上的外力为负，反之为正。

② 梁任意横截面上的弯矩，其数值大小等于该横截面任意侧梁上所有外力对截面形心力矩的代数和。横截面左段梁上的外力对该截面形心力矩为逆时针方向或右段梁上的外力对该截面形心力矩为顺时针方向时为负，反之为正。

利用上述规律，不必列写平衡方程，可直接根据横截面左、右段梁上的外力来求解该截面上的剪力和弯矩。

（4）剪力图和弯矩图。

一般情况下，梁横截面上的内力随着横截面位置的变化而变化，它们都可表示为 x 的函数，即

$$F_Q = F_Q(x), M = M(x) \tag{4-24}$$

式（4-24）中分别为梁的剪力方程和弯矩方程。

与绘制轴图和扭矩图一样，也可用图线表示梁各截面上剪力 F_Q 和弯矩 M 沿梁轴线变化的情况。以平行于梁轴的横坐标 x 表示横截面的位置，纵坐标表示相应横截面上的剪力和弯矩，绘制出剪力方程和弯矩方程的曲线，并称其为剪力图和弯矩图。

绘制梁内力图的基本方法和步骤：①求支座反力；②分段，一般常在集中力、集中力偶以及分布载荷的分布规律变化处分段；③列写内力方程（剪力方程和弯矩方程），并标明其定义域；④绘制剪力图和弯矩图。

下面通过例 4-9～例 4-12 来说明绘制剪力图和弯矩图的基本方法和步骤。

例 4-9　图 4-42（a）所示的简支梁，在 C 点受集中载荷 F 的作用。试绘制其剪力图和弯矩图。

解：（1）求支座反力。由 $\sum M_A = 0$ 及 $\sum M_B = 0$ 得

$$F_{Ay} = \frac{Fb}{l}, F_{By} = \frac{Fa}{l}$$

（2）列剪力方程与弯矩方程。因梁在 C 点有集中力，故应分段列方程。任取 A 点为坐标原点，AB 为 x 轴，则 AC 段：

$$F_Q(x) = F_{Ay} = \frac{Fb}{l} \quad (0 < x < a)$$

$$M(x) = F_{Ay}x = \frac{Fbx}{l} \quad (0 \leqslant x \leqslant a)$$

CB 段（截开取右段梁列方程）：

$$F_Q(x) = -F_{By} = -\frac{Fa}{l} \quad (a < x \leqslant l)$$

$$M(x) = F_{By}(l-x) = \frac{Fa}{l}(l-x) \quad (a \leqslant x \leqslant l)$$

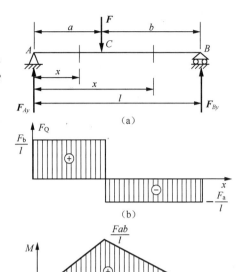

图 4-42　简支梁

（3）画剪力图。由剪力方程知，C 点截面左、右段均为水平直线，剪力图如图 4-42（b）所示。

（4）画弯矩图。由弯矩方程知，C 点截面左、右段均为斜直线。

AC 段：
$$x = 0, M = 0; x = a, M = \frac{Fab}{l}$$

BC 段：
$$x = a, M = \frac{Fab}{l}; x = l, M = 0$$

弯矩图如图 4-42（c）所示。最大弯矩在集中力作用横截面 C，$M_{max} = \frac{Fab}{l}$。

例 4-10　图 4-43（a）所示的简支梁，受均匀分布载荷 q 作用。试绘制其剪力图和弯矩图。

解：（1）求支座反力。由梁的对称关系可得

$$F_A = F_B = \frac{ql}{2}$$

（2）列剪力方程与弯矩方程。取图 4-43（b）所示坐标系，假设在距 A 点 x 处将梁截开，取左段梁为研究对象，可得剪力方程和弯矩方程分别为

$$F_Q(x) = F_B - qx = \frac{ql}{2} - qx \quad (0 < x < l)$$

$$M(x) = F_A x - qx\frac{x}{2} = \frac{ql}{2}x - \frac{q}{2}x^2 \quad (0 \leqslant x \leqslant l)$$

（3）画剪力图。由剪力方程知，剪力图为一条斜直线，斜率为 $-q$，向右下倾斜，如图 4-43（b）所示。

（4）画弯矩图。由弯矩方程知，弯矩图为一条开口向下的抛物线。

弯矩图如图 4-43（c）所示。最大弯矩在梁的跨中截面（中间处截面），此截面剪力为零。

$$M_{max} = \frac{ql^2}{8}。$$

例 4-11　图 4-44（a）所示的简支梁，在 C 点受大小为 M_e 的集中力偶作用。试绘制其剪力图和弯矩图。

解：（1）求支座反力。

$$\sum M_B = 0, F_{Ay} - M_e = 0, F_{Ay} = \frac{M_e}{l}$$

$$\sum F_y = 0, F_{By} - F_{Ay} = 0$$

$$F_{By} = F_{Ay} = -\frac{M_e}{l}$$

（2）列出剪力方程和弯矩方程：

$$F_Q(x) = -F_{Ay} = -\frac{M_e}{l} \quad (0 < x < l)$$

因在 C 点有集中力偶，故弯矩需分段考虑。

AC 段：
$$M(x) = -F_{Ay}x = -\frac{M_e}{l}x \quad (0 \leqslant x < a)$$

BC 段：
$$M(x) = F_{By}(l-x) = \frac{M_e}{l}(l-x) \quad (a < x \leqslant l)$$

（3）画剪力图。由剪力方程知，剪力为常数，故是一条水平直线，如图 4-44（b）所示。

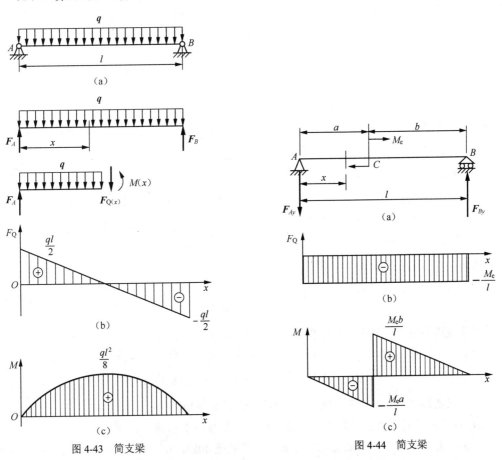

图 4-43　简支梁　　　　　　　图 4-44　简支梁

（4）画弯矩图。由弯矩方程知，C 截面左、右段均为斜直线。

AC 段：
$$x = 0, M = 0; x = a, M = -\frac{M_e a}{l}$$

BC 段：
$$x = a, M = \frac{M_e b}{l}; x = l, M = 0$$

弯矩图如图 4-44（c）所示。如 $b>a$，则最大弯矩发生在集中力偶作用处右段横截面，即
$$M_{max} = \frac{M_e b}{l}$$

通过例 4-9～例 4-11 分析可知，剪力图和弯矩图有如下特点。

① 梁上无均匀分布载荷部分：剪力图为水平直线；弯矩图为斜直线。

② 梁上有均匀分布载荷部分：剪力图为斜直线（均匀分布载荷的方向与剪力图斜直线方向相同）；弯矩图为抛物线（均匀分布载荷向下，弯矩图为上凸的抛物线；均匀分布载荷向上，弯矩图为下凹的抛物线）。

③ 梁上集中力作用处：剪力图发生突变，突变值等于该集中力的大小；弯矩图有折角存在，弯矩值大小不变。

④ 梁上集中力偶作用处：剪力图不变；弯矩图发生突变，突变值等于该集中力偶的大小。

利用上述的特点来绘制剪力图和弯矩图，是十分方便的。

例 4-12 图 4-45（a）所示的外伸梁，已知 $F=20\text{kN}$，$M_e=40\text{kN·m}$，$q=10\text{kN/m}$。试绘制梁的剪力图和弯矩图。

解：（1）求支座反力。
$$\sum M_B = 0 ， F_{Cy} = 25\text{kN}$$
$$\sum F_y = 0 ， F_{By} = 35\text{kN}$$

（2）绘制剪力图。AB 段无分布载荷，剪力图为一条水平直线，有
$$F_Q = -F = -20\text{kN} \quad F_{QB} = F_Q = -20\text{kN}$$

BC 段有向下的均匀分布载荷，故剪力图是斜率为负的斜直线。B 点有集中力 F_{By} 向上，剪力突变量即集中力数值 35kN，故
$$F_{QN右} = -20\text{kN} + 35\text{kN} = 15\text{kN}$$

支座 C 点反力 F_C 为其一侧截面剪力，且由剪力正负号规定得

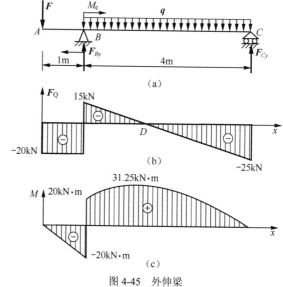

图 4-45 外伸梁

$$F_{QC} = -F_{Cy} = -25\text{kN}$$

用直线连接 B、C 点剪力值的两点，即得 BC 段剪力图，如图 4-45（b）所示。

（3）绘制弯矩。AB 段无分布载荷，剪力为负，故弯矩图是斜率为负的斜直线。
$$M_A = 0, M_{B左} = -20 \times 1\text{kN·m} = -20\text{kN·m}$$

用直线连接 A、B 点的弯矩值两点，即得 AB 段弯矩图。

BC 段有向下的均匀分布载荷的作用，故弯矩图为向上凸的抛物线。

B 点有集中力偶 M，弯矩突变量为集中力偶数值 40kN·m，集中力偶沿顺时针转，弯矩骤升，故
$$M_{B右} = -20\text{kN} + 40\text{kN·m} = 20\text{kN·m}$$

支座端点无集中力偶，$M_C=0$。

最大弯矩在剪力图中的 D 点，应用三角形知识可以解出 BD=1.5m。因此，用截面法求得

$$M_{\max} = M_D = \left(25 \times 2.5 - 10 \times 2.5 \times \frac{2.5}{2}\right) \text{kN} \cdot \text{m} = 31.25 \text{kN} \cdot \text{m} \quad \text{（截取 } CD \text{ 段分析）}$$

用光滑曲线连接 B、C、D 弯矩值 3 点，即得 BC 段弯矩图，如图 4-45（c）所示。

3．梁弯曲时横截面上的应力

在一般情况下，梁的横截面受剪力和弯矩作用，并且剪力和弯矩是由横截面上分布内力合成的。对于细长梁，正应力是决定梁是否发生强度失效的主要因素，下面主要讨论梁弯曲时横截面上的正应力及其强度的计算。

梁弯曲时，如果横截面上受到剪力和弯矩的共同作用，这种情况称为横力弯曲；如果横截面上只存在弯矩而无剪力作用，这种情况称为纯弯曲。下面通过纯弯曲梁的变形来推导梁横截面上正应力的计算公式。

（1）弯曲变形。

取一具有矩形截面的梁，在梁的表面画 2 条横向线 m-m、n-n 和与轴线平行的 2 条纵向线 aa、bb，然后在梁两端面施加外力偶 M，使梁处于纯弯曲状态，如图 4-46 所示。此时会观察到如下变形现象。

① 所有横向线仍为直线，只是相对旋转了一定角度，但仍与梁轴线垂直。

② 所有纵向线都弯成光滑、连续的曲线，各纵向线间距不变。

③ 梁外凸一侧纵向线伸长，梁内凹一侧纵向线缩短。

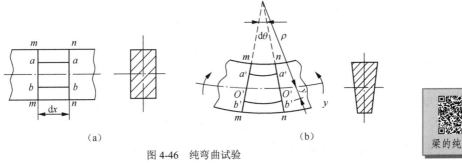

（a）　　　　　　　　　　　　　　　　（b）

图 4-46　纯弯曲试验

从观察到的现象，可做如下弯曲变形的平面假设：变形前原为平面的横截面变形后仍保持为平面，且垂直于变形后的梁的轴线，只是相对转动了一个角度，纵向纤维有伸长也有缩短。据此，可得出结论：梁纯弯曲变形时，其横截面上只有正应力而无切应力。

根据平面假设及变形连续性可知，在纵向伸长和缩短的纤维之间，必定有一层纤维既不伸长也不缩短，这个长度不变的纤维层称为中性层。中性层与横截面的交线称为中性轴，如图 4-47 所示。中性轴将横截面分为受拉和受压两个区域，且通过截面形心。因平面弯曲时梁存在纵向对称面，所以中性层及中性轴都垂直于纵向对称面。弯曲变形时，梁内各横截面绕中性轴相对旋转。

（2）横截面上的正应力分布规律。

根据梁的横截面绕中性轴相对旋转的假设，在应力不超过材料的比例极限时，由胡克定律可以得出，梁弯曲时横截面上某点的正应力与其距中性轴的距离成正比。因此，可以推断整个横截面上的正应力分布规律是：沿截面高度方向呈线性规律变化，如图 4-48 所示。中性轴上各点处的正应力为零，距中性轴距离相等的各点处正应力相等，距中性轴最远的上、下边缘各点处正应力最大。

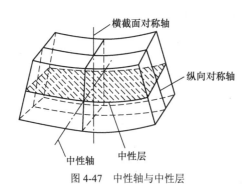

图 4-47　中性轴与中性层

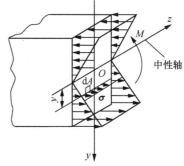

图 4-48　梁的横截面正应力分布规律

（3）梁纯弯曲时正应力计算公式。

根据内力与应力的关系可知：梁横截面上各点内力对中性轴力矩的代数和等于截面的弯矩，根据静力平衡条件，通过推导可得到梁纯弯曲横截面上任意一点正应力的计算公式，如下

$$\sigma = \frac{M}{I_z}y \qquad (4\text{-}25)$$

式中，M 为截面弯矩（N·m）；y 为截面上任意一点到中性轴 z 的距离（mm）；I_z 为截面对中性轴 z 的惯性矩（mm^4），与横截面形状、尺寸等有关。

在实际计算中，通常代入弯矩 M 和坐标 y 的绝对值，求得正应力的大小，再根据变形情况来判断正应力是拉力还是压力，一般用正负号来表示。

由式（4-25）可知，截面在距中性轴最远的上、下边缘各点处正应力最大，其值为

$$\sigma_{max} = \frac{My_{max}}{I_z} = \frac{M}{W_z} \qquad (4\text{-}26)$$

式中，$W_z = I_z / y_{max}$，为抗弯截面系数（mm^3），它只与横截面尺寸、形状有关，是衡量截面抗弯能力的几何量。

在应用梁弯曲的正应力公式进行计算时，需要计算横截面对中性轴 z 的惯性矩 I_z，其计算公式为 $I_z = \int_A y^2 dA$。对于常见的矩形、圆形以及圆环形截面，其惯性矩可通过积分来进行求解。表 4-3 所示为常用简单截面的惯性矩和抗弯截面系数的计算公式。

表 4-3　　　　　　　　常用简单截面的惯性矩和抗弯截面系数的计算公式

截面形状	惯性矩	抗弯截面系数
矩形截面（宽 b，高 h）	$I_y = \dfrac{hb^3}{12}$ $I_z = \dfrac{bh^3}{12}$	$W_y = \dfrac{hb^2}{6}$ $W_z = \dfrac{bh^2}{6}$
圆形截面（直径 D）	$I_y = I_z = \dfrac{\pi D^4}{64}$	$W_y = W_z = \dfrac{\pi D^3}{32}$

续表

截面形状	惯性矩	抗弯截面系数
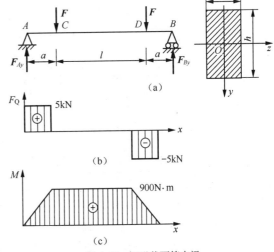	$I_y = I_z = \dfrac{\pi D^4}{64}(1-\alpha^4)$ $\alpha = \dfrac{d}{D}$	$W_y = W_z = \dfrac{\pi D^3}{32}(1-\alpha^4)$ $\alpha = \dfrac{d}{D}$

例 4-13　图 4-49（a）所示为矩形截面简支梁，已知 $F = 5\text{kN}$，$a = 180\text{mm}$，$b = 30\text{mm}$，$h = 60\text{mm}$。试求分别将横截面竖放和横放时两横截面上的最大正应力。

解：（1）求支座反力。根据外力平衡条件列平衡方程，可解得支座反力为

$$F_{Ay} = F_{By} = 5\text{kN}$$

（2）画出剪力图和弯矩图，如图 4-49（b）、（c）所示。可见，在 CD 段横截面上剪力为零，故 CD 段为纯弯曲段，截面上弯矩为

$$M_{\max} = M_C = 900\text{N·m}$$

（3）求竖放时的最大正应力。由表 4-3 所示查得矩形截面的抗弯截面系数的计算公式，代入式（4-26）中即可求得竖放时横截面上的最大正应力

图 4-49　矩形截面简支梁

$$\sigma_{\max} = \frac{M}{W_z} = \frac{M}{\dfrac{bh^2}{6}} = \frac{900}{\dfrac{0.03 \times 0.06^2}{6}}\text{Pa} = 50 \times 10^6\,\text{Pa} = 50\text{MPa}$$

同理求得横放时横截面上的最大正应力

$$\sigma_{\max} = \frac{M}{W_y} = \frac{M}{\dfrac{b^2h}{6}} = \frac{900}{\dfrac{0.03^2 \times 0.06}{6}}\text{Pa} = 100 \times 10^6\,\text{Pa} = 100\text{MPa}$$

通过本例题可知，矩形截面梁的横截面放置方位不同，其最大正应力值也不同，即梁的弯曲强度不同。矩形截面梁的横截面竖放时比横放时的强度高。

4．梁弯曲时的强度计算

（1）梁弯曲时的强度条件。

危险截面是指整个梁内正应力最大的截面。梁弯曲时，最大正应力发生在距中性轴最远的上、下边缘各点处。对于许用拉应力与许用压应力相等的等截面梁，最大弯矩作用面必然是危险截面。因此梁的正应力强度条件为

$$\sigma_{\max} = \frac{M_{\max}}{W_z} \leqslant [\sigma] \tag{4-27}$$

式中，$[\sigma]$ 为材料的许用应力，其值可以从相关手册中查得。

应该指出，上述强度条件公式只适用于抗拉强度和抗压强度相同的材料（比如梁）且梁的截面形状（如矩形、圆形、工字形、圆环形等）以中性轴为对称轴的情形。此时因梁的凸侧和凹侧应力大小相等，所以只需计算一侧应力即可。

对于拉伸与压缩力学性能不同的材料，则要求梁的最大拉应力不超过材料的许用拉应力，最大压应力不超过材料的许用压应力，即

$$\sigma_{t\,max} \leqslant [\sigma_t], \qquad \sigma_{c\,max} \leqslant [\sigma_c] \tag{4-28}$$

应用梁的弯曲强度条件可解决梁的强度校核、截面尺寸设计和确定许用载荷 3 类问题。下面通过例 4-14 来进行分析和说明。

例 4-14 简支梁承受载荷 $F=30$kN，如图 4-50（a）所示。已知材料的许用应力 $[\sigma]=110$MPa，若用工字钢，参考表 4-4 所示的工字钢型号尺寸，选择工字钢型号。若改用矩形截面，且矩形截面的高度 h 与宽度 b 之比约为 2，求需要的材料质量是工字钢的多少倍。

表 4-4　　　　　　　　　　　　　　　工字钢型号尺寸

型号	高度 h/mm	宽度 b/mm	截面面积 A/cm²	理论质量/（kg/m）	惯性矩 I_z/cm⁴	抗弯截面系数 W_z/cm³
18	180	94	30.74	24.1	1660	185
28a	280	122	55.37	43.5	7110	508
28b	280	124	60.97	47.9	7480	534
32a	320	130	67.12	52.7	11100	692
32b	320	132	78.52	57.7	11600	726

解：（1）作弯矩图，如图 4-50（b）所示，过程略。

（2）确定危险截面及危险点的位置。从弯矩图可看出，最大弯矩 $M_{max}=60$kN·m，由于此梁为等截面梁，故危险截面即最大弯矩的作用面（CD 段），而危险点在危险截面的上、下边缘处。

（3）根据条件求出所需的 W_z。由强度条件得

$$W_z \geqslant \frac{M_{max}}{[\sigma]} \approx 5.45 \times 10^5 \text{mm}^3 = 545 \text{cm}^3$$

（4）根据截面形状确定截面尺寸。由表 4-4 所示查得 32a 工字钢的 $W_z=692$cm³ 大于所需值，故选择 32a 工字钢，相应截面面积 $A_1=67.056$cm²。

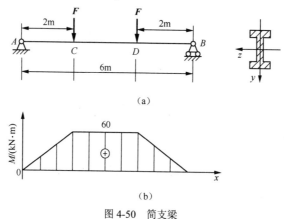

（a）

（b）

图 4-50　简支梁

（5）若改用矩形截面，且 $h=2b$，则

$$W_z = \frac{bh^2}{6} = \frac{2}{3}b^3 \geqslant 545 \text{cm}^3$$

$$b \geqslant 9.35 \text{cm}, h = 2b \geqslant 18.7 \text{cm}$$

截面面积:
$$A_2 = b \times h \approx 174.85 \text{cm}^2$$

矩形截面与工字形截面的截面面积之比为

$$\frac{A_2}{A_1} \approx 2.6$$

故选用矩形截面梁所需要的材料质量约为工字钢的 2.6 倍。

（2）提高梁弯曲强度的措施。

前面指出，正应力强度条件是计算梁强度的主要依据。提高梁的强度，可以从降低最大弯矩 M 和提高抗弯截面系数 W_z 这两个方向着手，一般可采取如下几个措施。

①合理布置梁的支座和载荷。当载荷一定时，梁的最大弯矩与梁的跨度有关，首先应合理布置梁的支座。例如，受均匀分布载荷 q 作用的简支梁，如图 4-51（a）所示，其最大弯矩 $M = 0.125ql^2$，若将梁两端支座各向中间移动 $0.2l$，如图 4-51（b）所示，则最大弯矩将减小为 $M = 0.025ql^2$，仅是之前的 1/5。也可以在合适的位置上增加梁的支座，从而降低梁的最大弯矩值，如图 4-52 所示。其次，在结构允许的情况下，应尽可能合理地布置梁的载荷。例如，将集中载荷作用点靠近支座，或将载荷分散，或用均匀分布载荷代替集中力，如图 4-53 所示。

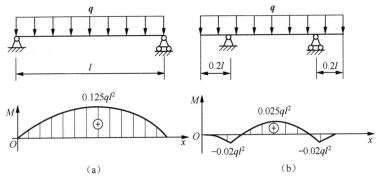

图 4-51　合理布置梁的支座

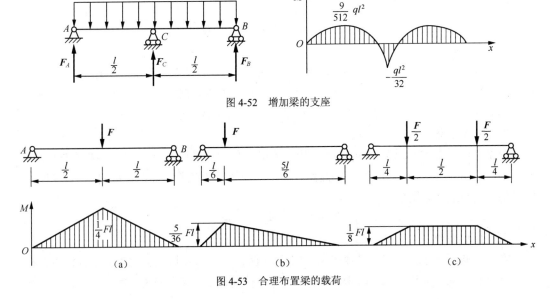

图 4-52　增加梁的支座

图 4-53　合理布置梁的载荷

② 采用合理的截面形状。梁的最大弯矩确定后，梁的弯曲强度取决于抗弯截面系数。在设计过程中，应该力求在不增加材料（用横截面积来衡量）的条件下，使 W_z 的值尽可能大，即使截面的 W_z/A 的值尽可能大。工程中常见截面 W_z/A 的值由大到小分别为工字钢、槽钢、矩形工件和圆形工件，因此一般常选用工字钢和槽钢。

在讨论合理截面时，还应考虑材料的力学性能。对于抗拉强度与抗压强度相等的塑性材料（如低碳钢），宜采用对称于中性轴的截面，如圆形、矩形、工字形截面，这样可使截面上、下边缘处的最大拉应力和最大压应力相等。对于抗拉强度和抗压强度不相等的脆性材料（如铸铁），宜采用中性轴偏于受拉一侧的截面，如 T 形截面，如图 4-54 所示，这样可使最大拉应力和最大压应力同时接近许用应力。

③ 采用变截面梁。梁的强度设计是根据危险截面上的最大弯矩值来确定截面尺寸的，这时梁内其他截面的弯矩值都未达到最大弯矩值，材料未能得到充分利用。若在弯矩较大处采用较大的截面，在弯矩较小处采用较小的截面，则相对比较合理。这种截面沿轴线变化的梁称为变截面梁。如果将变截面梁各横截面的最大正应力都设计成等于材料的许用应力，这样的梁称为等强度梁。显然，等强度梁是十分合适的结构形式。由于等强度梁外形复杂、加工制造困难，所以工程中一般采用近似等强度梁的变截面梁，如图 4-55 所示。

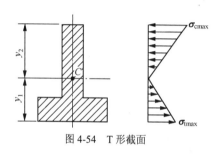

图 4-54 T 形截面

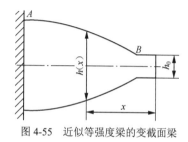

图 4-55 近似等强度梁的变截面梁

4.1.5 扭转和弯曲组合变形

在工程中，杆件的受力和变形并不是单一的，往往比较复杂，因此其应力状态和变形结果也比较复杂。我们常把在外力作用下，构件同时发生两种以上基本变形的形式称为组合变形。轴在工作过程中，发生扭转的同时大多也会发生弯曲，即发生扭转和弯曲组合变形，简称弯扭组合变形。下面以曲拐为例来分析和说明其强度计算方法。

1．外力分析

如图 4-56（a）所示，AB 为等截面轴，A 点处的端固定，B 点处的端为自由端，受外力 F 和外力偶矩 M_e 的作用，如图 4-56（b）所示。外力 F 与轴线垂直相交，使圆轴产生弯曲变形；外力偶矩 M 使轴产生扭转变形，所以圆轴 AB 发生弯扭组合变形。

2．内力分析

分别考虑外力 F 和外力偶矩 M_e 的作用（忽略 F 的剪切效应），绘制出轴 AB 的弯矩图和扭矩图，如图 4-56（c）、（d）所示。显然，固定端截面 A 为危险截面，该截面上的弯矩和扭矩（均取绝对值）分别为

$$M = Fl \; ; \; T = M_n = M_e$$

3．应力分析

在危险截面 A 上，同时存在弯矩 M 产生的弯曲正应力 σ 和扭矩 T 产生的扭转切应力 τ，其应力分布情况如图 4-56（e）所示。根据应力分布情况可知，弯曲正应力在 y 轴方向直径上、

下两端点 1 和 2 处最大，扭转切应力 τ 在横截面的圆周各点处最大，因此，危险截面 1、2 两点都是危险点。这两点同时存在最大弯曲正应力和最大扭转切应力，分别通过式（4-26）和式（4-18）计算，即

$$\sigma_{max} = \frac{M}{W_z}, \quad \tau_{max} = \frac{M_n}{W_P}$$

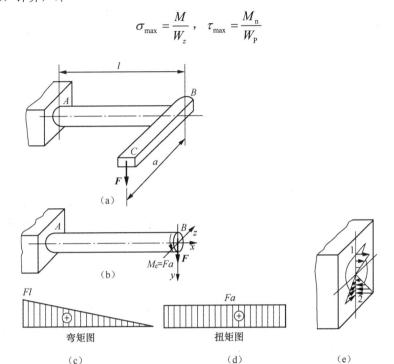

图 4-56 曲拐

4．强度条件（第三强度理论——最大切应力理论）

为计算强度，必须考虑危险点处正应力 σ 和切应力 τ 的综合作用。因 σ 与 τ 相互垂直，不能简单地叠加，且 σ 与 τ 引起材料破坏的机理也不一样，所以材料力学中，采用相当应力 σ_{r3} 表示正应力和切应力的综合效应。对于由塑性材料制成的轴，相当应力的计算公式为

$$\sigma_{r3} = \sqrt{\sigma^2 + 4\tau^2} \tag{4-29}$$

对于由塑性材料制成的轴，由最大切应力理论建立的强度条件为

$$\sigma_{r3} = \sqrt{\sigma^2 + 4\tau^2} = \sqrt{\left(\frac{M}{W_z}\right)^2 + 4\left(\frac{M_n}{W_P}\right)^2} \leqslant [\sigma] \tag{4-30}$$

对于圆形截面杆，抗弯截面系数与抗扭截面系数分别为

$$W_z = \frac{\pi D^3}{32}; W_P = \frac{\pi D^3}{16}$$

代入式（4-30）得

$$\sigma_{r3} = \frac{\sqrt{M^2 + M_n^2}}{W_z} \leqslant [\sigma] \tag{4-31}$$

式（4-31）为塑性材料圆轴弯扭组合变形的强度计算公式。M、T 和 W_z 分别为危险截面的弯矩、扭矩和抗弯截面系数。

对于塑性材料，式（4-31）可对圆轴弯扭组合变形进行强度校核、设计截面和确定许用载荷等计算。

例 4-15　图 4-57 所示为带传动，已知带轮直径 $D = 500\text{mm}$，轴的直径 $d = 90\text{mm}$，跨度 $l = 1000\text{mm}$，带的紧边拉力 $F_1 = 8000\text{N}$，松边拉力 $F_2 = 4000\text{N}$，轴的材料为 35 钢，其许用应力 $[\sigma] = 60\text{MPa}$。试按第三强度理论校核此轴的强度。

组合变形的典型计算案例

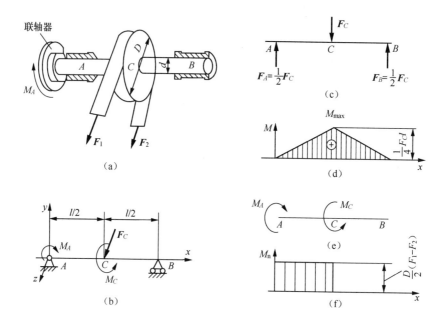

图 4-57　带传动

解：（1）外力分析。

将带受的拉力平移到轴线，画出受力简图，如图 4-57（b）所示。

图中垂直轴线的力：$F_C = F_1 + F_2 = 8000\text{N} + 4000\text{N} = 12000\text{N}$

作用面垂直轴线的附加力偶矩：$M_C = \dfrac{(F_1 - F_2)D}{2} = \dfrac{(8000 - 4000) \times 500}{2}\text{N} \cdot \text{mm} = 10^6\,\text{N} \cdot \text{mm}$

F_C 与 A、B 点的支座反力使轴产生平面弯曲变形，附加力偶矩 M_C 与联轴器上的外力偶矩 M_A 使轴产生扭转变形，因此 AB 段发生弯扭组合变形。

支座反力 F_A、F_B 的计算，如图 4-57（c）所示。

$$\sum M_A = 0, \quad F_B \times l - F_C \times \frac{l}{2} = 0, \quad F_B = 6000\text{N}$$

$$\sum F_y = 0, \quad F_A + F_B - F_C = 0, \quad F_A = 6000\text{N}$$

（2）内力分析。作弯矩图和扭矩图，如图 4-57（d）和图 4-57（f）所示。

由此可知截面 C 为危险截面，该截面上的弯矩与扭矩分别为

$$M_{\max} = \frac{(F_1 + F_2)l}{4} = \frac{(8000 + 4000) \times 1000}{4}\text{N} \cdot \text{mm} = 3 \times 10^6\,\text{N} \cdot \text{mm}$$

$$M_{\text{n}} = \frac{(F_1 - F_2)D}{2} = \frac{(8000 - 4000) \times 500}{2}\text{N} \cdot \text{mm} = 10^6\,\text{N} \cdot \text{mm}$$

（3）应力分析与校核强度。

将上面计算的数值代入式（4-31）得

$$\sigma_{r3} = \frac{\sqrt{M_{max}^2 + M_n^2}}{W_z} = \frac{\sqrt{(3 \times 10^6)^2 + (10^6)^2}}{\frac{\pi \times 90^3}{2}} \text{MPa} \approx 44.2 \text{MPa} < [\sigma]$$

故此轴的强度足够。

【任务实施】

校核拉伸杆的强度

（1）校核 CD 杆（见图 4-1）强度。因 CD 杆是二力杆，故取 AB 杆为研究对象，受力分析如图 4-58 所示。由平衡方程 $\sum M_A = 0$ ，有

$$2F_{CD}l - 3Fl = 0$$

$$F_{CD} = \frac{3}{2}F$$

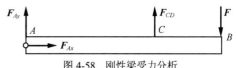

图 4-58　刚性梁受力分析

则 CD 杆的轴力为

$$F_N = F_{CD} = \frac{3}{2}F$$

CD 杆的工作应力为

$$\sigma_{CD} = \frac{F_N}{A_{CD}} = \frac{\frac{3}{2}F}{\frac{\pi d^2}{4}} = \frac{6 \times 25 \times 10^3}{\pi \times (0.020)^2} \text{Pa} \approx 1.194 \times 10^8 \text{Pa} = 119.4 \text{MPa}$$

即 $\sigma_{CD} < [\sigma]$，所以 CD 杆的强度足够。

（2）求结构中保证 CD 杆不断裂时 B 点的许可载荷[F]。由

$$\sigma_{CD} = \frac{F_{CD}}{A_{CD}} = \frac{6F}{\pi d^2} \leqslant [\sigma]$$

得

$$F \leqslant \frac{\pi d^2 [\sigma]}{6} = \frac{\pi \times (0.020)^2 \times 160 \times 10^6}{6} \text{N} \approx 33.5 \times 10^3 \text{N} = 33.5 \text{kN}$$

由此得结构中 CD 杆的许可载荷[F]=33.5kN。

|任务 4.2　认识螺纹连接|

【任务导入】

如图 4-59 所示，起重机吊钩采用的是螺纹连接，已知轴向载荷 $F = 30$kN。试分析其受力情况并设计吊钩尾部螺栓的直径尺寸。

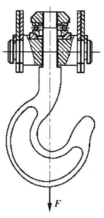

图 4-59　起重机吊钩

【任务分析】

起重机上的吊钩用来悬挂物品，完成一定的起重作业。吊钩尾部常制成圆柱状，圆柱状的尾部采用螺纹连接的方式，这种连接方法具有简单、拆装方便、工作可靠等特点，在各行业都得到了广泛应用。通过本任务学习相关知识，设计出符合要求的螺栓参数。

【相关知识】

4.2.1　螺纹连接的形成、类型及主要参数

1．螺纹的形成

如图 4-60 所示，将一底边长度等于 πd_2 的直角三角形 ABC 绕在一底圆直径为 d_2 的圆柱表面上，并使其底边与圆柱体底边重合，则其斜边 AB 在圆柱体表面形成一条空间曲线，称为螺旋线。角 φ 称为螺旋升角。用不同形状的车刀沿螺旋线可切制出不同类型的螺纹。

认识螺纹的切削加工

螺纹的种类很多，按螺纹的剖面形状可以分为梯形螺纹、矩形螺纹和锯齿形螺纹等。根据螺旋线的旋向，螺纹可以分为左旋螺纹和右旋螺纹两种，机械制造中一般采用右旋螺纹。按螺旋线的数目，可以分为单线螺纹和多线螺纹，单线螺纹多用于连接；多线螺纹多用于传动。为了制造方便，螺纹的线数一般不超过 4 线。常见螺纹的特点和应用如表 4-5 所示。

螺纹的种类和用途

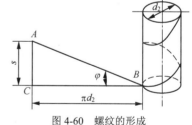

图 4-60　螺纹的形成

表 4-5　　　　　　　　　　　　常见螺纹的特点和应用

螺纹类型	牙型	特点和应用
普通螺纹	P $\alpha=60°$	牙型角 $\alpha=60°$。当量摩擦系数大，自锁性能好，同一公称直径，按螺距大小分为粗牙螺纹和细牙螺纹。粗牙螺纹用于连接，细牙螺纹用于细小零件，也可用于微调机构

续表

螺纹类型	牙型	特点和应用
圆柱管螺纹		常用的是英制细牙三角形螺纹，牙型角 $\alpha=55°$，牙顶有较大圆角，内、外螺纹旋合后无径向间隙
梯形螺纹		牙型为正等腰梯形，牙型角 $\alpha=30°$。传动效率低于矩形螺纹，但牙根强度高、工艺性好、对中性好。常用于传动，如机床丝杠等
矩形螺纹		牙型为正方形，牙型角 $\alpha=0°$。传动效率高，但牙根强度弱，精确加工困难，对中精度差，工程上已被梯形螺纹替代。常用于传力螺纹，如千斤顶等
锯齿形螺纹		牙型角 $\alpha=33°$，工作面牙型斜角为 $3°$，非工作面的牙型斜角为 $30°$。传动效率和牙根强度都高于矩形螺纹，且对中性好。常用于单向受力的传力螺旋，如螺旋压力机等机械

螺纹有内螺纹和外螺纹之分，两者旋合组成螺旋副，也称为螺纹副。在圆柱体外表面上形成的螺纹称为外螺纹，在圆孔的内表面形成的螺纹称为内螺纹。

2. 螺纹的主要参数

螺纹的主要参数如图 4-61 所示。

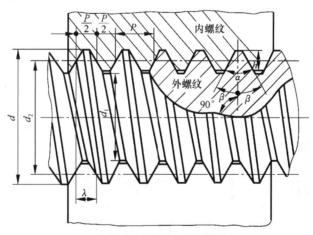

图 4-61 螺纹的主要参数

（1）大径 d（或 D）。螺纹的最大直径，与外螺纹牙顶（或内螺纹牙底）相重合的假想圆柱直径，也称为螺纹的公称直径。

（2）小径 d_1（或 D_1）。螺纹的最小直径，与外螺纹牙底（或内螺纹牙顶）相重合的假想圆柱直径，是螺杆进行强度计算时的危险截面直径。

（3）中径 d_2（或 D_2）。螺纹的牙厚与牙间宽相等的假想圆柱直径，是确定螺纹几何参数和配合性质的直径。

（4）线数 n。螺纹的螺旋线数目，一般小于 4 线。

（5）螺距 P。相邻两牙在中径线上对应两点之间的轴向距离。

（6）导程 S。同一条螺旋线上的相邻两牙在中径线上对应两点间的轴向距离，设螺旋线数为 n，则 $S=nP$。

（7）螺旋升角 φ。在中径为 d_2 的圆柱上，螺旋线的切线与垂直于螺纹轴线平面的夹角，用来表示螺旋线倾斜的程度。

$$\tan \varphi = \frac{nP}{\pi d_2} \qquad (4\text{-}32)$$

（8）牙型角 α。轴向截面内，螺纹牙型相邻两侧边的夹角。

（9）牙侧角 β。牙型侧边与螺纹轴线垂直面之间的夹角。对于对称牙型，$\beta = \dfrac{\alpha}{2}$。

3. 螺纹连接的主要类型及应用场合

螺纹连接是利用螺纹连接件构成的可拆连接，具有结构简单、拆装方便、成本低廉、连接可靠等优点，广泛应用于实际生产中。螺纹连接件大部分已标准化，应根据国家标准选用。

螺纹连接的主要类型有螺栓连接、双头螺柱连接、螺钉连接和紧定螺钉连接。它们的结构、主要尺寸和特点与应用如表 4-6 所示。

认识螺纹连接

表 4-6　　　　　　　螺纹连接类型、结构、主要尺寸和特点与应用

名称	结构	主要尺寸	特点与应用
螺栓连接	普通螺栓连接	螺纹余留长度为 l_1，则 静载荷　$l_1 \geqslant (0.3 \sim 0.5)d$ 变载荷　$l_1 \geqslant 0.75d$ 铰制孔螺栓连接 l_1 尽可能小 螺纹伸出长度：$l_2 \approx (0.2 \sim 0.3)d$ 螺栓轴线到被连接件边缘的距离 $e = d + (3 \sim 6)\text{mm}$	被连接件的孔中不切制螺纹，螺栓与孔之间有间隙。采用这种连接的通孔加工精度低、结构简单、装拆方便、应用广泛
	铰制孔螺栓连接	观察调节阀、三爪卡盘上的螺纹连接件	螺栓杆外径与螺栓孔内径具有同一基本尺寸，采用过渡配合。工作时受到挤压和剪切作用，承受横向载荷，用于载荷冲击大、对中性要求高的场合
双头螺柱连接		螺纹旋入深度为 l_3，螺纹孔零件尺寸如下： 钢或青铜：$l_3 \approx d$； 铁：$l_3 \approx (1.25 \sim 1.5)d$； 螺纹孔深度：$l_4 \approx l_3 + (2 \sim 2.5)P$； 钻孔深度：$l_5 \approx l_4 + (0.5 \sim 1)d$ l_1、l_2 同螺栓连接	允许多次装拆而不损坏被连接零件，多用于较厚的被连接件或为了结构紧凑而采用盲孔的连接

续表

名称	结构	主要尺寸	特点与应用
螺钉连接		l_1、l_3、l_4、l_5、e 同螺栓连接和双头螺柱连接	将螺钉直接旋入被连接件螺纹孔中，不使用螺母，结构简单。这种连接不宜经常拆装，以免损坏被连接件螺纹孔，用于受力不大且不需要经常拆卸的场合
紧定螺钉连接		$d \approx (0.2 \sim 0.3)d_{轴}$	旋入被连接件螺纹孔，以其末端顶住另一零件表面或嵌入凹坑中，用来固定两零件的相对位置，并传递不大的扭矩

4．常用标准螺纹连接件

螺纹连接件也称为螺纹紧固件。常见的螺纹连接件有螺栓、双头螺柱、螺钉、紧定螺钉、螺母、垫圈等，这些零件的结构和尺寸已标准化。公称尺寸为螺纹的大径，选用时根据公称尺寸可以在机械设计手册中查出螺纹的其他尺寸。常见螺纹连接件的结构特点及应用如表 4-7 所示。

表 4-7　　　　　　　　　　常见螺纹连接件的结构特点及应用

类型	图例	结构特点及应用
螺栓	螺栓　　　　螺栓头	螺栓广泛应用于可拆连接，分为普通螺栓和铰制孔螺栓。螺栓的头部形状很多，常用的有六角头和小六角头两种
双头螺柱	L_1 为座端长度；L_0 为螺母端长度	两端切制螺纹，旋入被连接件螺纹孔的一端称为座端；另一端称为螺母端
螺钉	内六角圆柱头　　　十字槽半圆头　　　十字槽沉头	螺钉头部形状有内六角头、十字槽头等多种形式，以适应不同的拧紧程度，应用于不同的场合
紧定螺钉	锥端　　　平端　　　圆柱端　　　圆尖端	紧定螺钉末端要顶住被连接件之一的表面或相应的凹坑，其末端具有锥端、平端、圆柱端、圆尖端等形状
螺母	圆螺母　　　　　六角螺母	螺母有圆螺母、六角螺母等。圆螺母常用于对轴上零件的轴向进行固定。六角螺母有薄、厚之分，薄六角螺母用于尺寸受到限制的地方；厚六角螺母用于经常拆装且易于磨损的地方

续表

类型	图例	结构特点及应用
垫圈	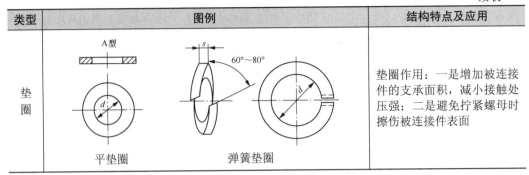 A型 平垫圈　　弹簧垫圈	垫圈作用：一是增加被连接件的支承面积，减小接触处压强；二是避免拧紧螺母时擦伤被连接件表面

5. 螺纹连接的预紧和防松

（1）螺纹连接的预紧。

在生产实际中，绝大多数螺栓连接都是紧螺栓连接。所谓紧螺栓连接就是在装配时必须拧紧螺母，使螺纹连接在承受工作载荷前就受到预紧力的作用。

预紧的目的是增强连接的紧密性、可靠性和刚性；提高连接的防松能力，防止受载后被连接体间出现间隙或发生相对移动；同时，对于受变载荷的螺纹连接，还可提高其疲劳强度。

装配时预紧力的大小是通过拧紧力矩来控制的。对于 M10～M68 的粗牙普通螺纹，拧紧力矩 T 的经验公式为

$$T \approx 0.2F'd \tag{4-33}$$

式中，F' 为预紧力（N）；d 为螺纹公称直径（mm）。

过大的预紧力可能会使螺栓在装配或工作中遇到偶然过载时被拉断。对于一般螺纹连接，可凭经验控制；对于重要的螺纹连接，为了保证所需的预紧力，又不使连接螺栓过载，通常通过控制拧紧螺母时的拧紧力矩来控制预紧力，可采用指针式测力矩扳手（见图4-62）或预置式定力矩扳手（见图4-63）来测量拧紧力矩。

图 4-62　指针式测力矩扳手

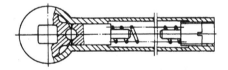

图 4-63　预置式定力矩扳手

（2）螺纹连接的防松。

在温度不变和静载荷的作用下，连接螺纹的螺旋升角 φ 较小，满足自锁条件，螺纹连接不能自动放松，具有自锁性。但在冲击、振动、变载荷或温度变化较大时，螺旋副间的摩擦阻力就会出现减小或瞬时消失的现象，多次重复后，连接有可能自动松脱，引起连接失效，导致机器不能正常工作或者发生严重事故，因此在设计螺纹连接时，必须考虑螺纹的防松问题。

螺纹防松的实质就是防止螺旋副的相对移动。防松的措施有很多，按工作原理不同，常见的防松方式有摩擦防松、机械防松、永久性防松等3种。表4-8所示为常见的防松方法和原理。

螺纹连接的预紧和防松

表 4-8　　　　　　　　　　　　　　　　　常见的防松方法和原理

防松方式	防松原理	防松方法及特点		
摩擦防松	采用各种结构和措施使螺旋副中的摩擦力不随连接的外载荷的变化而变化，保持螺旋副间有较大的摩擦力	弹簧垫圈	对顶螺母	自锁螺母
		弹簧垫圈的材料为弹簧钢，装配后弹簧被压平，其反弹力使螺纹间存在压紧力和摩擦力。结构简单、使用方便，但在冲击、振动的条件下，防松效果差，一般用于不重要的连接	两螺母对顶拧紧后，旋合段内螺栓受拉而螺母受压，使螺纹间始终存在一定的压力和摩擦力，防止螺纹连接松动。结构简单，用于平稳、低速、重载连接，轴向尺寸较大	螺母一端制成非圆形收口或开缝后径向收口。螺母拧紧后，收口胀开，拧紧螺栓，使旋合螺纹间横向压紧。结构简单，防松可靠，能够多次拆装而不降低防松能力
机械防松	利用便于更换的防松金属元件来约束螺纹副，防止螺纹副的相对运动	开口销	止动垫圈	串联钢丝
		螺母拧紧后，将开口销插入螺母槽与螺栓尾部孔内，将开口销尾部扳开，阻止螺栓与螺母的相对运动。防松可靠、安装困难，适用于冲击、振动较大的重要连接	螺母拧紧后，将止动垫圈的"耳"分别向螺母和被连接件侧面折弯贴紧，从而避免螺母转动，进行防松。结构简单、防松可靠，适用于连接部分可容纳弯耳的场合	将钢丝依次穿入相邻螺钉头部孔内，两端拉紧、打结，相互制约，达到防松目的。防松可靠，但拆装不便，适用于螺钉组的连接
永久性防松	螺母拧紧后，用冲点、焊接或黏合等办法，使螺纹副转化为非运动副	冲点	焊接	黏合
		防松效果良好，都属于不可拆连接		

4.2.2　螺栓连接的强度计算

螺栓连接的主要失效形式有：螺栓杆拉断，螺纹的压溃和剪断，经常拆装时因磨损而发生滑扣现象。螺栓在受到轴向变载荷作用时，其失效形式多为螺栓杆拉断。因此，普通螺栓连接的设计准则是保证螺栓有足够的抗拉强度。由于螺纹各部分尺寸基本根据等强度原则确定，因此，螺栓连接的计算主要是确定螺纹小径 d_1，然后根据 d_1 按照标准选定螺纹公称直径

（大径）d 及螺距 P。

螺纹连接的工作情况分析如表 4-9 所示。

表 4-9　　　　　　　　　　　　　　　　螺纹连接的工作情况分析

图例	预紧及特点	连接受载方向和螺栓受载情况	强度计算公式
	松连接：螺栓与孔间有间隙，应用较少，不预紧	连接：轴向。 螺栓：不受预紧力，工作时受轴向静载荷 F，螺栓杆受拉	$$\sigma = \frac{F_a}{\frac{\pi d_1^2}{4}} \leqslant [\sigma] \quad (4\text{-}34)$$ 式中，F_a 为轴向拉力（N），$F_a = F$；d_1 为螺纹小径（mm）；$[\sigma]$ 为连接螺栓的许用拉应力（MPa），如表 4-10 所示
	紧连接：螺栓和孔间有间隙，应用较多，要预紧	连接：轴向。 螺栓：受预紧力，工作时螺栓杆受拉，轴向拉力为 F'。由连接件接合面的摩擦力传递横向载荷 F	$$F' \geqslant \frac{CF}{zfm}$$ $$\sigma = \frac{1.3F'}{\frac{\pi d_1^2}{4}} \leqslant [\sigma] \quad (4\text{-}35)$$ 式中，F' 为预紧力；C 为可靠性系数，通常取 C 的范围为 $1.1 \sim 1.5$；z 为连接螺栓的数目；m 为接合面数目；f 为接合面摩擦系数
	紧连接：螺栓与孔间有间隙，应用较多，要预紧	连接：轴向。 螺栓：螺栓杆受拉，其轴向总载荷用 F_a 表示	$$\sigma = \frac{1.3F}{\frac{\pi d_1^2}{4}} \leqslant [\sigma] \quad (4\text{-}36)$$ $$F = F_a + F'', F'' = KF_a$$ 式中，F 为螺栓所受到的轴向总载荷（N）；F'' 为残余预紧力（N）；K 为残余预紧系数，其值如表 4-11 所示
	螺栓杆和铰制孔采用基孔制过渡配合，理论上是松连接，实际上要拧紧	连接：轴向。 螺栓：工作时受横向工作载荷 F，螺栓杆受剪力和挤压作用	$$\sigma_p = \frac{F}{d_0\delta} \leqslant [\sigma_p] \quad (4\text{-}37)$$ $$\tau = \frac{4F}{\pi m d_0^2} \leqslant [\tau] \quad (4\text{-}38)$$ 式中，m 为接合面数目；d_0 为螺栓杆剪切面直径（mm）；δ 为挤压面间最小厚度（mm）；$[\sigma_p]$ 为许用挤压应力（MPa）；$[\tau]$ 为许用剪切应力（MPa）

表 4-10　　　　　　　　　　　　　　普通螺栓连接的许用应力和安全系数

类型	许用应力	相关因素		安全系数 S
普通螺栓连接	$[\sigma] = \dfrac{\sigma_s}{S}$	松连接		1.2～1.5
		紧连接	控制预紧力	测力矩或定力矩扳手	1.6～2

续表

类型	许用应力	相关因素		安全系数 S			
普通螺栓连接	$[\sigma]=\dfrac{\sigma_s}{S}$	紧连接	控制预紧力	测量螺栓伸长量	1.3～1.5		
			不控制预紧力	材料	静载荷		动载荷	
					M6～M16	M16～M30	M6～M16	M16～M30
				碳素钢	4～3	3～2	10～6.5	6.5
				合金钢	5～4	4～2.5	7.5～5	5

注：对松螺栓连接而言，淬火钢的 S 取最大值；未淬火钢的 S 取最小值。对于起重吊钩，S 取 3～5。

表 4-11　　　　　　　　　　　　残余预紧系数 K

连接情况		K 推荐值
紧固连接	静载荷	0.2～0.6
	动载荷	0.6～1.0
紧密连接		1.5～1.8

例 4-16　图 4-64 所示为起重机滑轮组部分，已知轴向载荷 $F=25\text{kN}$，螺栓材料为 35 钢，许用拉应力 $[\sigma]=60\text{MPa}$，试求螺纹直径。

解：由式（4-34）计算螺纹小径。

$$d_1=\sqrt{\frac{4F_a}{\pi[\sigma]}}=\sqrt{\frac{4\times25\times10^3}{60\pi}}\text{mm}\approx23.033\text{mm}$$

由机械设计手册查得，$d=27\text{mm}$ 时 $d_1=23.725\text{mm}$，比根据强度计算求得的 d_1 值略大，满足要求，故螺纹可采用 M27。

4.2.3　螺栓连接件的材料和许用应力

1. 螺栓连接件的材料

螺栓连接件的常用材料为 Q215、Q235、10、35、45 钢等，重要或有特殊用途的螺纹连接件可采用 15Cr、40Cr、15MnVB、30CrMnSi 等力学性能较好的合金钢。这些材料的牌号及力学性能如表 4-12 所示。

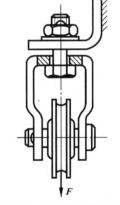

图 4-64　起重机滑轮组部分

表 4-12　　　　　　　　　常用钢铁材料的牌号及力学性能

材料		力学性能			试样尺寸 /mm
类别	牌号	抗拉强度 σ_b/ MPa	屈服极限 σ_s/ MPa	伸长率 δ/% （≥）	
碳素结构钢	Q215	334～410	215	31	$d\leqslant16$
	Q235	375～500	235	26	
优质碳素结构钢	35	530	315	20	$d\leqslant25$
	45	600	355	16	
合金结构钢	40Cr	981	785	9	$d\leqslant25$
	20CrMnTi	1080	835	10	$d\leqslant15$
铸钢	ZG270-500	500	270	18	$d\leqslant100$
灰铸铁	HT200	195	—	—	壁厚 10～20
球墨铸钢	QT500-7	500	320	7	壁厚 30～200

注：钢铁材料的硬度与热处理方法、试样尺寸等因素有关，其数值详见机械设计手册。

2．螺栓连接的许用应力及安全系数

螺栓连接的许用应力与连接是否拧紧、是否控制预紧力、螺栓材料以及螺栓的受力性质（如动载荷、静载荷）等有关。

普通螺栓连接的许用应力计算公式为

$$[\sigma] = \sigma_s / S \qquad (4\text{-}39)$$

式中，σ_s 为材料的屈服极限（MPa），如表 4-12 所示；S 为安全系数，如表 4-10 所示。

铰制孔螺栓连接的许用应力由被连接件的材料和受力情况来决定，其值如表 4-13 所示。

表 4-13 铰制孔螺栓的许用应力

材料及许用应力		剪切		挤压	
		许用应力	S	许用应力	S
变载荷	钢、铸铁	$[\tau] = \sigma_s / S$	3.5～5	$[\sigma_p]$ 按静载荷取值降低 20%～30%	
静载荷	钢	$[\tau] = \sigma_s / S$	2.5	$[\sigma_p] = \sigma_s / S$	1.25
	铸铁			$[\sigma_p] = \sigma_s / S$	2～2.5

4.2.4 提高螺栓连接强度的措施

螺栓连接承受轴向变载荷时，其损坏形式多为螺栓杆的断裂，因此，螺栓连接的强度主要取决于螺栓连接的强度。下面简单说明影响螺栓连接强度的因素和提高螺栓连接强度的措施。

1．减小应力幅

螺栓的最大应力一定时，应力幅越小，螺栓越不容易发生疲劳破坏。当工作拉力和残余预紧力不变，即螺栓的最大应力一定时，降低螺栓刚度或增加被连接件刚度都可以减小螺栓的应力幅。同时采用这两种措施时，效果更明显。采用柔性螺栓、腰杆状螺栓和空心螺栓可降低螺栓刚度，柔性螺栓如图 4-65 所示。在螺母连接结构间安装弹性垫片，也可达到同样的效果，如图 4-66 所示。对于有紧密性要求的连接，为了增大被连接件的刚度，可采用密封圈密封，如图 4-67 所示。

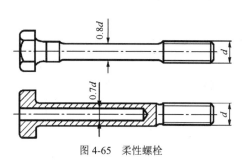

图 4-65 柔性螺栓

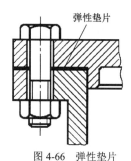

图 4-66 弹性垫片

2．减小应力集中

螺纹牙根的应力集中对疲劳强度影响很大，增大牙根圆角半径，加大螺栓头部与螺杆交接处的过渡圆角，如图 4-68（a）所示；切制卸荷槽，如图 4-68（b）所示；在截面变化处采用卸载过渡结构，如图 4-68（c）所示。这些都是使螺栓截面变化均匀、减小应力集中、提高疲劳强度的有效方法。

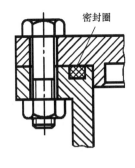

图 4-67 密封圈密封

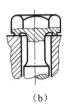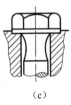

(a)　　　　(b)　　　　(c)

图 4-68 减小应力集中的方法

3. 避免或减小附加弯曲应力

引起附加弯曲应力的因素有很多，除设计、制造或安装上的误差外，螺栓、螺母支承面不平或倾斜及被连接件的变形等因素，都可能引起附加弯曲应力，严重降低螺栓强度，如图 4-69 所示。为了提高螺栓强度，尽量避免或减小附加弯曲应力，应从结构和工艺上采取措施。支承面为加工面，为了减少加工面，常将支承面做成凸台、沉头座等形式；为了适应特殊的支承面（倾斜的支承面、球面），可采用球形垫圈、斜垫圈等，如图 4-70 所示。

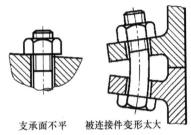

支承面不平　　被连接件变形太大

图 4-69 引起附加弯曲应力的因素

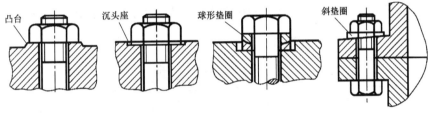

图 4-70 避免或减小附加弯曲应力的措施

4. 采用合理的制造工艺

采用冷镦工艺加工螺栓头部和滚压工艺辗制螺纹，可使螺栓内部金属纤维的走向合理且不被切断，并具有冷作硬化效果，这种螺栓的疲劳强度比车制螺纹的高 30%～40%。此外，对螺栓进行渗碳、氮化、氰化及喷丸等表面处理，也能有效地提高其疲劳强度。

【任务实施】

设计起重机吊钩的螺纹连接

（1）材料的选择。

要求所选用的吊钩材料具有较高的强度、塑性和韧性，没有突然断裂的危险，故选用 35 钢。

（2）许用应力[σ]的确定。

由表 4-12 查得，材料的屈服极限 $\sigma_s = 315\text{MPa}$。由表 4-10 查得，松螺栓连接的安全系数 $S = 1.2～1.5$，取 $S = 1.7$。

$$[\sigma] = \frac{\sigma_s}{S} = \frac{315}{1.7}\text{MPa} \approx 185.29\text{MPa}$$

（3）设计螺栓的直径。

如图 4-58 所示，起重机吊钩的螺栓主要承受的是轴向力，由设计公式得

$$d_1 \geqslant \sqrt{\frac{4F}{\pi[\sigma]}} \approx \sqrt{\frac{4 \times 30 \times 10^3}{3.14 \times 185.29}}\text{mm} \approx 14.36\text{mm}$$

查 GB/T 196—2003，选 M17（$d = 15.376\text{mm} > 14.36\text{mm}$）。

（4）校核螺栓的强度。

由强度校核公式得

$$\sigma = \frac{F}{\frac{1}{4}\pi d^2} \approx \frac{4 \times 30 \times 1000}{3.14 \times 15.376^2}\text{MPa} \approx 161.65\text{MPa} \leqslant [\sigma] = 185.29\text{MPa}$$

所以设计的螺栓直径是安全的。

|任务 4.3   认识键连接和销连接|

【任务导入】

图 4-71 所示为减速器上的输出轴与齿轮配合，轴段的直径 $d = 30\text{mm}$，齿轮宽度 $B = 60\text{mm}$，输出轴传递的扭矩 $T = 200\text{N} \cdot \text{m}$。试确定键连接的类型及尺寸，并对其进行强度校核。

图 4-71   减速器上的输出轴与齿轮配合

【任务分析】

在各种机器上有很多转动零件，如齿轮、飞轮、带轮、凸轮等零件与轴连接，常用轴毂连接方式。轴毂连接有键连接、花键连接、过盈配合连接、销连接等，其中键连接应用较广泛。

【相关知识】

4.3.1   键连接的类型、特点及应用

键连接主要用来实现轴和轴上零件之间的周向固定以传递扭矩。有些类型的键连接还可

实现轴上零件的轴向固定和轴向移动。

键有多种类型，都已标准化。设计时应根据各类键的使用要求、结构特点以及轴和轮毂的特点，选择键的类型，然后进行强度校核。

1．平键连接

平键是应用最广泛的键之一，是齿轮、带轮等与轴连接的主要形式。平键以两侧面为工作面，工作时靠键槽与键的侧面接触传递扭矩，键的上表面与轮毂上键槽的底面留有间隙。平键连接具有结构简单、便于制造、拆装方便、轴与轴上零件的对中性好等特点，所以得到广泛的应用。其一般多用于传动精度要求较高的场合，但不能实现轴上零件的轴向固定。常用的平键按照用途分为普通平键、导向平键和滑键。

（1）普通平键。普通平键一般用于静连接，即轴与轮毂之间无相对移动的连接。按端部形状可分为圆头（A 型）平键、方头（B 型）平键、半圆头（C 型）平键 3 种，如图 4-72 所示。圆头平键的键槽用指状铣刀加工，键在槽中固定良好，但轴上键槽引起的应力集中较大；方头平键的键槽用盘铣刀加工，轴的应力集中较小；半圆头平键用于轴端，但应用较少。图 4-73 所示是指状铣刀和盘铣刀加工键槽。

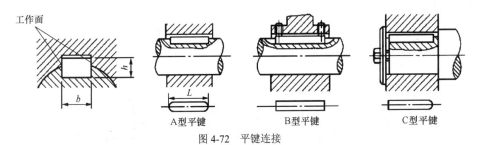

图 4-72　平键连接

（2）导向平键。导向平键一般用于动连接，即除了使轮毂周向固定外还需轴向移动的场合，如图 4-74 所示。导向平键一般较长，须用螺钉固定在轴上，而与毂槽配合较松，轴上传动零件沿键可做轴向移动。为了便于拆卸，在键上加工了起键螺纹孔。变速器的滑移齿轮就是采用导向平键进行连接的。

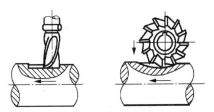

图 4-73　指状铣刀和盘铣刀加工键槽

（3）滑键。滑键一般用于轴向移动距离较大的场合，如图 4-75 所示。键固定在轮毂上，键随着轴上零件在键槽中做轴向移动。

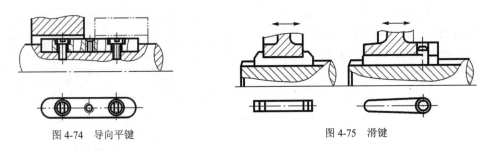

图 4-74　导向平键　　　　　　图 4-75　滑键

2．半圆键连接

半圆键连接的工作原理与平键连接的相同，如图 4-76 所示。键的两侧面为工作面，键的上表面与轮毂上键槽的底面留有间隙。半圆键能在轮槽中摆动以适应轮毂上键槽的斜度。半圆键连接结构简单、装拆方便、工艺性好、对中性好，但由于其键槽较深，对轴的削弱较大，一般只适用于轻载或位于轴端的连接，尤其适用于锥形轴端，如图 4-77 所示。

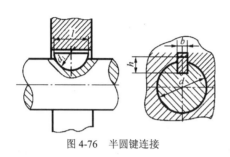

图 4-76 半圆键连接

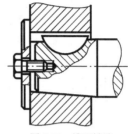

图 4-77 锥形轴端

3．楔键连接

楔键的上、下表面是工作面，分别与轮毂和轴上键槽的底面贴合，楔键连接如图 4-78 所示。楔键的上表面有 1：100 的斜度，轮毂键槽的底面也有 1：100 的斜度。装配时把键打入键槽内，其工作面上产生很大的预紧力，工作时靠预紧力产生的摩擦力传递扭矩，并能承受单方向的轴向力。由于楔键在被打入键槽时，迫使轴和轮毂产生偏心，破坏了轴与轮毂的对中性，因此楔键连接仅适用于对定心精度要求不高、载荷平稳和低速的连接。

楔键可分为：普通楔键，如图 4-78（a）所示；钩头楔键，如图 4-78（b）所示。钩头楔键的钩头用于拆卸。

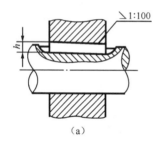

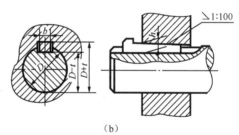

（a）　　　　　　　　　　　　（b）

图 4-78 楔键连接

4．切向键连接

切向键由一对楔键组成，装配时将两键楔紧，如图 4-79（a）所示。切向键上下平行的两窄面是工作面，依靠工作面上的挤压应力及轴与轮毂间的摩擦力来传递扭矩。当双向传递扭矩时，需用两对切向键并分布成 120°～130°，如图 4-79（b）所示。切向键连接常用于重型机械中。

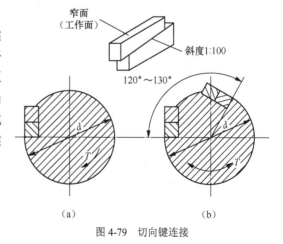

图 4-79 切向键连接

4.3.2 键连接的尺寸选择和强度校核

1. 键的材料和失效形式

键的材料一般采用抗拉强度不小于 600MPa 的碳素钢，通常用 45 钢。当轮毂用非铁金属或非金属材料时，键可用 Q235 或 20 钢。

平键连接的主要失效形式是工作面的压溃和磨损，在严重过载时，可能出现键的剪断。由于键为标准件，其剪切强度足够，因此用于静连接的普通平键的主要失效形式是工作面的压溃；用于动连接的导向平键和滑键的主要失效形式是工作面的磨损。

2. 键的选择

键的选择包括键的类型选择和尺寸选择两方面。选择键的类型时一般应考虑以下因素：对中性的要求，传递扭矩的大小，轮毂是否需要沿轴向滑移及滑移距离的大小，键在轴上的位置（端部或中部）等。

根据 GB/T 1096—2003《普通型 平键》规定，键的标记示例：宽度 $b = 16$mm、高度 $h = 10$mm、长度 $L = 100$mm，由此可得出如下标记。

普通 A 型平键的标记：GB/T 1096 键 16×10×100。

普通 B 型平键的标记：GB/T 1096 键 B 16×10×100。

普通 C 型平键的标记：GB/T 1096 键 C 16×10×100。

选择键的尺寸时一般应根据轴的直径查键的截面尺寸（$b×h$），键的长度 L 根据轮毂的宽度确定，一般键长应略短于轮毂宽度并符合标准的规定。

3. 平键的强度计算

平键受力分析如图 4-80 所示，设载荷为均匀分布载荷，仅按工作面的最大挤压应力 σ_p 进行强度条件计算，得到平键连接的挤压强度条件为

静连接
$$\sigma_p = \frac{4T}{dhl} \leqslant [\sigma_p]$$

动连接
$$p = \frac{4T}{dhl} \leqslant [p] \tag{4-40}$$

式中，d 为轴的直径（mm），h 为键的高度（mm），l 为键的工作长度（mm），T 为扭矩（N·m），$[\sigma_p]$ 为静连接时的许用挤压应力（MPa），$[p]$ 为动连接时的许用挤压应力（MPa），如表 4-14 所示。

如果上述计算不能满足强度要求，可采用以下措施解决：适当增加轮毂及键的长度；采用相距 180°的双平键，如图 4-81 所示，由于双平键载荷分布的不均匀性，进行强度计算时应按 1.5 个键计算；与过盈连接配合使用。

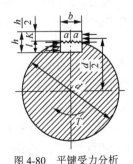

图 4-80 平键受力分析

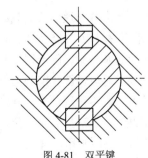

图 4-81 双平键

表 4-14   键连接的许用应力   （单位：MPa）

许用值	连接方式	连接零件材料	载荷性质		
			静载荷	轻微冲击	冲击
$[\sigma_p]$	静连接	铸铁	70～80	50～60	30～45
		钢	125～150	100～120	60～90
$[p]$	动连接	钢	50	40	30

4.3.3 花键连接的类型和应用

认识花键连接

花键连接是由周向均匀分布多个键齿的花键轴和多个键槽的花键毂构成的连接，如图 4-82 所示。花键连接具有承载能力高、对中性好、导向性好、应力集中小等优点，但加工时需要使用专用设备，精度要求高，成本较高。

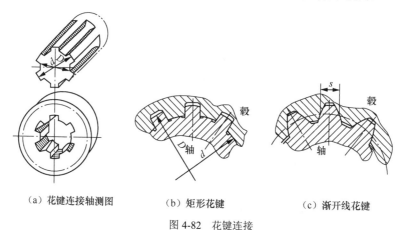

（a）花键连接轴测图   （b）矩形花键   （c）渐开线花键

图 4-82 花键连接

花键已标准化，按其剖面齿形分为矩形花键、渐开线花键等。矩形花键的齿侧为直线，加工方便，用热处理后磨削过的小径定心，定心精度高，稳定性好，因此应用广泛。渐开线花键的齿廓为渐开线，因此具有加工工艺性好、连接强度高、寿命长、定心精度高等优点，但加工小尺寸的花键拉刀时，成本较高。因此，它适用于载荷较大、定心精度要求高和尺寸较大的连接。渐开线花键的标准压力角为 30°和 45°。

花键连接与平键连接相似，它的工作面受到挤压（静连接）、磨损（动连接），齿根受到剪切和弯曲作用。挤压破坏、磨损是其主要失效形式。因此，一般只进行挤压和耐磨性的条件性计算。

4.3.4 销连接的类型和应用

销连接主要用于固定零件之间的相互位置（如定位销），也可以用于轴和轮毂或其他零件的连接（如连接销）并传递不大的载荷；有时也可以用作安全装置中的过载剪断零件（如安全销）。销的常用材料为 Q235、35、45 钢。

常见的销可分为圆柱销、圆锥销、开口销、异形销等。销是标准件，使用时可根据工作要求选取。圆柱销利用微量过盈固定在铰制孔中，多次拆装后会影响定位精度。圆锥销通过 1∶50 的锥度装入铰制孔中，拆装方便，定位精度高，自锁性好，多次拆装对定位精度的影响较小，应用广泛，圆锥销的小端直径为公称直径。带螺纹的销连接常用于盲孔（便于拆卸）和有冲击的场合（防止销脱出），如图 4-83

所示。开口销结构简单、工作可靠、拆装方便，主要用于连接的防松，不能用于定位。

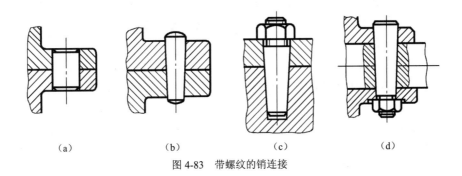

图 4-83　带螺纹的销连接

【任务实施】

设计减速器输出轴与齿轮的键连接

（1）选择键连接的类型。

齿轮和输出轴之间属于静连接，有轻微冲击。要保证齿轮传动啮合好，还要求对中性好，因此选用 A 型普通平键连接，材料选用钢制。

（2）选择键的主要尺寸。

根据轴的直径 $d = 30$mm 及齿轮宽度 60mm，按机械设计手册查得，键宽 $b = 8$mm，键高 $h = 7$mm，键长度 $L = 56$mm，标记为键 8×56 GB/T 1096—2003。

（3）键强度校核。

由表 4-14 查得$[\sigma_p] = 100$MPa。键的工作长度

$$l = L - b = 56\text{mm} - 8\text{mm} = 48\text{mm}$$

由式（4-40）得

$$[\sigma_p] = \frac{4T}{hld} = \frac{4 \times 200 \times 1000}{7 \times 48 \times 30}\text{MPa} \approx 79.4\text{MPa} \leqslant [\sigma_p] = 100\text{MPa}$$

故选择此键是安全的。

|【综合技能实训】设计气缸用普通螺栓连接|

1. 目的和要求

（1）使学生熟练掌握螺栓连接的结构设计、计算方法和标准尺寸的选择。

（2）培养学生的质量意识与安全意识。

（3）在机构设计过程中，培养学生的创新意识和信息素养、综合设计及工程实践能力。

2. 训练内容

设计气缸用普通螺栓连接，确定螺栓的数目及公称直径，完成实训报告。已知图 4-84 所示为气缸用普通螺栓连接，螺栓分布圆直径 $D_1 = 320$mm，气缸内径 $D_2 = 200$mm，工作油压 $p = 1.4$MPa，螺栓间距 $t \leqslant 120$mm，安装时控制预紧力。

3．训练步骤

（1）确定螺栓组轴向所受的工作拉力。

（2）选择螺栓、螺母性能等级，确定安全系数 S，确定许用应力。

（3）确定螺栓的数目 z。

（4）选取合适的残余预紧系数 K。

（5）确定单个螺栓的总拉力 Q。

（6）计算螺纹小径 d_1。

（7）由标准查取螺纹公称直径 d。

完成表 4-15 所示的气缸用普通螺栓连接设计实训报告。

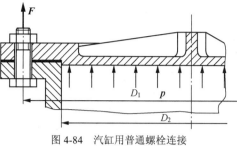

图 4-84　汽缸用普通螺栓连接

螺纹连接强度
校核案例

表 4-15　　　　　　　　　气缸用普通螺栓连接设计实训报告

实训项目	报告内容	
	分析方法或计算公式	结论或计算结果
螺栓组所受轴向的工作拉力		
选螺栓、螺母性能等级，取安全系数 S，确定许用应力		
确定螺栓的数目 z		
残余预紧系数 K		
单个螺栓的总拉力 Q		
计算螺纹小径 d_1		
所选螺纹公称直径 d		
实训中出现的问题及解决方法		
收获和体会		

|【思考与练习】|

一、单选题

1. 普通螺纹的公称直径是（　　）。

　　A. 螺纹大径　　　　B. 螺纹中径　　　　C. 螺纹小径

2. 螺纹副中一个零件相对于另一个零件转过一圈时，则它们沿轴线方向相对移动的距离是（　　　）。

　　A. 线数×螺距　　　　B. 一个螺距　　　　C. 线数×导程　　　　D. 导程/线数

3. 在螺栓连接设计中，若被连接件为铸件，则有时在螺栓孔处制作沉头座或凸台，其目的是（　　　）。

　　A. 避免螺栓受附加弯曲应力作用　　　　B. 便于安装

　　C. 安装防松装置　　　　D. 避免螺栓受拉力过大

4. 在同一螺栓组中，螺栓材料、直径和长度均应相同，这是为了（　　　）。

　　A. 受力均匀　　　　B. 便于装配

　　C. 外形美观　　　　D. 降低成本

5. 螺栓连接中，有时在一个螺栓上采用双螺母，其目的是（　　　）。

　　A. 提高强度　　　　B. 提高刚度

　　C. 防松　　　　D. 减小每圈螺纹牙上的受力

6. 用于连接的螺纹牙型为三角形，这是因为三角形螺纹（　　　）。

　　A. 自锁性能差　　　　B. 传动效率高

　　C. 防振性能好　　　　D. 牙根强度高，自锁性能好

7. 螺纹连接防松的关键在于（　　　）。

　　A. 防止螺纹副的相对转动　　　　B. 增加螺纹连接的轴向力

　　C. 增加螺纹连接的横向力　　　　D. 增加螺纹连接的刚度

8. 齿轮减速器的箱体与箱盖用螺纹连接，箱体被连接处的厚度不太大，且需经常拆装，一般宜选用（　　　）连接。

　　A. 螺栓　　　　B. 螺钉　　　　C. 双头螺柱　　　　D. 紧定螺钉

9. 半圆键以（　　　）为工作面。

　　A. 顶面　　　　B. 侧面　　　　C. 底面

10. 根据（　　　）不同，平键可分为A型平键、B型平键、C型平键。

　　A. 截面形状　　　　B. 尺寸大小　　　　C. 头部形状

11. 普通平键的主要失效形式是（　　　）。

　　A. 工作面被压溃或键被剪断　　　　B. 工作面产生胶合破坏

　　C. 工作面产生过度磨损　　　　D. 键被弯曲折断

12. 经校核，平键连接强度不够时，可采用下列措施中的（　　　）：①适当地增加轮毂及键的长度；②改变键的材料；③增大轴的直径，重新选键；④配置双键或选用花键。

　　A. ①、③、④之一　　　　B. ①、②、③、④均可采用

　　C. ②、③、④之一　　　　D. ①、②、④之一

二、简答题

1. 仔细观察自行车，写出下列各处分别采用什么连接：①车架各部分；②脚踏轴与曲拐；③曲拐与链轮；④曲拐与中轴；⑤车轮轴与车架。

2. 螺纹的主要参数有哪些？螺距与导程有何不同？螺旋升角与哪些参数有关？

3. 螺纹连接的基本类型有哪些？各有什么特点？应用于何种场合？

4. 螺纹连接预紧的目的是什么？防松的实质是什么？

5. 提高螺栓强度的主要措施有什么？

6. 试分析和比较普通螺栓连接和铰制孔螺栓连接的特点、失效形式和设计准则。

7. 如何选择平键的主要尺寸？

8. 花键和平键相比有哪些特点？按其齿形分成哪几类？

9. 键连接有哪些基本形式？各有何特点？

10. 销连接的作用有哪些？

三、画图与计算题

1. 用截面法求图 4-85 中各杆指定截面的轴力，并画出各杆的轴力图。

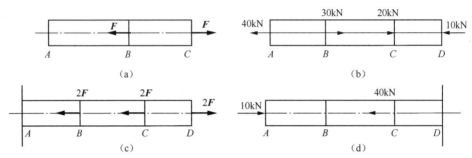

(a)　　　　　　　　　　　　(b)

(c)　　　　　　　　　　　　(d)

图 4-85　题 1 图

2. 图 4-86 所示为钢质阶梯形直杆件，各段截面面积分别为 $A_1 = A_3 = 400\text{mm}^2$，$A_2 = 200\text{mm}^2$，$E = 200\text{GPa}$。试求：①杆各段的轴力和应力；②杆件的总变形量。

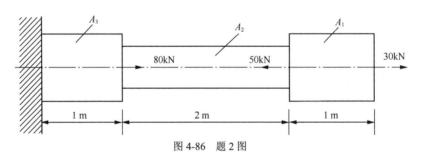

图 4-86　题 2 图

3. 图 4-87 所示的支架，钢杆 AB 为直径 $d = 12\text{mm}$ 的圆截面杆，许用应力 $[\sigma] = 140\text{MPa}$；木杆 BC 为边长 $a = 12\text{cm}$ 的正方形截面杆，$[\sigma] = 4.5\text{MPa}$，在点 B 处挂一重物（$Q = 36\text{kN}$）。试校核支架的强度，若强度不够，则另选截面尺寸。

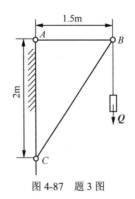

图 4-87　题 3 图

拉伸与压缩典型计算案例

4. 试绘制图 4-88 所示轴的扭矩图。

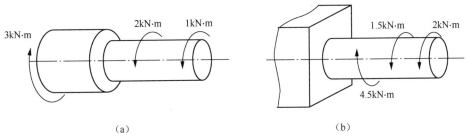

(a) （b）

图 4-88　题 4 图

5. 图 4-89 所示的传动轴，在截面 A 点的输入功率 $P_A = 30\text{kW}$，在截面 B、C、D 点的输出功率 $P_B = P_C = P_D = 10\text{kW}$。已知轴的转速 $n = 300\text{r}/\min$，BA 段直径 $D_1 = 40\text{mm}$，BC 段直径 $D_2 = 50\text{mm}$，CD 段直径 $D_3 = 30\text{mm}$，材料的许用切应力 $[\tau] = 60\text{MPa}$。试校核此轴的强度。

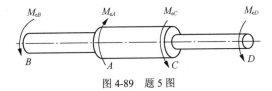

图 4-89　题 5 图

6. 传动轴如图 4-90 所示，已知该轴转速 $n = 300\text{r}/\min$，主动轮输入功率 $P_C = 30\text{kW}$，从动轮输出功率 $P_D = 15\text{kW}$、$P_B = 10\text{kW}$、$P_A = 5\text{kW}$，材料的切变模量 $G = 80\text{GPa}$，许用切应力 $[\tau] = 40\text{MPa}$，$[\theta] = 1° / \text{m}$。试按强度条件及刚度条件设计此轴的直径。

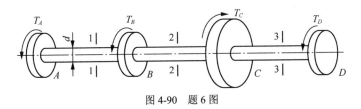

图 4-90　题 6 图

7. 试列出图 4-91 中梁的剪力方程和弯矩方程，并绘制出剪力图和弯矩图。

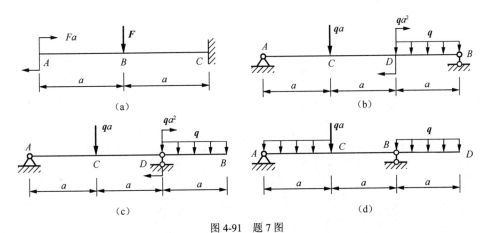

(a)　　　　　　　　　　　　　　（b）

(c)　　　　　　　　　　　　　　（d）

图 4-91　题 7 图

8. 如图 4-92 所示，用两个 M10 的螺钉固定一牵曳钩，螺钉材料为 Q235，装配时控制预紧力，接合面摩擦系数 $f = 0.15$。试求其允许的牵曳力。

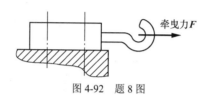

图 4-92 题 8 图

9. 图 4-93 所示为钢制液压油缸，油缸壁厚为 10mm，油压 $p=1.6\text{MPa}$，$D=160\text{mm}$。试计算其上盖的螺栓连接和螺栓分布圆直径 D_0。

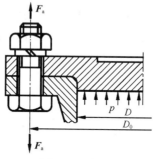

图 4-93 题 9 图

项目 5
带传动和链传动设计

带传动和链传动是常用的机械传动，当主动轴和从动轴相距较远时，常采用这两种传动方式，它们都是靠挠性件来传递扭矩和改变转速的。本项目主要介绍带传动和链传动的工作原理、特点及应用，V 带传动的设计方法等。

|【学习目标】|

知识目标

（1）了解带传动的工作原理、类型、特点和应用等；

（2）理解带传动的弹性滑动现象、打滑现象及影响带传动能力的因素、带的应力分布；

（3）掌握带的失效形式和设计计算准则；

（4）了解链传动的工作原理、类型、特点和应用等；

（5）理解链传动的多边形效应、影响链传动工作平稳性的因素及参数选择。

能力目标

（1）能够对带传动工作性能进行分析；

（2）能够根据工作条件，设计普通 V 带传动；

（3）能够合理选择套筒滚子链的基本参数、布置方式及润滑方法。

素质目标

（1）通过工程实例，了解带传动、链传动的应用环境，加深对工作岗位的认识，培养尊重劳动、爱岗敬业、知行合一的工匠精神；

（2）结合带传动和链传动的受力分析，培养质量意识与安全意识；

（3）拓宽知识面，了解带传动、链传动的张紧装置、布置形式及安装维护注意事项，培养综合设计及工程实践能力。

|任务 5.1　设计带传动|

【任务导入】

如图 5-1 所示，设计一带式运输机的普通 V 带传动。已知电动机的额定功率 $P = 4\text{kW}$，转速 $n = 1440\text{r/min}$，要求传动比 $i = 3.6$，两班制工作，载荷变动小，要求中心距 a 约为 500mm。

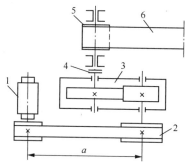

1—电动机；2—V 带传动；3—单级圆柱齿轮减速器；4—联轴器；5—卷筒；6—运输带

图 5-1　带式运输机传动

【任务分析】

带式运输机通常是用平带或 V 带来传递电动机的运动和动力的。高速级冲击载荷比较大，抖动和噪声也很大，而 V 带传动有减振、吸收冲击载荷的作用，同时能实现过载保护，一般情况下高速级用 V 带传动。

【相关知识】

5.1.1　带传动的类型、特点及应用

1. 带传动的组成

带传动是一种常用的机械传动装置。它主要由主动带轮 1、从动带轮 2 和张紧在两带轮上的环形带 3 组成，如图 5-2 所示。带是挠性件，张紧在两轮上，通过它将主动带轮上的运动和动力传递给从动带轮。

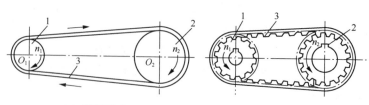

（a）摩擦带传动　　　　　　　　　（b）同步带传动

1—主动带轮；2—从动带轮；3—环形带

图 5-2　带传动的组成

认识带传动

2．带传动的主要类型

带传动按照传动原理可分为摩擦带传动和啮合带传动两大类。下面重点介绍摩擦带传动。

（1）摩擦带传动。

摩擦带传动主要依靠带与带轮之间的摩擦力来传递运动和动力，如图 5-2（a）所示。按照带的截面形状，带传动可分为平带传动、V 带传动、多楔带传动、圆带传动等类型，如图 5-3 所示。

   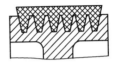

　（a）平带传动　　　　　　（b）V 带传动　　　　　　（c）多楔带传动　　　（d）圆带传动

图 5-3　带传动的类型

平带的横截面为扁平矩形，其工作面为内表面。常见的材料有橡胶帆布、棉布、锦纶等。普通平带一般用特制的金属接头或粘接接头将带接成环形，而高速平带无接头。

V 带的横截面为梯形，其工作面为与轮槽相接触的两侧面，而 V 带与轮槽槽底不接触。与平带相比，V 带的当量摩擦系数大。在初拉力相同时，V 带传动的承载能力是平带传动的 3 倍多，因此在机械中得到广泛的应用。

多楔带以其扁平部分为基体，下面有若干等距纵向楔的传动带，其工作面为楔的侧面。换句话说就是多楔带是若干 V 带的组合。多楔带兼具平带的弯曲应力小和 V 带的摩擦力大等优点，常用于传递较大动力而又要求传动平稳、结构紧凑的场合。

圆带横截面为圆形，一般用皮革或棉绳制成。圆带传动一般适用于较小功率的场合，如缝纫机、仪表、真空吸尘器的机械传动等。

（2）啮合带传动。

啮合带传动主要依靠带上的齿或孔与带轮上的齿直接啮合来传递运动和动力，一般有同步带传动和齿孔带传动两种类型。

① 同步带传动。工作时，带工作面上的齿与轮上的齿相互啮合，以传递运动和动力，如图 5-2（b）所示。同步带传动可避免带与轮之间产生滑动，保证两轮圆周速度同步。

② 齿孔带传动。工作时，带上的孔与轮上的齿相互啮合，以传递运动和动力，如图 5-4 所示。这种传动同样可保证同步运动。

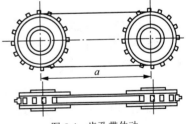

图 5-4　齿孔带传动

3．带传动的特点

摩擦带传动具有以下特点。

（1）带有弹性，能缓冲、吸振，故传动平稳、噪声小。

（2）过载时，带会打滑，但不至于损坏从动零件，具有过载保护的作用。

（3）带传动的中心距较大，结构简单，制造成本低，便于安装和维修。

（4）带必须张紧在带轮上，故作用在轴上的压力比较大。

（5）带与带轮之间存在弹性滑动，不能保证传动比恒定不变，因此会降低传动效率。

摩擦带传动适用于传动平稳、对传动比要求不严格以及传动中心距较大的场合。一般带

速 $v = 5 \sim 25\text{m/s}$，传动比 $i \leqslant 7$，传递功率 $P < 100\text{kW}$。

由于啮合带传动中的同步带传动能保证准确的传动比，其线速度可达 50m/s，传动比可达 10，传递功率 $P < 300\text{kW}$，传动效率高（$\eta = 98\% \sim 99\%$），传动结构紧凑，故广泛用于电子计算机、数控机床及纺织机械中。啮合带传动中的齿孔带传动，常用于放映机、打印机中，以保证同步运动。

5.1.2　带传动的工作性能分析

1. 带传动的受力分析

如前文所述，为了保证带传动能正常工作，带必须以一定的初拉力张紧在带轮上。静止时，带的上、下两边都承受相等的初拉力 F_0，如图 5-5（a）所示。传动时，带与带轮接触面间的摩擦力作用，使得带两边的拉力不相等，如图 5-5（b）所示。绕进主动带轮一边的带被拉紧，拉力由 F_0 增大到 F_1，称为紧边，F_1 为紧边拉力；绕出主动带轮一边的带被放松，拉力由 F_0 减少为 F_2，称为松边，F_2 为松边拉力。

带传动的工作性能分析

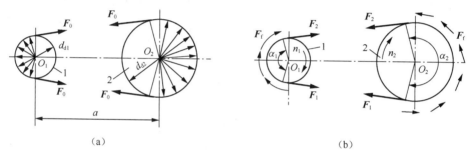

1—主动轮；2—从动轮

图 5-5　带传动的工作原理

设工作前后带的总长度不变，且认为带是弹性体，则带的紧边拉力的增加量 $F_1 - F_0$ 应等于松边拉力的减少量 $F_0 - F_2$，即

带传动的工作原理

$$F_0 = \frac{1}{2}(F_1 + F_2) \qquad (5\text{-}1)$$

两边拉力之差称为带传动的有效拉力 F。实际上有效拉力 F 是带与带轮之间摩擦力的总和，在最大静摩擦力的范围内，带传动的有效拉力 F 与总摩擦力相等，也就是带所传递的有效圆周力，即

$$F = F_1 - F_2 \qquad (5\text{-}2)$$

有效圆周力 F（N）、带速 v（m/s）和传递功率 P 之间的关系为

$$P = \frac{Fv}{1000} \qquad (5\text{-}3)$$

由式（5-3）可知，当带速一定时，传递的功率越大，所需要的圆周力也越大。在初拉力一定的情况下，带与带轮接触面间的摩擦力总是有限的。当带所能传递的圆周力超过该极限值时，带与带轮将发生明显的相对滑动，这种现象称为打滑。带打滑时，从动带轮转速急剧下降，使传动失效，同时加剧带的磨损，因此应避免打滑现象的发生。

当传动带和带轮间有全面滑动趋势时，摩擦力达到最大值，即有效圆周力达到最大值。

因此，紧边拉力和松边拉力之间的关系可用欧拉公式表示（推导略），即

$$F_1 = e^{f\alpha} F_2 \qquad (5\text{-}4)$$

式中，F_1、F_2 分别为紧边拉力和松边拉力（N）；e 为自然对数的底；f 为摩擦系数，对于 V 带为当量摩擦系数 f_v，$f_v = f/\sin(\varphi/2)$；α 为包角，即带与带轮接触弧所对的中心角（rad）。

由式（5-1）、式（5-2）、式（5-4）可得

$$F = \frac{2F_0(e^{f\alpha} - 1)}{e^{f\alpha} + 1} \qquad (5\text{-}5)$$

由式（5-5）可知，带传动的有效圆周力与下列因素有关。

（1）初拉力 F_0。初拉力 F_0 越大，有效拉力 F 就越大，所以安装带时，要保持一定的初拉力。但 F_0 过大，会加大带的磨损，致使带过快松弛，缩短其工作寿命；F_0 过小，会造成带的工作性能不足。

（2）摩擦系数 f。摩擦系数 f 越大，摩擦力也越大，所能传递的圆周力 F 就越大。V 带的 $f_v = f/\sin(\varphi/2) \approx 3f$，因此普通 V 带的传递能力约是平带的 3 倍。

（3）包角 α。F 随包角 α 的增大而增大。因为增大包角会使整个接触弧上摩擦力的总和增加，从而提高传动能力。水平装置的带传动，通常用"松边在上"的方式来增大包角。由于大带轮的包角大于小带轮的包角，打滑先发生在小带轮上，所以一般只需考虑小带轮的包角 α_1，要求大于 120°。

2．带传动的应力分析

传动时，带的应力由以下 3 部分组成。

（1）紧边和松边产生的拉应力。

紧边拉应力：
$$\sigma_1 = \frac{F_1}{A} \qquad (5\text{-}6)$$

松边拉应力：
$$\sigma_2 = \frac{F_2}{A} \qquad (5\text{-}7)$$

式中，A 为带的横截面积（mm²）。

（2）离心力产生的拉应力。

带在带轮上做圆周运动时，离心力只发生在带做圆周运动的部分，但由此引起的拉力却作用于全部带，故它产生的离心拉应力为

$$\sigma_c = \frac{qv^2}{A} \qquad (5\text{-}8)$$

式中，q 为每米带的质量（kg/m）；v 为带速（m/s）；A 为带的横截面积（mm²）。

（3）弯曲应力。

带绕过带轮时，因弯曲而产生弯曲应力。由材料力学公式得带的弯曲应力为

$$\sigma_b = \frac{2yE}{d} \qquad (5\text{-}9)$$

式中，y 为带的中性层到最外层的垂直距离（mm）；E 为带的弹性模量（MPa）；d 为带轮直径（mm）。显然，两带轮直径不相等时，带在两轮上的弯曲应力也不相等。

图 5-6 所示为带传动的应力分布，各截面应力大小用自该处引出的径向线（或垂直线）的长短来表示。由此可知，在运转过程中，带经受变应力。最大应力发生在紧边与主动带轮

的接触处，其值为

$$\sigma_{max} = \sigma_1 + \sigma_b + \sigma_c \tag{5-10}$$

3．带传动的弹性滑动

带在工作过程中，由于松、紧边拉力不等，故变形量也不相同。如图 5-7 所示，带的紧边自 a_1 点绕上主动带轮时，其拉力为大小 F_1，此时带的速度与带轮的圆周速度是相等的。当带由 a_1 点逐渐移动到 b_1 点时，带的拉力由 F_1 逐渐减至 F_2。由于拉力减小，带的弹性变形也相应减少，即带轮等速地由 a_1 点转至 b_1 点时，带相应地由 a_1 点移至 b_1'点，于是带与带轮间产生了相对滑动，使带的速度落后于带轮的圆周速度。同样的情况也发生于从动带轮上，但恰好相反，即带的速度领先于从动带轮的圆周速度。

带的弹性滑动
与打滑

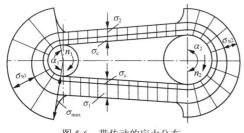

图 5-6　带传动的应力分布

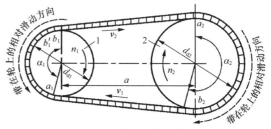

图 5-7　带传动的弹性滑动

这种由于带两边拉力不相等致使带两边弹性变形不同，从而引起带与带轮之间的滑动称为弹性滑动。弹性滑动是摩擦传动中不可避免的现象，而且随着所传递圆周力的增减而变化。因此，从动带轮的圆周速度 v_2 总是小于主动带轮的圆周速度 v_1。从动带轮的圆周速度的降低率可用弹性滑动系数 ε 来表示，即

$$\varepsilon = \frac{v_1 - v_2}{v_1} \times 100\% = \left(1 - \frac{d_2 n_2}{d_1 n_1}\right) \times 100\% \tag{5-11}$$

由此可得带传动从动带轮的转速为

$$n_2 = \frac{n_1 d_1 (1-\varepsilon)}{d_2} \tag{5-12}$$

通常 V 带传动的滑动率较小，ε 为 1%～2%，在一般计算时可不予考虑。

5.1.3　普通 V 带和带轮的结构与材料

1．普通 V 带的结构

普通 V 带的结构如图 5-8 所示，由顶胶 1（拉伸层）、抗拉体 2（强力层）、底胶 3（压缩层）以及包布层 4 组成。拉伸层和压缩层均采用弹性好的胶料，分别承受传动时的拉伸和压缩；包布层采用橡胶帆布，可起到耐磨和保护的作用；V 带的拉力基本由强力层承受，强力层一般有帘布结构和线绳结构两种。为了提高带的承载能力，强力层已普遍采用化学纤维织物。

普通 V 带的结
构和标准

2．V 带的标准

普通 V 带已标准化，GB/T 11544—2012 规定，按照截面尺寸的不同，可分为 Y、Z、A、B、C、D、E

1—顶胶；2—抗拉体；3—底胶；4—包布层

图 5-8　普通 V 带的结构

这 7 种型号，其截面尺寸如表 5-1 所示。

表 5-1　　　　　　　　　　　　普通 V 带截面尺寸

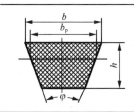

带型	Y	Z	A	B	C	D	E
顶宽 b/mm	6.0	10.0	13.0	17.0	22.0	32.0	38.0
高度 h/mm	4.0	6.0	8.0	11.0	14.0	19.0	23.0
节宽 b_p/mm	5.3	8.5	11.0	14.0	19.0	27.0	32.0
楔形角 φ	40°						
q/(kg·m^{-1})	0.04	0.06	0.10	0.17	0.30	0.62	0.90

带在规定的张紧力下弯绕在带轮上时，在弯曲平面内保持原长度不变的周线称为节线，由全部节线组成的面称为节面，带的节面宽度称为节宽，用 b_p 表示。一般 V 带楔形角 φ =40°，相对高度 $h/b_p \approx 0.7$。V 带安装在带轮上，和节宽相对应的带轮直径称为基准直径，用 d 表示。V 带在规定的张紧力下，带与带轮基准直径上的周线长度称为基准长度，用 L_d 表示，V 带的基准长度已标准化，如表 5-2 所示。

表 5-2　　　　　　　　　　　普通 V 带的基准长度 L_d　　　　　　　　单位：mm

Y	Z	A	B	C	D	E
200	406	630	930	1565	2740	4660
224	475	700	1000	1760	3100	5040
250	530	790	1100	1950	3330	5420
280	625	890	1210	2195	3730	6100
315	700	990	1370	2420	4080	6850
355	780	1100	1560	2715	4620	7650
400	920	1250	1760	2880	5400	9150
450	1080	1430	1950	3080	6100	12230
500	1330	1550	2180	3520	6840	13750
	1420	1640	2300	4060	7620	15280
	1540	1750	2500	4600	9140	16800
		1940	2700	5380	10700	
		2050	2870	6100	12200	
		2200	3200	6815	13700	
		2300	3600	7600	15200	
		2480	4060	9100		
		2700	4430	10700		
			4820			
			5370			
			6070			

3．普通带轮的材料

带传动一般安装在传动系统的高速级，带轮的转速较高，故要求带轮有足够的强度。带轮常用铸铁制造，有时也采用铸钢、铝合金或非金属材料（塑料、木材等）制造。铸铁带轮（HT150、HT200）允许的最大圆周速度为 25m/s；速度更高时，可采用铸钢或钢板冲压后焊接；塑料带轮的质量轻、摩擦系数大，常用于机床；铝合金材料一般应用于传递较小功率的场合。

普通 V 带轮的常用材料和结构

4．带轮的结构和尺寸

带轮通常由轮缘、轮毂、轮辐（或辐板）3 部分组成。轮缘是指带轮的外缘部分，其结构和尺寸表 5-3 中已列出；轮毂是指带轮与轴相配合的部分，通常带轮与轴用键连接，轮毂上开有键槽；轮辐（或辐板）是指轮缘与轮毂相连的部分，轮辐的结构形式随带轮基准直径的不同而改变。常见的轮辐类型有实心式、辐板式、孔板式、椭圆轮辐式 4 种典型结构，如图 5-9 所示。对带轮结构形式的选择及设计可参阅有关机械设计手册。

表 5-3   普通带轮轮槽尺寸   单位：mm

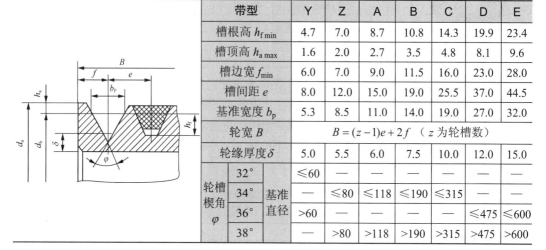

带型		Y	Z	A	B	C	D	E
槽根高 $h_{f\,min}$		4.7	7.0	8.7	10.8	14.3	19.9	23.4
槽顶高 $h_{a\,max}$		1.6	2.0	2.7	3.5	4.8	8.1	9.6
槽边宽 f_{min}		6.0	7.0	9.0	11.5	16.0	23.0	28.0
槽间距 e		8.0	12.0	15.0	19.0	25.5	37.0	44.5
基准宽度 b_p		5.3	8.5	11.0	14.0	19.0	27.0	32.0
轮宽 B		$B = (z-1)e + 2f$ （ z 为轮槽数）						
轮缘厚度 δ		5.0	5.5	6.0	7.5	10.0	12.0	15.0
轮槽楔角 φ	32°	≤60	—					
	34°	基准直径	≤80	≤118	≤190	≤315	—	—
	36°		>60	—	—	—	≤475	≤600
	38°		—	>80	>118	>190	>315	>475	>600

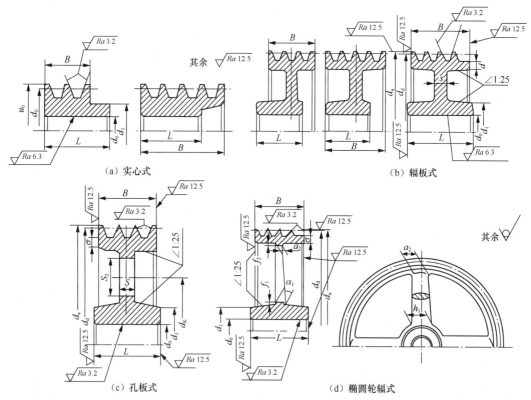

（a）实心式   （b）辐板式

（c）孔板式   （d）椭圆轮辐式

图 5-9 带轮典型结构形式

普通 V 带两侧面间的夹角是 40°，带在带轮上弯曲时，截面形状的变化使带的楔角变小。为了使带轮槽楔角适应这种变化，使胶带紧贴轮槽两侧，国标规定普通 V 带带轮轮槽楔角为 32°、34°、36°、38°。

带轮的结构及选择

5.1.4　普通 V 带传动的设计

1. 带传动的失效形式和设计准则

（1）失效形式。

带传动的失效形式和设计准则

带传动的失效形式主要有两种：一种是打滑，由于有效圆周力超过带与带轮面之间的极限摩擦力，带在带轮面上发生明显的全面滑动，从而使带不能正常传动；另一种是疲劳破坏，带在工作时的应力随着带的运转而变化，是交变应力。转速越高带越短，单位时间内带绕过带轮的次数越多，带的应力变化就越频繁。长时间工作，当应力循环次数达到一定值时，传动带会产生脱层、撕裂，最后导致疲劳断裂，从而使带传动失效。

（2）设计准则。

由于带传动的失效形式主要是打滑和疲劳破坏，因此带传动的设计应满足下列准则：保证带与带轮之间不打滑；使带在一定时限内不发生疲劳破坏。

（3）单根普通 V 带的额定功率。

单根普通 V 带所能传递的功率与带的型号、带速、长度、包角、带轮直径及载荷性质等有关。

为了保证带传动不发生打滑，带在有打滑趋势时所传递的功率为

$$P_0 = F_1 \left(1 - \frac{1}{\mathrm{e}^{f\alpha}}\right) \frac{v}{1000} = \sigma_1 A \left(1 - \frac{1}{\mathrm{e}^{f\alpha}}\right) \frac{v}{1000} \tag{5-13}$$

式中，A 为单根普通 V 带的横截面积（mm^2）。

为了使带具有一定的疲劳寿命，带的疲劳强度应满足

$$\sigma_{\max} = \sigma_1 + \sigma_\mathrm{b} + \sigma_\mathrm{c} \leqslant [\sigma] \tag{5-14}$$

式中，$[\sigma]$ 为在一定条件下，由带的疲劳强度决定的许用应力。

将式（5-13）代入式（5-14）得带传动既不打滑又有一定疲劳寿命时，单根普通 V 带能传递的功率

$$P_0 = ([\sigma] - \sigma_\mathrm{b} - \sigma_\mathrm{c}) \left(1 - \frac{1}{\mathrm{e}^{f\alpha}}\right) \frac{Av}{1000} \tag{5-15}$$

为了便于设计，在载荷平稳、包角为 180°、带长为特定长度、抗拉体为化学纤维线绳结构的条件下，由式（5-15）求得各种型号单根普通 V 带所能传递的功率，即其基本额定功率 P_0（kW），如表 5-4 所示。

表 5-4　　　　　　　　　　单根普通 V 带的基本额定功率　　　　　　　　　　单位：kW

型号	小带轮基准直径 d_1/mm	小带轮转速 n_1/(r·min^{-1})						
		400	730	800	960	1200	1450	2800
Z	50	0.06	0.09	0.10	0.12	0.14	0.16	0.26
	63	0.08	0.13	0.15	0.18	0.22	0.25	0.41
	71	0.09	0.17	0.20	0.23	0.27	0.31	0.50
	80	0.14	0.20	0.22	0.26	0.30	0.35	0.56
	90	0.14	0.22	0.24	0.28	0.33	0.37	0.60
A	75	0.27	0.42	0.45	0.52	0.60	0.68	1.00
	90	0.39	0.63	0.68	0.79	0.93	1.07	1.64
	100	0.47	0.77	0.83	0.97	1.14	1.32	2.05
	125	0.67	1.11	1.19	1.40	1.66	1.93	2.98
	160	0.94	1.56	1.69	2.00	2.36	2.74	4.06

续表

型号	小带轮基准直径 d_1/mm	小带轮转速 n_1/(r · min^{-1})						
		400	730	800	960	1200	1450	2800
B	125	0.84	1.34	1.44	1.67	1.93	2.20	2.96
	140	1.15	1.69	1.82	2.13	2.47	2.83	3.85
	180	1.59	2.61	2.81	3.30	3.85	4.41	5.76
	200	1.85	3.06	3.30	3.86	4.50	5.15	6.43
	250	2.50	4.14	4.46	5.22	6.04	6.85	7.14
	280	2.89	4.77	5.13	5.93	6.90	7.78	6.80
C	200	2.41	3.80	4.07	4.66	5.29	5.86	5.01
	250	3.62	5.82	6.23	7.18	8.21	9.06	6.56
	280	4.32	6.99	7.52	8.65	9.81	10.47	6.13
	355	6.05	9.79	10.46	11.92	13.31	14.12	—

当实际工作条件与上述试验条件不符时，此值应当加以修正，修正后即得到实际工作条件下，单根普通 V 带所能传递的功率 $[P_0]$，称为许用功率。

$$[P_0] = (P_0 + \Delta P_0)K_\alpha \qquad (5\text{-}16)$$

式中，K_α 为包角系数，考虑不同包角对传动能力的影响，其值如表 5-5 所示；ΔP_0 为额定功率增量，单位为 kW，考虑传动比 $i \neq 1$ 时，带在大轮上的弯曲应力较小，故在寿命相同的条件下，可增大传递的功率，ΔP_0 的值如表 5-6 所示。

表 5-5 包角系数 K_α

包角 α/(°)	180	170	160	150	140	130	120	110	100	90
包角系数	1.00	0.96	0.95	0.92	0.89	0.86	0.82	0.78	0.73	0.68

表 5-6 额定功率增量 ΔP_0 单位：kW

型号	传动比	小带轮转速 n/(r · min^{-1})						
		400	730	800	980	1200	1460	2800
Z	1.19～1.24	0.00	0.00	0.01	0.01	0.01	0.02	0.03
	1.25～1.34	0.00	0.01	0.01	0.01	0.02	0.02	0.03
	1.35～1.51	0.00	0.01	0.01	0.02	0.02	0.02	0.04
	1.52～1.99	0.01	0.01	0.02	0.02	0.02	0.02	0.04
	≥2.0	0.01	0.02	0.02	0.02	0.03	0.03	0.04
A	1.19～1.24	0.03	0.05	0.05	0.06	0.08	0.09	0.19
	1.25～1.34	0.03	0.06	0.06	0.07	0.10	0.11	0.23
	1.35～1.51	0.04	0.07	0.08	0.08	0.11	0.13	0.26
	1.52～1.99	0.04	0.08	0.09	0.10	0.13	0.15	0.30
	≥2.0	0.05	0.09	0.10	0.11	0.15	0.17	0.34
B	1.19～1.24	0.07	0.12	0.14	0.17	0.21	0.25	0.49
	1.25～1.34	0.08	0.15	0.17	0.20	0.25	0.31	0.59
	1.35～1.51	0.10	0.17	0.20	0.23	0.30	0.36	0.69
	1.52～1.99	0.11	0.20	0.23	0.26	0.34	0.40	0.79
	≥2.0	0.13	0.22	0.25	0.30	0.38	0.46	0.89
C	1.19～1.24	0.20	0.34	0.39	0.47	0.59	0.71	1.37
	1.25～1.34	0.23	0.41	0.47	0.56	0.70	0.85	1.64
	1.35～1.51	0.27	0.48	0.55	0.65	0.82	0.99	1.92
	1.52～1.99	0.31	0.55	0.63	0.74	0.94	1.14	2.19
	≥2.0	0.35	0.62	0.71	0.83	1.06	1.27	2.37

2．V 带传动的设计步骤

在 V 带传动中，已知条件一般包括传动的用途、传递的功率、原动机的种类、工作情况、主从动带轮的转速或传动比、外廓尺寸以及安装位置要求等。

V 带传动设计的主要参数包括 V 带的型号、基准长度和根数；传动的中心距、初拉力和作用在轴上的力；带轮的材料、基准直径和结构尺寸等。一般带传动的设计计算步骤如下。

① 确定计算功率 P_C。

计算功率是根据需要传递的额定功率，考虑载荷性质、原动机类型和每天运转时间等因素而确定的，一般计算功率为

$$P_C = K_A P \tag{5-17}$$

式中，P_C 为计算功率（kW）；K_A 为工作情况系数，如表 5-7 所示；P 为传递的名义功率（kW）。

表 5-7　　　　　　　　　　　工作情况系数 K_A

载荷性质	工作机	原动机					
		I 类（空、轻载起动）			II 类（重载起动）		
		每天运转时间/h					
		<10	10 ~ 16	>16	<10	10 ~ 16	>16
载荷平稳	液体搅拌机、通风机、鼓风机（$P \leqslant 7.5$kW）、压缩机	1.0	1.1	1.2	1.1	1.2	1.3
载荷变动较小	带式运输机、通风机（$P > 7.5$kW）、发电机、印刷机、压力机、旋转筛	1.1	1.2	1.3	1.2	1.3	1.4
载荷变动较大	制砖机、提升机、压缩机、起重机、振动筛、纺织机械、重载输送机	1.2	1.3	1.4	1.4	1.5	1.6
载荷变动很大	破碎机、卷扬机、磨碎机（球磨、管磨、棒磨）	1.3	1.4	1.5	1.5	1.6	1.8

注：a．I 类——电动机（交流起动、三角起动、直流并励）、四缸以上内燃机等；

b．II 类——电动机（联机交流起动、直流复励或串励）、四缸以下内燃机等；

c．在反复起动、正反转频繁、工作条件恶劣等场合，K_A 应乘 1.2。

② 选择 V 带型号。

V 带的型号可根据计算功率 P_C 和小带轮转速 n_1 进行选取，如图 5-10 所示。当坐标交点位于或接近两种型号区域边界线时，可分别取两种型号同时计算，分析和比较后进行取舍。

③ 确定带轮的基准直径 d_1、d_2。

带轮直径越小，则带的弯曲应力越大，易出现疲劳破坏。一般小带轮的基准直径 d_1 应大于或等于表 5-8 所列出的各型号带轮的最小基准直径 d_{min}。带轮的直径也不能过大，直径过大虽能延长带的寿命，但外廓尺寸随之增大。由式（5-12）得出大带轮的基准直径如下

$$d_2 = \frac{n_1}{n_2} d_1 (1-\varepsilon) \tag{5-18}$$

基准直径 d_1、d_2 应符合带轮基准直径尺寸系列，如表 5-8 所示。

④ 验算带速 v（m/s）。

$$v = \frac{\pi d_1 n_1}{60 \times 1000} \tag{5-19}$$

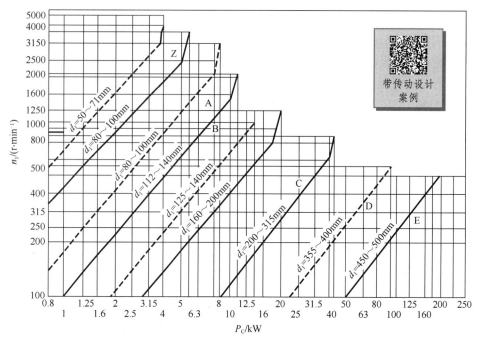

图 5-10　普通 V 带选型

表 5-8		普通带轮最小基准直径			单位：mm
型号	Y	Z	A	B	C
最小基准直径	20	50	75	125	200

注：普通带轮基准直径系列是：20　22.4　25　28　31.5　35.5　40　45　50　56　63　71　75　80　85　90　95　100　106　112　118　125　132　140　150　160　170　180　200　212　224　236　250　265　280　300　315　355　375　400　425　450　475　500　530　560　600　630　670　710　750　800　900　1000 等。

当传递功率一定时，带速过低，所需有效圆周力越大，所需带的根数越多；带速过大，则离心力过大，带与带轮之间压力减小，容易打滑。一般应控制 v 在 $5 \sim 25 m/s$ 的范围内。

⑤　确定中心距 a 和带的基准长度 L_d。

中心距取大些有利于增大包角，但中心距过大会造成结构不紧凑，在载荷变化或高速运转时会引起带的抖动，从而降低带传动的工作能力；若中心距过小则带变短，应力循环次数增多，使带易发生疲劳破坏，同时使小带轮包角减小，也会降低带的工作能力。因此一般设计时应根据具体的结构要求或按式（5-20）初步确定中心距

$$0.7(d_1 + d_2) < a_0 < 2(d_1 + d_2)$$ （5-20）

初选 a_0 后，可初选带的基准长度 L_0。

$$L_0 \approx 2a_0 + \frac{\pi}{2}(d_1 + d_2) + \frac{(d_2 - d_1)^2}{4a_0}$$ （5-21）

根据初选的基准长度 L_0，由表 5-2 选取接近的基准长度 L_d，作为所选带的长度，然后按式（5-22）近似计算所需的中心距 a，即

$$a \approx a_0 + \frac{L_d - L_0}{2}$$ （5-22）

考虑到带传动的安装、调整和 V 带张紧的需要，应给中心距留出一定的调整余量，中心

距的变动范围为

$$(a - 0.015L_d) \sim (a + 0.03L_d) \tag{5-23}$$

⑥ 验算小带轮包角 α_1。

小带轮包角可按式（5-24）验算

$$\alpha_1 = 180° - \frac{d_2 - d_1}{a} \times 57.3° \tag{5-24}$$

一般要求 α_1 大于 $120°$，若 α_1 过小，可以增大中心距或改变传动比，也可以增设张紧轮。

⑦ 确定 V 带的根数 z。

为了保证带传动不打滑，并且有一定的疲劳强度，必须保证每根 V 带所传递的功率不超过它所能传递的额定功率。一般用式（5-25）来计算

$$z > \frac{P_C}{[P_0]} = \frac{P_C}{(P_0 + \Delta P_0)K_\alpha K_L} \tag{5-25}$$

带的根数 z 应圆整，为保证各根带受力均匀，其根数不宜过多，一般取 2～6 根，最多不超过 10 根；否则应改选型号或加大带轮直径后重新设计、计算。

⑧ 计算带的初拉力 F_0。

保持适当的初拉力是带传动正常工作的首要条件。初拉力不足，会出现打滑现象；初拉力过大，将增大轴和轴承上的压力，并降低带的寿命，故初拉力的大小应适当。

单个普通 V 带合适的初拉力可按式（5-26）计算

$$F_0 = \frac{500P_C}{zv}\left(\frac{2.5}{K_\alpha} - 1\right) + qv^2 \tag{5-26}$$

式中，P_C 为计算功率（kW）；z 为 V 带根数；v 为 V 带速度（m/s）；K_α 为包角系数，如表 5-5 所示；q 为每米带长的质量（kg/m），如表 5-1 所示。

⑨ 计算带对轴的压力 F_Q。

带的张紧对安装带轮的轴和轴承来说，会影响其强度和寿命，因此必须确定作用在轴上的压力 F_Q，如图 5-11 所示。F_Q 的大小为

$$F_Q \approx 2zF_0 \cos\frac{\beta}{2} = 2zF_0 \sin\frac{\alpha_1}{2} \tag{5-27}$$

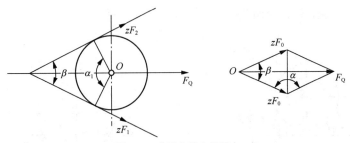

图 5-11 作用在轴上的压力

⑩ 带轮设计。

带轮设计包括：确定结构类型、结构尺寸、轮槽尺寸、材料，画出带轮工作图（见图 5-12）。

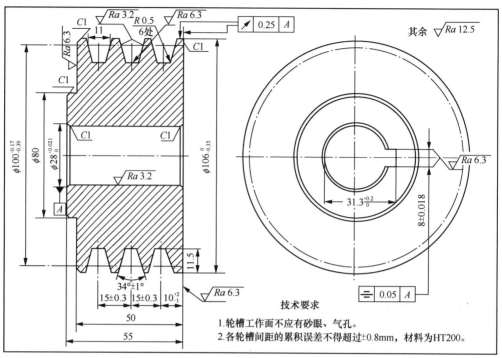

图 5-12　小带轮工作图

3．V 带传动的张紧、安装和维护

（1）V 带传动的张紧。

带在工作一段时间后会产生塑性变形而松弛，影响带的正常工作。为了保证带传动的传动能力，使带产生并保持一定的初拉力，必须对带进行定期检查与重新张紧。常见的带传动张紧方式有以下两种。

① 调整中心距。常见的调整中心距的张紧装置可分为定期张紧装置和自动张紧装置两大类。

在垂直或接近垂直的传动中，可以采用图 5-13 所示的摆架式定期张紧装置。电动机固定在摆动架上，通过旋动调节螺钉上的螺母来调节。在水平或倾斜不大的传动中，可采用图 5-14 所示的滑道式定期张紧装置。电动机装在机座的滑道上，旋动调节螺钉以推动电动机，调节中心距以控制初拉力，然后固定。自动张紧装置将装有带轮的电动机安装在摆动架上，利用电动机的自重张紧传动带，通过外载荷大小的变化而自动调节张紧力，如图 5-15 所示。

带传动和链传动的张紧原理

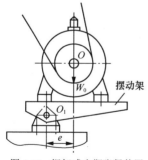

图 5-13　摆架式定期张紧装置

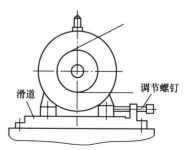

图 5-14　滑道式定期张紧装置

② 采用张紧轮。采用张紧轮进行张紧，一般用于中心距不可调的情况。通常将张紧轮置于带的松边内侧且尽量靠近大带轮处，如图 5-16 所示。

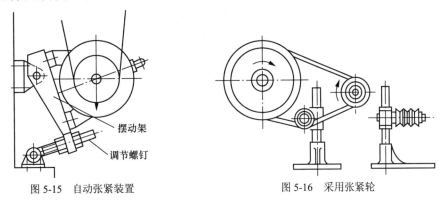

图 5-15　自动张紧装置　　　　　　　　　　图 5-16　采用张紧轮

（2）V 带传动的安装和维护。

为了延长带的使用寿命，保证传动的正常运行，必须重视正确的使用和维护保养方法。

① 安装时，两带轮轴线应平行，两轮相对轮槽的中心线应重合，否则会加剧带的磨损，减少带的使用寿命。带传动的安装形式如图 5-17 所示。

② 安装 V 带时应按规定的初拉力张紧，也可凭经验。对于中等中心距的带的张紧程度，以能按下 15mm 为宜，如图 5-18 所示。

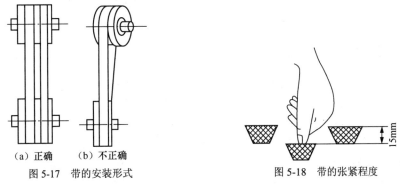

（a）正确　　（b）不正确
图 5-17　带的安装形式　　　　　　　　图 5-18　带的张紧程度

③ 选用 V 带时要注意型号和长度，型号要和带轮轮槽尺寸相符合。新旧不同的 V 带不能同时使用。

④ 拆装时不能硬撬，应先缩短中心距，然后拆装胶带。装好后再调到合适的张紧程度。

⑤ 带传动时不需要润滑，使用时注意防止润滑油流入带与带轮的工作表面。

【任务实施】

设计带式输送机传动装置中的 V 带传动

（1）确定计算功率。查表 5-7，取 K_A=1.2，计算功率为
$$P_C = K_A P = 1.2 \times 4\text{kW} = 4.8\,\text{kW}$$

（2）选择 V 带型号。根据计算功率 $P_C = 4.8\,\text{kW}$ 和小带轮转速 $n_1 = 1440\text{r}/\min$，由图 5-10 所示选取 V 带型号为 A 型。

（3）确定带轮基准直径。由表 5-8 所示确定小带轮基准直径 d_1=100mm，由式（5-18）计

算大带轮直径 $d_2 = id_1(1-\varepsilon) = 3.6 \times 100 \times (1-2\%)\text{mm} = 352.8\text{ mm}$，取 $d_2 = 355\text{mm}$。

（4）验算带速。

$$v = \frac{\pi d_1 n_1}{60 \times 1000} = \frac{\pi \times 100 \times 1440}{60 \times 1000}\text{m/s} \approx 7.54\text{ m/s}$$

带速 v 满足 $5\text{m/s} < v < 25\text{m/s}$，符合要求。

（5）确定中心距和带长。由式（5-20），得出 $0.7(100+355)\text{mm} < a_0 < 2(100+355)\text{mm}$，初选中心距 $a_0 = 500\text{mm}$，式（5-21）初步确定带的基准长度为

$$L_0 \approx 2a_0 + \frac{\pi}{2}(d_1 + d_2) + \frac{(d_2 - d_1)^2}{4a_0}$$

$$= \left[2 \times 500 + \frac{\pi(100+355)}{2} + \frac{(355-100)^2}{4 \times 500}\right]\text{mm} \approx 1747.2\text{mm}$$

选取带的基准长度 $L_d = 1800\text{mm}$。

由式（5-22）得中心距 a 为

$$a \approx a_0 + \frac{L_d - L_0}{2} = \left(500 + \frac{1800 - 1747.2}{2}\right)\text{mm} \approx 526\text{mm}$$

由式（5-23）得

$$a_{\min} = a - 0.015L_d = (526 - 0.015 \times 1800)\text{mm} = 499\text{mm}$$

$$a_{\max} = a + 0.03L_d = (526 + 0.03 \times 1800)\text{mm} = 580\text{mm}$$

（6）验算小带轮包角。由式（5-24）得

$$\alpha_1 = 180° - \frac{d_2 - d_1}{a} \times 57.3° = 180° - \frac{355-100}{526} \times 57.3° \approx 152.22° > 120°$$

由此可知，满足带轮包角要求。

（7）确定 V 带的根数。根据 d_1 和 n_1，由表 5-4 可得 $P_0 = 1.31\text{kW}$；根据 V 带型号和传动比查表 5-6 得 $\Delta P_0 = 0.17\text{kW}$；查表 5-5 得，包角系数 $K_\alpha = 0.92$，则带的根数 z 为

$$z = \frac{P_C}{[P_0]} = \frac{P_C}{(P_0 + \Delta P_0)K_\alpha K_L} = \frac{4.8}{(1.31+0.17) \times 0.92 \times 1.01} \approx 3.49$$

为使带受力均匀，并将带根数圆整，取 $z = 4$。

（8）计算单根 V 带的初拉力。查表 5-1，有每米带长的质量 $q = 0.10\text{ kg/m}$，单根 V 带的初拉力为

$$F_0 = \frac{500P_C}{zv}\left(\frac{2.5}{K_\alpha} - 1\right) + qv^2 = \frac{500 \times 4.8}{3 \times 7.54} \times \left(\frac{2.5}{0.92} - 1\right) + 0.10 \times 7.54^2\text{ N} \approx 187.9\text{ N}$$

（9）计算带对轴的压力

$$F_Q \approx 2zF_0\cos\frac{\beta}{2} = 2zF_0\sin\frac{\alpha_1}{2} = 2 \times 3 \times 187.9 \times \sin\left(\frac{152.22°}{2}\right)\text{N} \approx 1094.4\text{ N}$$

（10）带轮设计（即确定带轮的结构设计和尺寸）。以小带轮为例确定其结构和尺寸，由图 5-9 确定小带轮的轮辐结构为实心式，轮槽基本结构尺寸按照表 5-3 计算，从而得到小带轮工作图，如图 5-12 所示。

|任务 5.2　认识链传动|

【任务导入】

节距为 12.70mm，单排，87 节的滚子链应如何标记？节距为 38.10mm，双排，60 节的滚子链应如何标记？

【任务分析】

链传动是应用较广的一种机械传动，在日常生活中，我们会直接看到链传动的应用，如自行车传动链、摩托车传动链等。链传动装置是由装在平行轴上的主、从动链轮和跨绕在两链轮上的环形链条组成的。链条作为中间挠性件，靠链节与链轮轮齿的啮合来传递运动和动力。

【相关知识】

5.2.1　链传动的类型、特点及应用

1. 链传动的组成和类型

如图 5-19 所示，链传动由与轴线平行的主动链轮 1、从动链轮 2 以及链条 3 和机架组成，链轮上制有特殊齿形的齿。

链传动的工作原理

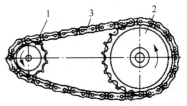

1—主动链轮；2—从动链轮；3—链条

图 5-19　链传动的组成

按照用途的不同，链传动可分为传动链、起重链和牵引链。传动链主要用于一般机械传动；起重链和牵引链用于起重机械和运输机械。传动链又分为短节距精密滚子链（简称滚子链）、短节距精密套筒链（简称套筒链）、齿形链和成形链 4 类，如图 5-20 所示。

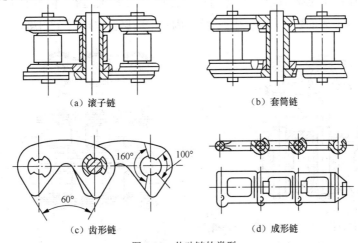

(a) 滚子链　　　　　　　　　　(b) 套筒链

(c) 齿形链　　　　　　　　　　(d) 成形链

图 5-20　传动链的类型

本节主要介绍滚子链的有关内容：套筒链的结构比滚子链简单，也已标准化，但因套筒较易磨损，所以一般只用于 $v<2m/s$ 的低速传动；齿形链传动平稳，振动与噪声较小，也称为无声链，但因其结构比滚子链复杂，制造较难且成本高，一般多用于高速或对运动精度要求较高的传动装置中；成形链结构简单、拆装方便，通常用于 $v<3m/s$ 的一般传动及农业机械中。

2．链传动的特点和应用

链传动为具有中间挠性件的啮合传动，与带传动相比较，其主要特点如下。

（1）链传动无弹性滑动和打滑现象，能获得准确的平均传动比，但瞬时传动比不恒定。在工况相同时，链传动结构更为紧凑，传动效率较高。

（2）链传动所需张紧力小，故链条对轴的压力较小。

（3）链传动可在高温、油污、潮湿、泥沙等恶劣环境下工作。

（4）链传动平稳性差，有噪声，磨损后易发生跳齿和脱链，急速反向转动的性能差。

链传动主要用于平均传动比要求准确，且两轴相距较远，工作条件恶劣，不宜采用带传动和齿轮传动的场合。目前，链传动所能传递的功率可达 3600kW，通常传递功率 $P\leqslant100kW$；链速 v 可达 $30\sim40m/s$，常用 $v\leqslant15m/s$；传动比 i 最大可达 15，一般取效率 $i\leqslant8$；效率 η 范围约为 $0.95\sim0.98$。

5.2.2 滚子链与链轮

1．滚子链的结构

滚子链结构如图 5-21 所示，由内链板 1、外链板 2、套筒 3、销轴 4 和滚子 5 组成。内链节由内链板与套筒组成，内链板与套筒之间为过盈配合连接；套筒与滚子之间为间隙配合，滚子可绕套筒自由转动。外链节由外链板和销轴组成，二者之间也为过盈配合连接。内、外链板之间用销轴和套筒以间隙配合相连接，构成活动铰链。当链条啮入和啮出时，内、外链节相对转动，滚子沿链轮轮齿滚动，减少轮齿与链条的磨损。一般内、外链板都制作成"8"字形，以减轻重量并保持链板各横截面的强度大致相等。链条的各零件由碳素钢或合金钢制成，并经热处理，提高其耐磨性和强度。

链条上相邻两销轴的中心距称为链的节距，用 p 来表示，它是链传动中十分重要的参数。节距越大，链条各零件的尺寸越大，所能传递的功率也越大。滚子链可制成单排和多排，排距用 p_t 表示。图 5-22 所示为双排链结构，多排链一般用于传递较大功率，但由于受到制造和装配精度的影响，各排所受到的载荷大小往往不均匀。因此，多排链的排数不宜过多，一般不超过 4 排。

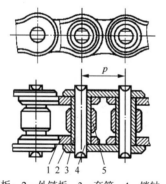

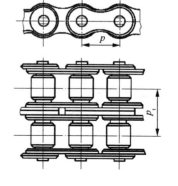

滚子链的结构

1—内链板；2—外链板；3—套筒；4—销轴；5—滚子

图 5-21　滚子链结构　　　　　　　　　　图 5-22　双排链结构

　　链条长度用链节数来表示，链节数最好取偶数，以便链条连成环形时，链条一端的外链板刚好与另一端的内链板相接。接头处可用开口销，如图 5-23（a）所示，也可用弹簧夹，如图 5-23（b）所示，将销轴进行轴向固定并锁紧。当链节数为奇数时，则需采用过渡链节，如图 5-23（c）所示。在链条受拉时，过渡链节还要承受附加的弯曲载荷，因此在设计时应尽量避免采用奇数的链节数。

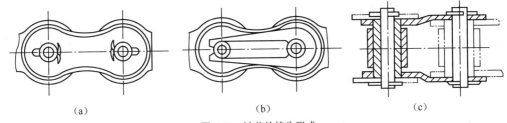

图 5-23　链节的接头形式

　　滚子链已标准化，在标准 GB/T 1243—2006《传动用短节距精密滚子链、套筒链、附件和链轮》中，应用范围包括已制定了标准的链条。链条的节距规格从 6.35mm 到 114.3mm，它包括两种系列，一种系列是源自 ANSI 标准的链条（用后缀 A 标记），另一种系列源自欧洲（用后缀 B 标记），这两种系列的链条相互补充，覆盖了广泛的应用领域。我国以 A 系列为主，供设计和出口，B 系列则主要供维修和出口。常用链条的主要尺寸如表 5-9 所示。其中的链号乘以 $\dfrac{25.4}{16}$mm 即为节距 p 的值。可以看出，链号越大，链的尺寸就越大，承载能力越强。

表 5-9　　　　　　　　　　　　常用链条的主要尺寸和极限拉伸载荷

链号	节距 p/mm	滚子直径 d_1/mm	内节内宽 b_1/mm	销轴直径 d_2/mm	内链板高度 h_2/mm	排距 p_t/mm	极限拉伸载荷/kN		
							单排链	双排链	三排链
08A	12.70	7.92	7.85	3.98	12.07	14.38	13.9	27.8	41.7
08B	12.70	8.15	7.75	4.45	11.81	13.92	13.9	31.1	44.5
10A	15.875	10.16	9.40	5.09	15.09	18.11	21.8	43.6	65.4
10B	15.875	10.16	9.65	5.09	14.73	16.59	22.2	44.5	66.7
12A	19.05	11.91	12.57	5.96	18.10	22.78	31.3	62.6	93.9
12B	19.05	12.07	11.68	5.72	16.13	19.46	28.9	57.8	86.7
16A	25.40	15.88	15.75	7.94	24.13	29.29	55.6	111.2	166.8
16B	25.40	15.88	17.02	8.28	21.08	31.88	60.0	106.6	160.0
20A	31.75	19.05	18.90	9.54	30.17	35.76	87.0	174.0	261.0
20B	31.75	19.05	19.56	10.19	26.42	36.45	95.0	170.0	250.0
24A	38.10	22.23	25.22	11.11	36.20	45.44	125.0	250.0	375.0
28A	44.45	25.40	25.22	12.70	42.23	48.87	170.0	340.0	510.0
32A	50.80	28.58	31.55	14.27	48.26	58.55	223.0	446.0	669.0

　　常见的滚子链标记使用表 5-9 所示的标准链号来标示，链号后加一连线和后缀，其中后缀 1 表示单排链，2 表示双排链，3 表示三排链。例如，16B-1、16B-2、16B-3 等。

2．滚子链链轮

　　滚子链链轮是链传动的主要零件。链轮的齿形应易于加工，受力均匀，不易脱链，保证链条平稳、顺利地进入和退出啮合。

国家标准GB/T 1243—2006规定了滚子链链轮端面齿形，如图5-24所示。符合上述要求的端面齿形有多种，常用的是"三圆弧（$\overset{\frown}{dc}$、$\overset{\frown}{ba}$、$\overset{\frown}{aa}$）一直线（$\overline{cb}$）"齿形。这种链轮配合标准链条，齿形可用标准刀具以范成法加工，在其工作图上一般不绘制其端面齿形。

链轮的齿形设计

d_1为滚子直径，其值如表5-9所示，链轮的主要尺寸计算公式如下。

分度圆直径
$$d = \frac{p}{\sin\left(\dfrac{180°}{z}\right)} \tag{5-28}$$

齿顶圆直径
$$d_a = p\left(0.54 + \cot\frac{180°}{z}\right) \tag{5-29}$$

齿根圆直径
$$d_f = d - d_1 \tag{5-30}$$

链轮端面齿形的其他尺寸和轴面齿形结构尺寸的计算公式可查阅机械设计手册。

链轮的结构如图5-25所示。直径较小的链轮可制成实心式，如图5-25（a）所示；中等直径的链轮可制成孔板式，如图5-25（b）所示；直径较大的链轮可制成组合式，通过焊接、铆接或螺栓连接等方式装配在一起，如图5-25（c）、（d）所示。

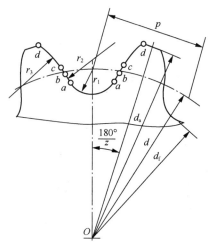

图5-24　滚子链链轮端面齿形

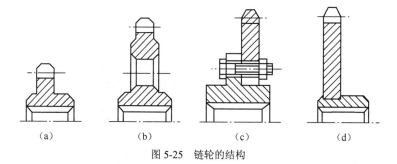

图5-25　链轮的结构

链轮轮齿应有足够的接触强度和耐磨性，故齿面多经热处理，小链轮的啮合次数必大于大链轮的啮合次数，所受冲击力也大，因此所用材料一般优于大链轮，齿面硬度较高。链轮常用的材料有碳素钢（如 Q235、Q275、45钢等）、灰铸铁（HT200）和铸钢（ZG310-570）等。

链轮的结构及选择

5.2.3　链传动的运动特性

1. 平均链速和平均传动比

链条由刚性链节通过销轴铰接而成。当链条与链轮啮合时，在啮合区的部分链将折成正多边形，此正多边形的边长相当于链节距 p（mm）。设 z_1、z_2 为主动链轮、从动链轮的齿数，n_1、n_2 为主动链轮、从动链轮的转速，链轮每转一周，链条所转过的链长为 zp，则链条速度（简称链速）为

$$v = \frac{z_1 p n_1}{60 \times 1000} = \frac{z_2 p n_2}{60 \times 1000} \tag{5-31}$$

链传动的平均传动比为

$$i = \frac{n_1}{n_2} = \frac{z_2}{z_1} \tag{5-32}$$

通过以上两公式求得的链速和传动比都是平均值。实际上，由于链传动的多边形效应，即使主动链轮的角速度 ω_1 为常数，链条的瞬时速度和瞬时传动比也是变化的。

2．瞬时速度和瞬时传动比

如图 5-26 所示，设在传动过程中，链传动的主动边始终处于水平位置。主动链轮以角速度 ω_1 等速转动。当该链节进入啮合时，销轴 A 点开始随链轮做等速圆周运动，链轮上该点圆周速度的水平分量即为链节在该点的瞬时速度，当销轴 A 点在链轮上的相位角为 β 时，如图 5-26（a）所示，瞬时链速为 $v = v_A \cos \beta = \frac{1}{2} d_1 \omega_1 \cos \beta$。

设一个链节所对应的中心角为 φ_1，从销轴 A 点进入啮合到下一个销轴点也进入啮合为止，β 角将在 $\pm \frac{\varphi_1}{2}$ 之间变化。当 $\beta = \pm \frac{\varphi_1}{2}$ 时，如图 5-26（c）所示，链速最小，$v_{\min} = \frac{1}{2} d_1 \omega_1 \cos \frac{\varphi_1}{2}$；当 $\beta = 0$ 时，如图 5-26（b）所示，链速最大，$v_{\max} = \frac{1}{2} d_1 \omega_1$。

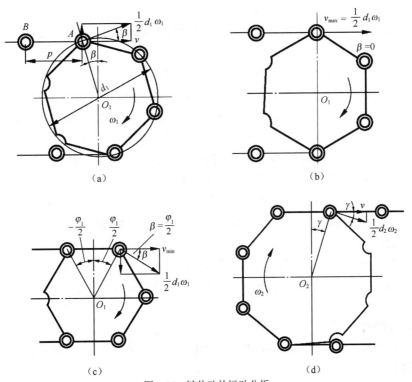

图 5-26　链传动的运动分析

由上述分析可知，在链节 AB 的啮合过程中，主动链轮虽然以等角速度 ω_1 转动，但链条的速度周期性地由小到大，再由大到小地变化。每转过一个链节，链速的这种变化就重复一次。正是这样的变化，造成链传动速度不均匀。链轮的节距越大，主动链轮的齿数越少（β 角的变化范围越大），链速的不均匀性就越显著。与此同时，销轴 A 点的速度垂直分量也在周期性变化，导致链条沿垂直方向产生周期性抖动。

对从动链轮而言，每个链节在啮合过程中所对应的中心角 $\varphi_2 = 360^\circ / z_2$，相位角 γ 在 $\pm\varphi_2 / 2$ 之间变化。由于从动链轮相位角 γ 和链速的变化，从动链轮的角速度 ω_2 也是变化的，如图 5-26（d）所示，从动链轮角速度 ω_2 为

$$\omega_2 = \frac{v}{\frac{d_2}{2}\cos\gamma} = \frac{d_1 \omega_1 \cos\beta}{d_2 \cos\gamma} \qquad (5\text{-}33)$$

由此得到链传动的瞬时传动比

$$i = \frac{\omega_1}{\omega_2} = \frac{d_2 \cos\gamma}{d_1 \cos\beta} \qquad (5\text{-}34)$$

由此可知，链传动的瞬时传动比是变化的。只有当链轮齿数 $z_1 = z_2$，且传动中心距为链节距 p 的整数倍时，才会使 β 和 γ 的变化时刻相等，瞬时传动比才能恒定不变，且传动比的大小为 1。因此，为了减轻振动和减少动载荷，应合理选择参数进行链传动设计。

5.2.4 链传动的润滑、布置及张紧

1. 链传动的主要失效形式

链传动的主要失效形式有以下几种。

（1）链板疲劳破坏。在传动中，松边和紧边的拉力不同，使得滚子链受到变应力作用。当经过一定的循环次数，链板会发生疲劳破坏。在正常润滑条件下，疲劳强度是限定链传动承载能力的主要因素。疲劳破坏是闭式链传动的主要失效形式。

（2）链条铰链胶合。由于销轴与套筒在链条的内部，润滑条件最差。当润滑不当、链速过高或载荷较大时，销轴和套筒的工作表面会发生胶合。胶合限制了链传动的极限转速。

（3）链条铰链磨损。链传动时，相邻链节间发生相对转动，同时链条的销轴和套筒之间又要承受较大的压力，使得链条磨损。铰链磨损后链节变长，容易跳齿或脱链。开式传动、环境条件恶劣或润滑密封不良时，极易引起铰链磨损，从而急剧降低链条的使用寿命。

（4）链条过载拉断。在低速（$v < 0.6\text{m/s}$）重载或严重过载的传动中，载荷超过链条的静力强度，使得链条被拉断。

（5）套筒、滚子冲击疲劳破坏。链传动的啮合冲击首先由滚子、套筒承受。在经历一定次数的冲击后，套筒、滚子会发生冲击疲劳破坏。这种失效形式多发生于中、高速闭式链传动中。

2. 链传动的润滑

链传动的润滑能够减少磨损、缓和冲击、延长链条的使用寿命。链传动常见的润滑方式如表 5-10 所示。

表 5-10　　　　　　　　　　　　　链传动常见的润滑方式

润滑方式	人工润滑	滴油润滑	油浴润滑	飞溅润滑	压力润滑
润滑图示					

润滑方式	人工润滑	滴油润滑	油浴润滑	飞溅润滑	压力润滑
润滑原理	用刷子或油壶定期在链条松边内、外链板间隙中注油	用油杯通过油管向松边内、外链板间隙处滴油	使链条从油槽中通过，浸油深度为6～12mm	甩油盘圆周速度大于3m/s时，进行飞溅润滑	用喷油嘴向链条啮合入口处喷油，起冷却和润滑的作用

3. 链传动的布置

链传动布置时，链轮两轴线应平行，两链轮位于同一平面内，一般宜采用水平或接近水平的布置，如需倾斜布置，中心连线与水平线的夹角一般小于45°。同时链传动应使紧边（即主动边）在上，松边在下，以便链节和链轮轮齿可以顺利地进入和退出啮合。如果松边在上，可能会因松边垂度过大而出现链条与轮齿的干扰，甚至会引起松边与紧边的碰撞。链传动的布置如表5-11所示。

表5-11 链传动的布置

传动参数	正确布置	说明
$i>2$ $a=(30\sim50)p$		两轮轴线在同一水平面，紧边在上较好，但必要时也允许紧边在下
$i>2$		两轮轴线不在同一水平面，松边应在下，否则松边下垂量增大后，链条易与链轮卡死
$i<1.5$ $a>60p$		两轮轴线在同一水平面，松边应在下，否则松边下垂量增大后，松边会与紧边相碰，需经常调整中心距
i、a 为任意值		两轮轴线在同一铅垂面内，下垂量增大，会减少下链轮的有效啮合齿数，降低传动能力。为此应采用的措施有：中心距可调；张紧装置；上下两轮错开，使其不在同一铅垂面内
反向传动 $|i|<8$		为使两轮转向相反，应加装3和4两个导向轮，且其至少有一个是可以调整张紧的。紧边应布置在1和2两轮之间，角δ的大小应使链轮的啮合包角满足传动要求

4．链传动的张紧

链条在使用过程中会因磨损而逐渐伸长，为防止松边垂度过大而引起啮合不良、松边颤动和跳齿等现象，应使链张紧。常见张紧方法如下。

（1）通过调整中心距，使链张紧。

（2）拆除1～2个链节，缩短链长，使链张紧。

（3）加张紧轮，使链条张紧。张紧轮一般位于松边的外侧，它可以是链轮，其齿数与小链轮相近；也可以是无齿的辊轮，辊轮直径稍小，并常用夹布胶木制造。利用弹簧自动张紧，如图5-27（a）所示；利用所挂重物自动张紧，如图5-27（b）所示；对大中心距的链传动可采用压板张紧，如图5-27（c）所示。

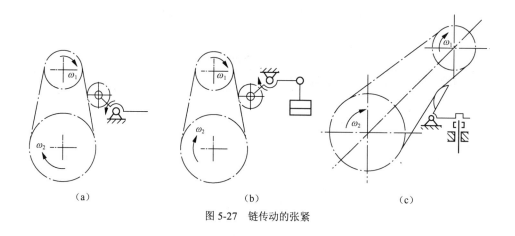

| （a） | （b） | （c） |

图 5-27　链传动的张紧

【任务实施】

标记链条链号

链号的标记方法如下。

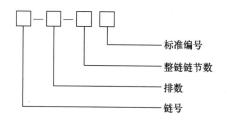

链节距除以 $\dfrac{25.4}{16}$ mm 的值为链号。

（1）12.70mm $\div \dfrac{25.4}{16}$ mm $=8$，即链号为 08A，标记：08A-1-87　GB/T 1243—2006。

（2）38.10mm $\div \dfrac{25.4}{16}$ mm $=24$，即链号为 24A，标记：24A-2-60　GB/T 1243—2006。

链条的相关尺寸如表5-9所示。

|【综合技能实训】拆装普通单速自行车链条|

1．目的和要求

（1）了解链传动结构及特点、链传动装置中零件的配合关系及安装、调整过程。

（2）掌握链传动装置拆装工具正确的选取、使用方法。

（3）掌握检具、量具的正确选取、测量方法。

（4）掌握正确的拆装工艺方法，拆装过程符合技术规范。

（5）拓宽知识面，培养工程实践能力。

2．设备和工具

（1）拆装的设备类型：链传动试验装置。

（2）拆装的工具：六角扳手、游标卡尺、钢尺、快扣钳、截链器、魔术扣等。

（3）油盆、毛刷各一个，适量润滑油，棉纱。

（4）自备绘图工具。

3．训练内容

新采购的普通单速自行车的链条往往过长。在骑行过程中过长的链条容易掉链；链条过短又会导致链条长期处于过大的拉力，从而拉断链条。调整链条长度时将链条套在飞轮和链轮上试验松紧程度，至链条不下坠的程度，再将多余链节截去，保证总链节数为偶数。

4．训练步骤

（1）课前仔细阅读实验指导书，结合图 5-19 和图 5-20 了解链传动的使用场合、作用及其主要结构特点。

（2）小组人员分工。同组人员分工负责拆装、观察、测量、记录、绘图等任务。

（3）观察链传动装置的结构、原理，绘制结构图。

（4）设备工具准备。领用并清点拆装和测量所用的工具，了解工具的使用方法及使用要求，将工具摆放整齐，制订拆装计划。

（5）确定链长，利用截链器截取多余链节，将链条套在链轮上，采用快扣钳安装魔术扣，连接链条。

（6）将链条擦拭干净，涂抹润滑油，以防止生锈。

（7）利用钢尺、游标卡尺等简单工具，测量链传动装置各主要部分参数与尺寸。将测量结果记入表 5-12 中。

（8）整理工具，经指导老师检查后才能离开实验室。

5．注意事项

（1）拆装时要认真、细致地观察，积极思考，不得大声喧哗，不得乱扔乱放，保持现场的安静与整洁。

（2）拆装时要爱护工具和零件，轻拿轻放，拆装时用力要适当以防损坏零件。

（3）拆下的零件要妥善地按一定顺序放好，以免丢失、损坏，便于装配。

（4）拆装时要注意安全，互相配合。

表 5-12 拆装普通单速自行车链条实训报告

序号	名称	数据
1	主、从动链轮中心距	
2	主动链轮厚度	
3	从动链轮厚度	
4	主动链轮齿数	
5	从动链轮齿数	
6	主动链轮啮合齿数	
7	从动链轮啮合齿数	
8	传动比 $i = z_2/z_1$	
	配合与运动	内链板与套筒、外链板与销轴均为_____配合；套筒与销轴、套筒与滚子均为_____配合。 这样链节就像铰链一样，内、外链板间有相对转动，可以在链轮上曲折，与链轮实现_____和减少链条与链轮间的_____。
	实训中出现的问题及解决方法	
	收获和体会	

|【思考与练习】|

一、单选题

1. 普通 V 带的楔角 α 为（ ）。

    A. 36°   B. 38°   C. 40°   D. 34°

2. 平带可采用（ ）传动。

    A. 开口   B. 交叉   C. 半交叉   D. 前三者中任意形式

3. 当要求链传动速度高和噪声小时，宜选用（ ）。

    A. 齿形链   B. 套筒滚子链   C. 多排链

4. 链传动张紧的目的是（ ）。

    A. 使链条产生初拉力，以使链传动能传递运动和功率

    B. 增加链条与轮齿之间的摩擦力，以使链传动能传递运动和功率

    C. 避免链条垂度过大时齿数啮合不良

    D. 避免打滑

5. 在 V 带传动中，张紧轮应置于（ ）内侧且靠近（ ）处。

    A. 松边 小带轮   B. 紧边 大带轮

    C. 松边 大带轮   D. 紧边 小带轮

6. （ ）传动具有传动比准确的特点。

    A. 普通 V 带   B. 窄 V 带   C. 同步带   D. 平带

7. 一组 V 带中，有一根不能使用了，应（　　　）。

    A. 将不能使用的更换掉　　　　　　B. 更换掉快要不能使用的

    C. 全部更换　　　　　　　　　　　D. 继续使用

8. 链传动人工润滑时，润滑油应加在（　　　）。

    A. 紧边上

    B. 链条和链轮啮合处

    C. 松边内、外链板间隙处

9. 在相同条件下，普通 V 带横截面尺寸（　　　），其传递效率的功率（　　　）。

    A. 越小　越大　　B. 越大　越小　　C. 越大　越大　　D. 越小　越小

10. 链传动中，链节数最好取（　　　）。

    A. 奇数　　　　　　　B. 偶数　　　　　　C. 质数　　　　　　D. 链轮齿数的整数倍

11. 下列普通 V 带传动中（　　　）带的截面尺寸最小。

    A. Y 型　　　　　　　B. A 型　　　　　　C. E 型

12. 摩擦带传动是依靠（　　　）来传递运动的。

    A. 带与带轮之间的摩擦力

    B. 主轴的动力

    C. 主动轮的扭矩

二、简答题

1. 带传动的主要类型有哪些？带传动有哪些特点？

2. 与平带传动相比较，V 带传动有哪些优点？

3. 在带传动中，弹性滑动和打滑现象是如何产生的？二者是否都可以避免？

4. 一般来说，带传动的打滑多发生在大带轮上还是小带轮上？为什么？

5. 带传动工作时，带截面上存在哪些应力？这些应力是如何分布的？最大应力在何处？

6. 带传动的失效形式主要有哪些？

7. 带传动与链传动张紧的目的是否相同？常用的张紧方法有哪些？

8. 与带传动相比较，链传动有哪些特点？

9. 链传动的瞬时传动比是否恒定？为什么？

10. 链传动的失效形式主要有哪些？

三、计算题

1. 试设计带式运输机的 V 带传动。已知该传动采用三相异步电动机，其额定功率 $P = 11\text{kW}$，转速 $n_1 = 970\text{r/min}$，传动比 $i = 2.5$，两班制工作。

2. 试设计普通 V 带传动。已知电动机转速 $n_1 = 1440\text{r/min}$，从动带轮转速 $n_2 = 720\text{r/min}$，电动机的额定功率 $P = 7.5\text{kW}$，采用单班工作制度，要求该传动结构紧凑。

项目 6
齿轮传动及轮系设计

齿轮传动是一种应用十分广泛的机械传动。与其他传动形式比较，齿轮传动能实现任意位置的两轴传动，具有结构紧凑、工作可靠、寿命长、传动比恒定、效率高（92%～99%）、速度（可达 300m/s）和功率（$1×10^5$kW 以上）适用范围广等优点。主要缺点是制造和安装精度要求较高，制造工艺复杂，成本较高。本项目介绍渐开线齿轮传动的基本知识，认识直齿圆柱齿轮、斜齿圆柱齿轮、直齿锥齿轮及蜗杆传动，了解齿轮系的相关知识。

【学习目标】

知识目标

（1）了解齿轮传动的类型与渐开线齿轮传动的基本知识；

（2）掌握齿轮传动的啮合原理、基本参数；

（3）了解轮齿的失效形式，掌握齿轮传动的设计准则；

（4）了解齿轮的加工方法与结构设计；

（5）了解蜗杆传动的类型、特点及应用，圆柱蜗杆传动的几何参数计算以及蜗杆、蜗轮的结构形式；

（6）了解轮系的应用，认识典型减速器结构。

能力目标

（1）能够利用渐开线直齿圆柱齿轮的基本参数进行几何尺寸计算；

（2）能够应用直齿圆柱齿轮传动的强度公式进行强度计算，并进行设计计算；

（3）能够对蜗杆传动进行受力分析及强度计算；

（4）能够正确分析定轴轮系、周转轮系结构，并完成其传动比的计算。

素质目标

（1）通过工程实例，了解齿轮传动的应用环境，加深对工作岗位的认识，培养尊重劳动、爱岗敬业、知行合一的工匠精神；

（2）结合齿轮传动受力分析和失效形式，培养质量意识与安全意识；

（3）拓宽知识面，培养综合设计及工程实践能力。

|任务 6.1　测量和计算齿轮的几何尺寸|

【任务导入】

在某项技术革新中，需要采用一对齿轮传动，库房中有一个标准直齿圆柱齿轮，齿数 z_1 = 24，现准备将它用在中心距 a = 135mm 的齿轮传动中。

（1）利用量具测量其齿顶圆直径。

（2）确定该齿轮的模数。

（3）确定与之配对的齿轮齿数、分度圆直径、齿顶圆直径、齿根圆直径、基圆直径以及分度圆上的齿厚和齿槽宽。

【任务分析】

在实际工作中，往往会遇到齿轮被破坏的情况，需要修配或利用库房现有齿轮进行配置，而齿轮模数常因标识模糊不能确定。此时可通过测量的方法确定其模数并计算齿轮几何尺寸。

【相关知识】

6.1.1　齿轮传动的类型

1．根据两齿轮轴线的相对位置和齿向分类

齿轮机构的基本类型如图 6-1 所示。

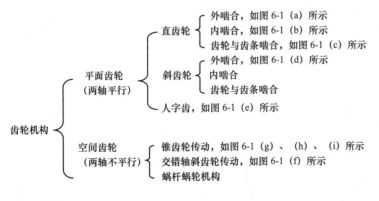

认识齿轮传动

（a）　　　　　（b）　　　　　（c）　　　　　（d）　　　　　（e）

图 6-1　齿轮机构的基本类型

（f）　　　　　　　（g）　　　　　　　（h）　　　　　　　（i）

图 6-1　齿轮机构的基本类型（续）

2．根据齿廓线的形状分类

根据齿廓线的形状，齿轮可分为渐开线齿轮、摆线齿轮、圆弧齿轮，其中应用较广泛的是渐开线齿轮。

3．根据齿轮传动的工作条件分类

根据齿轮传动的工作条件，齿轮传动可分为闭式齿轮传动和开式齿轮传动。闭式齿轮传动将齿轮封闭在具有足够刚度和良好润滑条件的密封箱体内，多用于重要传动。而开式齿轮传动的齿轮完全外露或只进行简单的遮盖，工作时环境中的粉尘、杂物易侵入啮合齿间，若润滑不良，齿面易磨损，多用于低速和不重要的场合。

4．根据齿面硬度分类

根据齿面硬度，齿轮可分为软齿面（硬度<350HBW）齿轮和硬齿面（硬度≥350HBW）齿轮。

6.1.2　渐开线性质及渐开线齿廓啮合特性

实际工作中为使齿轮传动平稳，对齿轮传动的基本要求之一是：保证传动的瞬时传动比（即两轮角速度之比）恒定不变。能满足这一要求的齿廓曲线很多，但在生产实践中，考虑到制造、安装和使用等多方面的因素，目前常用的是渐开线齿廓，其次是摆线齿廓和圆弧齿廓。下面只讨论渐开线齿廓。

1．渐开线的形成及其性质

如图 6-2 所示，当一直线沿一圆周做纯滚动时，直线上任意一点的轨迹称为渐开线。这个圆称为基圆，半径用 r_b 表示，该直线为渐开线的发生线。渐开线齿廓是由两段对称渐开线组成的。

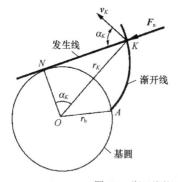 

渐开线的形成及其特性

图 6-2　渐开线的形成与齿轮渐开线齿廓

由渐开线的形成可知，渐开线有如下特性。

（1）发生线在基圆上滚过的长度等于基圆上被滚过的弧长，即 $\overline{NK}$ 等于 $\overset{\frown}{AN}$。

（2）发生线是基圆的切线和渐开线上任意点的法线。切点 N 是渐开线上 K 点的曲率中心，

线段 $\overline{NK}$ 是渐开线上 K 点的曲率半径。

（3）渐开线的形状决定于基圆的大小（见图 6-3）。基圆相同的渐开线，其形状相同，基圆越大渐开线越平直，基圆半径无穷大时，渐开线趋近于直线。

（4）渐开线上某一点的法线（受力时正压力 $\boldsymbol{F}_{\mathrm{n}}$ 的方向线）与该点速度 $\boldsymbol{v}_K$ 方向所夹的锐角为 α_K，称为该点的压力角。

$$\cos\alpha_K = \frac{\overline{ON}}{\overline{OK}} = \frac{r_{\mathrm{b}}}{r_K} \qquad (6\text{-}1)$$

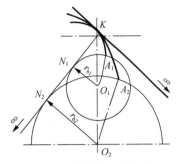

图 6-3　不同基圆上的渐开线

因基圆半径 r_{b} 为定值，所以渐开线上各点的压力角不等。离基圆越远的点，其压力角越大，基圆上的压力角等于零。

（5）基圆内无渐开线。

2．渐开线齿廓的啮合特性

（1）瞬时传动比恒定。

如图 6-4 所示，一对相互啮合的渐开线齿廓在任意点 K 接触，若两齿轮的角速度分别为 ω_1 和 ω_2，则两齿廓在 K 点的速度分别为 $\boldsymbol{v}_{K1}$ 和 $\boldsymbol{v}_{K2}$。过 K 点画出两齿廓的公法线 $n\text{-}n$，为保证两齿轮连续和平稳地传动，即相互不发生分离和干涉，则 $\boldsymbol{v}_{K1}$ 和 $\boldsymbol{v}_{K2}$ 在 $n\text{-}n$ 上的速度分量应相等，即

$$v_{K1}\cos\alpha_{K1} = v_{K2}\cos\alpha_{K2}$$

或

$$\omega_1\overline{O_1K}\cos\alpha_{K1} = \omega_2\overline{O_2K}\cos\alpha_{K2}$$

由此可得两齿轮的瞬时传动比为

渐开线齿廓的啮合特性

$$i = \frac{\omega_1}{\omega_2} = \frac{\overline{O_2K}\cos\alpha_{K2}}{\overline{O_1K}\cos\alpha_{K1}} = \frac{r_{\mathrm{b}2}}{r_{\mathrm{b}1}} \qquad (6\text{-}2)$$

由于渐开线齿轮的两基圆半径 $r_{\mathrm{b}1}$ 和 $r_{\mathrm{b}2}$ 不变，所以渐开线齿廓在任意点 K 接触时，两齿轮的瞬时传动比恒定，且与基圆半径成反比，满足齿轮传动的基本要求之一。

图 6-4 中的公法线 $n\text{-}n$ 与两齿轮连心线 $\overline{O_1O_2}$ 的交点 P 称为节点。分别以 O_1、O_2 为圆心，$\overline{O_1P}$、$\overline{O_2P}$ 为半径所作的两个相切的圆称为节圆，半径分别用 r_1' 和 r_2' 表示。因为 $\triangle O_1N_1P \backsim \triangle O_2N_2P$，所以有

$$i = \frac{\omega_1}{\omega_2} = \frac{r_{\mathrm{b}2}}{r_{\mathrm{b}1}} = \frac{\overline{O_2P}}{\overline{O_1P}} = \frac{r_2'}{r_1'} \qquad (6\text{-}3)$$

即瞬时传动比不仅与两齿轮基圆半径成反比，也与两齿轮节圆半径成反比。显然，两节圆的圆周速度相等，因此在齿轮传动中，两个节圆做纯滚动。

（2）中心距可分性。

齿轮加工完成后其基圆半径已经确定，由式（6-3）可知，即使两轮的中心距稍有改变（由制造

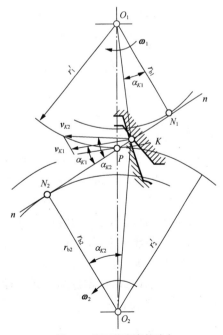

图 6-4　渐开线齿廓的啮合

和安装误差及受力变形和轴承磨损等原因造成），也不会影响齿轮的传动比。渐开线齿轮传动的这一特性称为中心距可分性。这是渐开线齿轮传动的一大优点，也是渐开线齿轮传动获得广泛应用的重要原因。

（3）齿廓间正压力方向不变。

齿轮传动时其齿廓接触点的轨迹曲线称为啮合线。如图 6-5 所示，渐开线齿廓啮合时，由于两基圆的大小和位置都已确定，同一方向只有一条内公切线 $\overline{N_1 N_2}$，由渐开线啮合特性可知，无论在哪一点接触，接触齿廓的公法线总是两基圆的内公切线 $\overline{N_1 N_2}$，故渐开线齿廓的啮合线就是直线 $\overline{N_1 N_2}$。若不计齿廓间摩擦力的影响，则齿廓间作用的压力方向沿着法线方向，即啮合线方向。所以，齿廓间的传力方向不变，传动平稳，这是渐开线齿轮传动的又一个优点。

啮合线 $\overline{N_1 N_2}$ 与两齿轮节圆的公切线 $t\text{-}t$ 间的夹角 α' 称为啮合角，在数值上等于节圆上的压力角。

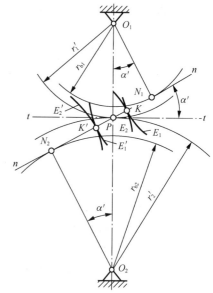

图 6-5　渐开线齿廓传力方向不变

6.1.3　渐开线标准直齿圆柱齿轮的几何尺寸计算

1. 齿轮各部分名称

图 6-6 所示为渐开线直齿圆柱齿轮。轮齿顶部所在的圆称为齿顶圆，其半径用 r_a 表示。相邻两齿间的空间称为齿槽。齿槽底部所在的圆称为齿根圆，半径用 r_f 表示。其中标出了齿轮各部分的名称及其常用代号。若在齿顶圆和齿根圆之间任取一圆，设其直径为 d_K，则在该圆上，显然有齿距 $p_K = s_K + e_K$。

设 z 为齿数，则由图 6-6 可见，直径为 d_K 的圆的周长为 zp_K，同时等于 πd_K，故

$$d_K = \frac{p_K}{\pi} z$$

由此可知，不同圆上的比值 p_K/π 是不同的，而且其中含有无理数 π。又由渐开线特性可知，不同直径的圆周上，齿廓的压力角也不同。为了便于设计、制造和更换，取一个圆作为测量和计算的基准，这个圆称为分度圆，其直径用 d 表示。为了便于表达，分度圆上的齿厚、齿槽宽、齿距、压力角等分别用 s、e、p、α 表示。

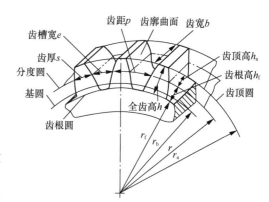

图 6-6　渐开线直齿圆柱齿轮

2. 主要参数和几何尺寸

（1）模数 m 和压力角 α。

齿轮分度圆上的比值 p/π 规定为标准值（整数或有理数），称为模数，用 m 表示，单位为 mm，即

$$m = \frac{p}{\pi} \tag{6-4}$$

渐开线直齿圆柱齿轮的构成

模数 m 是齿轮的一个重要参数。模数 m 越大，则轮齿的尺寸越大，轮齿所能承受的载荷也越大（见图 6-7）。

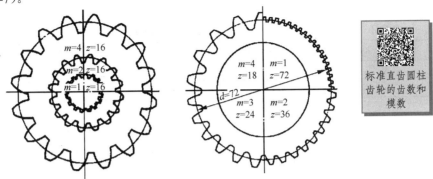

图 6-7　模数大小对齿轮轮齿尺寸的影响

齿轮的模数已经标准化，标准模数系列如表 6-1 所示。

表 6-1　　　　　　　　　　　　标准模数系列　　　　　　　　　　　　单位：mm

第Ⅰ系列	1	1.25	1.5	2	2.5	3	4	5	6	8	10	12	16	20	25	32	40	50
第Ⅱ系列	1.125	1.375	1.75	2.25	2.75	3.5	4.5	5.5	(6.5)	7	9	11	14	18	22	28	36	45

注：1. GB/T 1357—2008《通用机械和重型机械用圆柱齿轮 模数》规定了通用机械和重型机械用直齿和斜齿渐开线圆柱齿轮的法向模数。此标准不适用于汽车齿轮。

2. 优先选用第Ⅰ系列法向模数，应避免采用第Ⅱ系列中的法向模数 6.5。

齿轮分度圆上的压力角用 α 表示，并规定为标准值。我国规定的标准压力角为 20°。

由此可将渐开线齿轮的分度圆定义为，齿轮上具有标准模数和标准压力角的圆。

（2）齿顶高系数 h_a^* 和顶隙系数 c^*。

齿顶圆与齿根圆之间的径向距离称为全齿高，用 h 表示。由图 6-6 所示，显然

$$h = h_a + h_f \tag{6-5}$$

标准齿顶高 h_a 和齿根高 h_f 为

$$\left.\begin{array}{l} h_a = h_a^* m \\ h_f = (h_a^* + c^*)m \end{array}\right\} \tag{6-6}$$

式中：h_a^* 称为齿顶高系数，c^* 称为顶隙系数，我国规定 h_a^* 和 c^* 的标准值如下。

正常齿制：$h_a^* = 1$，$c^* = 0.25$。

短齿制：$h_a^* = 0.8$，$c^* = 0.3$。

顶隙 $c = c^* m$，表示当一对齿轮啮合时，一齿轮齿顶与另一齿轮齿根之间的径向距离。顶隙不仅可避免传动过程中齿轮发生相互顶撞，还可储存润滑油，有利于齿轮传动。

（3）几何尺寸计算。

当齿轮的模数 m、压力角 α、齿顶高系数 h_a^*、顶隙系数 c^* 均为标准值，且分度圆上的齿厚 s 等于齿槽宽 e 时，称为标准齿轮。齿数 z、模数 m、压力角 α、齿顶高系数 h_a^* 和顶隙

系数 c^* 为渐开线直齿圆柱齿轮的 5 个基本参数。

标准直齿圆柱齿轮几何尺寸如表 6-2 所示。

表 6-2   **标准直齿圆柱齿轮的几何尺寸**

名称	符号	公式
模数	m	根据齿轮轮齿的强度计算后取标准值确定
压力角	α	选用标准值
分度圆直径	d	$d = zm$
齿顶高	h_a	$h_a = h_a^* m$
齿根高	h_f	$h_f = (h_a^* + c^*)m$
齿 高	h	$h = h_a + h_f$
齿顶圆直径	d_a	$d_a = d + 2h_a = (z + 2h_a^*)m$
齿根圆直径	d_f	$d_f = d - 2h_f = (z - 2h_a^* - 2c^*)m$
基圆直径	d_b	$d_b = d\cos\alpha$
齿距	p	$p = \pi m$
齿厚	s	$s = \dfrac{\pi m}{2}$
齿槽宽	e	$e = \dfrac{\pi m}{2}$
基圆齿距 与法向齿距	p_b、p_n	$p_b = p_n = p\cos\alpha$
顶 隙	c	$c = c^* m$
标准中心距	a	$a = \dfrac{1}{2}(d_1 + d_2) = \dfrac{m}{2}(z_1 + z_2)$

6.1.4 渐开线标准直齿圆柱齿轮的啮合传动

1．正确啮合条件

图 6-8 所示为渐开线齿轮啮合传动。由于两齿轮齿廓的啮合点是沿啮合线 $\overline{N_1 N_2}$ 移动的，故只有当两齿轮在啮合线上的齿距（称为法向齿距）相等时，才能保证两齿轮正确啮合。又由渐开线特性可知，齿轮的法向齿距等于齿轮基圆齿距，即

$$p_{b1} = p_{b2}$$

又因为 $p_b = \dfrac{\pi d_b}{z} = \dfrac{\pi d\cos\alpha}{z} = \pi m\cos\alpha$

齿轮的啮合传动原理

所以 $p_{b1} = p_1\cos\alpha_1 = \pi m_1\cos\alpha_1$；$p_{b2} = p_2\cos\alpha_2 = \pi m_2\cos\alpha_2$

于是有 $m_1\cos\alpha_1 = m_2\cos\alpha_2$

由于齿轮的模数和压力角都已标准化，所以要满足上式，则应使

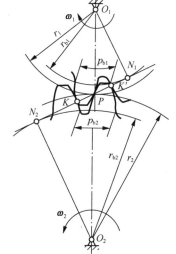

图 6-8   渐开线齿轮啮合传动

$$\left.\begin{array}{c} m_1 = m_2 = m \\ \alpha_1 = \alpha_2 = \alpha \end{array}\right\} \tag{6-7}$$

即一对渐开线直齿圆柱齿轮正确啮合的条件是：两齿轮的模数和压力角必须分别相等。

由式（6-3），一对齿轮的传动比可写为

$$i_{12} = \frac{\omega_1}{\omega_2} = \frac{d'_2}{d'_1} = \frac{d_{b2}}{d_{b1}} = \frac{d_2}{d_1} = \frac{z_2}{z_1} \tag{6-8}$$

2．连续传动条件

一对齿轮传动除满足正确啮合条件外，还必须保证传动是连续的。即应保证当前一对轮齿脱离啮合时，后一对轮齿能及时进入啮合。

如图 6-9 所示，一对齿廓的啮合由从动轮 2 的齿顶圆与啮合线 $\overline{N_1N_2}$ 的交点 B_2 开始，此时主动轮 1 的齿根推动从动轮 2 的齿顶。随着两齿轮的转动，啮合点沿啮合线 $\overline{N_1N_2}$ 由 B_2 点向 B_1 点移动。B_1 点为主动轮 1 的齿顶圆与啮合线 $\overline{N_1N_2}$ 的交点。当啮合点移至 B_1 点时，这对齿廓的啮合将终止。$\overline{B_1B_2}$ 是齿廓啮合的实际啮合线段，而 $\overline{N_1N_2}$ 则是理论上的最大啮合线段，称为理论啮合线段。

渐开线齿轮连续传动的条件

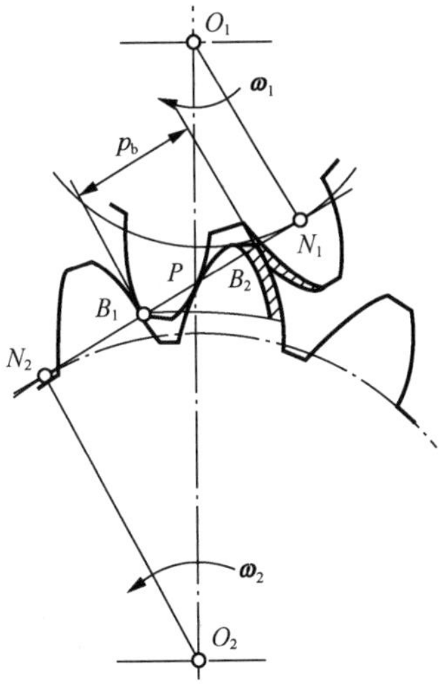

图 6-9 轮齿啮合过程

由上述一对齿廓的啮合过程可以看出，要使齿轮连续传动，必须保证在前一对轮齿的啮合点 K 到达终止啮合点 B_1 时，后一对轮齿已提前或至少同时到达啮合起始点 B_2 进入啮合，否则将出现啮合中断情况，导致传动不平稳而产生冲击。因此，保证一对齿轮能连续传动的条件如下

$$B_2B_1 \geqslant p_b$$

即实际啮合线段的长度大于或至少等于齿轮的基圆齿距。

取

$$\varepsilon = \frac{B_1B_2}{p_b} \geqslant 1 \tag{6-9}$$

式中，ε 为齿轮传动的重合度。ε 越大，表示同时啮合的轮齿对数多，多对轮齿啮合的时间长，从而可以提高传动的承载能力，增加传动的平稳性。对于标准齿轮，ε 的大小主要与齿轮的齿数有关，齿数越多，ε 越大，直齿圆柱齿轮传动的最大重合度 $\varepsilon = 1.981$，参考公式为

$$\varepsilon_{max} = \frac{4h_a^*}{\pi \sin 2\alpha}$$

理论上 $\varepsilon = 1$ 就能保证一对齿轮的连续传动，但考虑到齿轮有制造和安装等误差，实际应使 $\varepsilon > 1$，且 $\varepsilon \geqslant [\varepsilon]$，$[\varepsilon]$ 的值如表 6-3 所示。

表 6-3 $[\varepsilon]$ 的值

应用场合	$[\varepsilon]$
一般机械制造业	1.4
汽车、拖拉机工业	1.1～1.2
金属切削机床	1.3

3．标准中心距

一对啮合传动的齿轮，为了避免反向空程，减少撞击和噪声，两齿轮的齿侧间隙应为零。

标准齿轮正确安装，实现无侧隙啮合的条件是：$s_1 = e_2 = \pi m/2 = s_2 = e_1$，两齿轮的分度圆和节圆重合，此时的中心距称为标准中心距，用 a 表示为

齿轮的中心距及啮合角

$$a = r_1' + r_2' = r_1 + r_2 = \frac{m}{2}(z_1 + z_2) \qquad (6\text{-}10)$$

6.1.5 渐开线齿廓切削加工的原理

1. 渐开线齿轮的加工方法

渐开线齿轮的加工方法有很多，如铸造、模锻、热轧、切削加工等，其中较常用的是切削加工。切削加工按其加工原理的不同，分为仿形法和展成法两种。

（1）仿形法。

采用与齿槽形状相同的成形铣刀加工齿形的方法，称为仿形法。常用的刀具有盘状铣刀和指状铣刀，用仿形法切削轮齿的方法如图 6-10 所示。

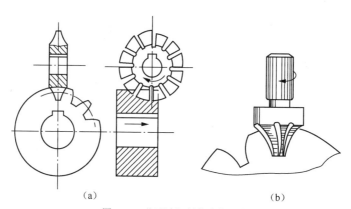

齿轮的铣削加工原理

（a）　　　　　　　　　　　　　　　　（b）

图 6-10　仿形法切削轮齿的方法

仿形法的优点是加工方法简单，不需要专用机床；但生产效率低，加工精度差，故只适用于单件或小批量生产及对精度要求不高的齿轮加工。

因渐开线的形状与基圆大小有关，基圆半径 $r_b = r\cos\alpha = mz\cos\alpha/2$，可知当模数和压力角一定时，基圆半径不同则齿形不同。如果加工模数相同而齿数不同的齿轮，要得到正确的齿形，就需要使用不同的铣刀，实际上这是不可行的。为了减少刀具的数量，加工同一模数齿轮的铣刀只有 8 种刀号，每把铣刀可铣一定齿数范围的齿轮，齿轮铣刀刀号及加工的齿数范围如表 6-4 所示。

表 6-4　　　　　　　　　　　齿轮铣刀刀号及加工的齿数范围

刀号	1	2	3	4	5	6	7	8
加工齿数范围	12～13	14～16	17～20	21～25	26～34	35～54	55～134	≥135

（2）展成法。

利用轮齿的啮合原理来切削齿轮齿廓的方法称为展成法，又称范成法。这种方法采用的刀具主要有齿轮插刀、齿条插刀和齿轮滚刀。与仿形法相比，用这种方法加工的齿轮不仅精度高，生产率也高。

① 齿轮插刀。如图 6-11 所示，齿轮插刀是一个具有切削刃的渐开线齿轮，刀具顶部比正常轮齿高出 $c^* m$，以便切出齿轮的顶隙部分。它与轮坯安装在插齿机上按一定的传动比转

动，同时插刀沿轮坯齿宽方向做往复切削运动。插刀刀刃各个位置的包络线形成了齿轮的渐开线齿廓，如图 6-11（b）所示。

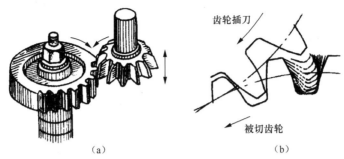

（a）　　　　　　　　　　　　　　　（b）

图 6-11　齿轮插刀切齿

因为这种加工方法依据的是齿轮啮合原理，所以同一把齿轮插刀可以加工与刀具有相同模数和压力角而齿数不同的齿轮。

② 齿条插刀。如图 6-12 所示，齿条插刀的加工原理与齿轮插刀相同。齿条插刀与轮坯的展成运动相当于齿条与齿轮的啮合传动，插刀的移动速度与轮坯分度圆上的圆周速度相等，同时齿条插刀沿轮坯的齿宽方向做往复切削运动。插刀刀刃在各个位置时的包络线就是被加工齿轮的齿廓曲线，如图 6-12（b）所示。

③ 齿轮滚刀。用上述两种刀具加工齿轮，其切削是不连续的，不仅生产率较低，还限制了加工精度。生产中更广泛地采用齿轮滚刀来切制齿轮。图 6-13 所示为齿轮滚刀切齿。滚刀形状很像螺旋，它的轴向剖面为一齿条。当滚刀绕其轴线回转时，相当于齿条连续、不断地移动，齿轮滚刀同时沿轮坯轴线方向转动，直至按展成法原理切制出轮坯的渐开线齿廓。

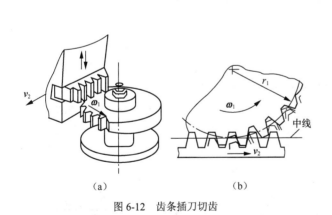

（a）　　　　　　　　　　（b）

图 6-12　齿条插刀切齿

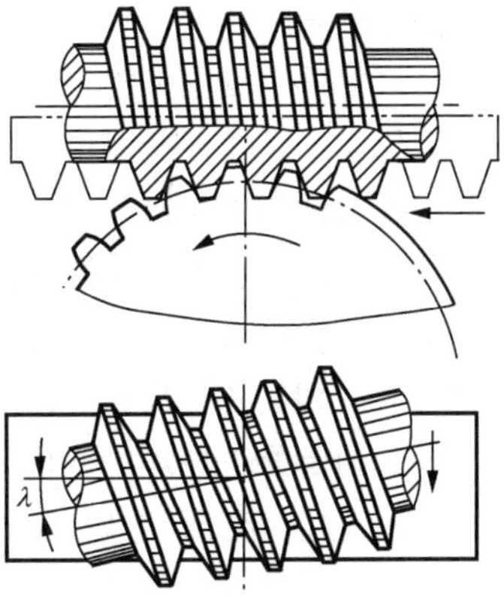

图 6-13　齿轮滚刀切齿

2．根切现象和最少齿数

用展成法加工齿轮，有时会出现轮坯的根部渐开线被刀具齿顶切去一部分的现象（见图 6-14），称为齿轮的根切现象。根切现象不仅削弱了轮齿的弯曲强度，而且使重合度减小，影响传动质量，所以应设法避免。

经分析，用展成法加工齿轮时，若刀具的齿顶线或齿顶圆与啮合线的交点超过被加工齿轮的啮合极限点 N_1，就会产生根切。

用齿条插刀加工齿轮时，要不产生根切，必须使刀具的顶线与啮合线的交点 B 不超过啮

合极限点 N_1，如图 6-15 所示。即应使 $\overline{N_1A} \geqslant \overline{BB_1}$，

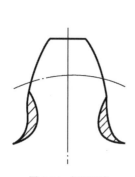

图 6-14　根切现象

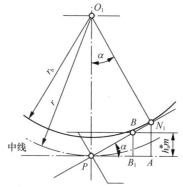

图 6-15　不产生根切的刀具位置

因为 $\overline{N_1A} = \overline{PN_1}\sin\alpha = r\sin^2\alpha = \dfrac{1}{2}mz\sin^2\alpha$，$\overline{BB_1} = h_a^*m$，所以

$$z \geqslant \frac{2h_a^*}{\sin^2\alpha} \tag{6-11}$$

当 $\alpha = 20°$、$h_a^* = 1$ 时，则不根切的最少齿数 $z_{\min} = 17$；当 $\alpha = 20°$、$h_a^* = 0.8$ 时，$z_{\min} = 14$。

实际应用中，为使齿轮装置的结构紧凑，允许有少量根切。根据经验，正常齿的最少齿数 $z_{\min}$ 可取 14。

3．变位齿轮

在工程实际应用中，渐开线标准齿轮有着自身的局限性：齿数必须大于或等于 $z_{\min}$，否则会产生根切；不适用于实际中心距 a' 不等于标准中心距 a 的场合，否则会无法安装或出现过大的齿侧间隙；大、小齿轮齿根抗弯能力有差别，不便于调整。为了克服上述标准齿轮的不足，可以采用变位齿轮，设计出承载能力大又结构紧凑的齿轮传动。

变位齿轮是非标准齿轮，其加工原理与标准齿轮的相同。用齿条刀具加工齿轮，若对刀时其中线与被加工齿轮分度圆相切，加工出的齿轮即为标准齿轮（$s = e$），如图 6-16（a）所示。若不然，则加工出来的齿轮称为变位齿轮（$s \neq e$），如图 6-16（b）、（c）所示。以切制标准齿轮的位置为基准，刀具所移动的距离称为变位量，用 xm 表示，x 称为变位系数，m 为齿轮模数。切制变位齿轮时，刀具远离轮坯的变位为正变位（$x > 0$），切出的齿轮称为正变位齿轮；刀具靠近轮坯的变位为负变位（$x < 0$），切出的齿轮称为负变位齿轮。负变位会加剧根切，使轮齿变薄，只有齿数大于 17 的齿轮才可采用。

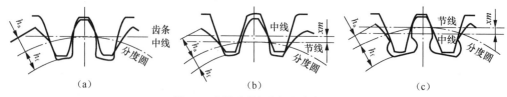

（a）	（b）	（c）

图 6-16　标准齿轮与变位齿轮的比较

与标准齿轮相比，变位齿轮具有下列特点。

（1）具有与标准齿轮相同的齿数 z、模数 m 和压力角 α。由于齿条在不同高度上的齿距、压力角都是相同的，所以无论齿条刀具的位置如何变化，切制出的变位齿轮模数和压力角都与齿条中线上的相同，且为标准值。因此用同一把刀具加工出来的无论是标准齿轮还是变位

齿轮，不仅具有相同的齿数，还具有相同的模数和压力角。

（2）采用与标准齿轮相同的渐开线齿廓曲线。变位齿轮的分度圆直径、基圆直径与标准齿轮相同，其齿廓曲线与标准齿轮的齿廓曲线是同一基圆渐开线的不同段，如图 6-17 所示。

（3）某些几何尺寸发生了变化。正变位齿轮的齿厚和齿顶高增大，齿槽宽和齿根高减小；负变位齿轮的齿厚减小，齿槽宽增大。

变位齿轮的详细介绍，可参阅有关图书。

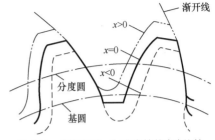

图 6-17　变位齿轮与标准齿轮的齿廓比较

4．齿轮的精度等级

GB/T 10095.1—2022《圆柱齿轮 ISO 齿面公差分级制　第 1 部分：齿面偏差的定义和允许值》中，规定了 11 个渐开线圆柱齿轮的精度等级，其中 1 级精度最高，11 级最低，常用的为 6～9 级。

齿轮精度等级的选择，应根据齿轮的用途、使用条件、传递的圆周速度和功率以及其经济技术指标等要求决定。表 6-5 所示为常见齿轮传动精度等级及其应用。

表 6-5　　　　　　　　　　　常见齿轮传动精度等级及其应用

精度等级	圆周速度 v/(m·s^{-1})			应用举例
	直齿圆柱齿轮	斜齿圆柱齿轮	直齿锥齿轮	
6 （较高精度）	≤15	≤25	≤9	高速重载的齿轮，如机床、汽车和飞机中的重要齿轮；分度机构的齿轮；高速减速器的齿轮
7 （精密）	≤10	≤17	≤6	高速中载或中速重载的齿轮，如标准系列减速器的齿轮；机床和汽车变速器中的齿轮
8 （中等精度）	≤5	≤10	≤3	一般机械中的齿轮，如机床、汽车和拖拉机中一般的齿轮；起重机械中的齿轮；农业机械中的重要齿轮
9 （较低精度）	≤3	≤3.5	≤2.5	低速重载的齿轮；粗糙工作机械中的齿轮

【任务实施】

测量渐开线齿轮参数

本任务通过测量的方法确定渐开线齿轮模数并计算齿轮几何尺寸，其方法和步骤如下。

（1）测量齿顶圆直径 d_a。

利用量具测量其齿顶圆直径，本任务测得齿顶圆直径 $d_a = 78\text{mm}$。当测量齿顶圆直径时，应注意齿数是偶数还是奇数。若为奇数，测量的齿顶圆直径会略小于实际直径，故不能直接量取。这时可分别通过测量轴孔直径 D 和孔壁到齿顶之间的距离 H，如图 6-18 所示，然后按照 $d_a = D + 2H$ 求出齿顶圆直径。

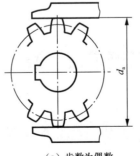
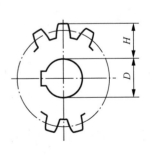

（a）齿数为偶数　　　　　（b）齿数为奇数

图 6-18　测量齿顶圆直径

（2）确定该齿轮模数 m。

$$m = \frac{d_{a1}}{z_1 + 2h_a^*} = \frac{78\text{mm}}{24 + 2 \times 1} = 3\text{mm}$$

（3）确定与之配对的齿轮齿数、分度圆直径、齿顶圆直径、齿根圆直径以及分度圆上的齿厚和齿槽宽。

大齿轮齿数 $$z_2 = \frac{2a}{m} - z_1 = \frac{2 \times 135}{3} - 24 \approx 66$$

传动比 $$i = \frac{z_2}{z_1} = \frac{66}{24} \approx 2.75$$

分度圆直径 $$d_2 = z_2 m = 66 \times 3\text{mm} = 198\text{mm}$$

齿顶圆直径 $$d_{a2} = \left(z_2 + 2h_a^*\right)m = (66 + 2 \times 1) \times 3\text{mm} = 204\text{mm}$$

齿根圆直径 $$d_{f2} = \left(z_2 - 2h_a^* - 2c^*\right)m = (66 - 2 \times 1 - 2 \times 0.25) \times 3\text{mm} = 190.5\text{mm}$$

齿顶高 $$h_a = h_a^* m = 1 \times 3\text{mm} = 3\text{mm}$$

齿根高 $$h_f = \left(h_a^* + c^*\right)m = (1 + 0.25) \times 3\text{mm} = 3.75\text{mm}$$

全齿高 $$h = h_a + h_f = 3 + 3.75\text{mm} = 6.75\text{mm}$$

齿距 $$p = \pi m \approx 3.14 \times 3\text{mm} = 9.42\text{mm}$$

齿厚和齿槽宽 $$s = e = \frac{p}{2} = \frac{9.42}{2}\text{mm} = 4.71\text{mm}$$

也可以采用公法线千分尺测量齿轮的公法线长度，通过测量公法线长度的方法来确定齿轮的模数并计算齿轮各部分几何尺寸。

如图 6-19 所示，卡尺的两脚与齿廓相切于 A、B 两点。设卡尺的跨齿数为 k（图 6-19 中 $k=3$），AB 的长度即为公法线长度，以 W_k 表示，单位为mm。由此可得 $W_k = (k-1)p_b + s_b$

根据测量的 W_k、W_{k-1} 的值求，即 p_b

$$W_k - W_{k-1} = p_b$$

由 $p_b = \pi m \cos\alpha$ 可确定齿轮的模数。

式中，p_b 为齿轮的基圆齿距（mm）；s_b 为齿轮的基圆齿厚（mm）；k 为跨齿数，与被测齿轮的齿数 z 有关，选取原则是使卡尺与渐开线的接触点在轮齿的中间。

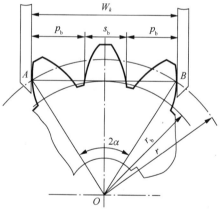

图 6-19 测量公法线长度

|任务 6.2 设计齿轮传动|

【任务导入】

试设计图 5-1 所示的带式运输机减速器中的单级圆柱齿轮传动。

（1）设计为直齿圆柱齿轮减速器，已知传递功率 $P_1 = 5kW$，主动轮转速 $n_1 = 1440r/min$，传动比 $i = 4.6$，电动机驱动，载荷平稳，单方向运转。

（2）设计为斜齿圆柱齿轮减速器，已知条件、材料、热处理等均不变。

【任务分析】

减速器是一种由封闭在刚性壳体内的齿轮传动、蜗杆传动、蜗轮蜗杆传动所组成的独立部件，常用作原动件与工作机之间的减速传动装置。其在原动机和工作机或执行机构之间起匹配转速和传递扭矩的作用，在现代机械中应用极为广泛。为了合理地设计出减速器齿轮的具体参数，必须了解减速器的结构和工作原理，掌握齿轮传动的设计计算方法，了解齿轮的加工、齿轮结构、润滑等知识。

【相关知识】

6.2.1　齿轮传动的失效形式与设计准则

1. 失效形式

齿轮传动的失效主要是指齿轮轮齿的破坏。至于齿轮的其他部分，通常按经验进行设计，所确定的尺寸对强度来说是足够的，在工程中也极少被破坏。轮齿失效形式与传动工作情况、受载情况、工作转速和齿面硬度有关。常见的轮齿失效形式有以下 5 种。

（1）轮齿折断。

齿轮在工作时，轮齿像悬臂梁一样承受弯矩，其齿根部分承受的弯曲应力最大，而且在齿根的过渡圆角处有应力集中。当交变的齿根弯曲应力超过材料的弯曲疲劳极限应力时，在齿根处受拉一侧就会产生疲劳裂纹，如图 6-20（a）所示。随着裂纹的逐渐扩展，致使轮齿发生疲劳折断。

用脆性材料（如铸铁、整体淬火钢等）制成的齿轮，当受到严重过载或很大冲击时，轮齿容易发生突然过载折断。

直齿圆柱齿轮轮齿的折断一般是全齿折断，如图 6-20（b）所示。斜齿轮和人字齿齿轮中，由于接触线倾斜，一般是局部齿折断，如图 6-20（c）所示。

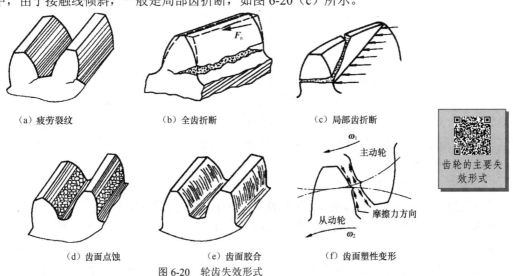

（a）疲劳裂纹　　　　　（b）全齿折断　　　　　（c）局部齿折断

（d）齿面点蚀　　　　　（e）齿面胶合　　　　　（f）齿面塑性变形

图 6-20　轮齿失效形式

齿轮的主要失效形式

提高轮齿抗折断能力的措施很多，如限制齿根危险截面上的弯曲应力、选用合适的齿轮参数和几何尺寸、降低齿根处的应力集中、进行强化处理和采用良好的热处理工艺等。

在齿轮正常使用过程中，疲劳折断是轮齿折断的主要形式。

（2）齿面点蚀。

齿轮传动时，轮齿啮合表面在法向力作用下，任意一点所产生的接触应力由零增加到最大值，即齿面的接触应力为脉动循环的接触应力。当这种应力超过材料的接触疲劳极限时，齿面表层就会产生细小的疲劳裂纹。裂纹随应力循环次数的增多而逐渐扩展，使表层金属微粒脱落而形成不规则的凹坑或麻点，这种现象称为齿面点蚀。

实践表明，齿面点蚀一般出现在齿根表面靠近节线处，如图 6-20（d）所示。发生点蚀后，齿廓形状遭到破坏，齿轮在啮合过程中会产生剧烈的振动，噪声增大，以致齿轮不能正常工作而造成传动失效。

提高齿面硬度、降低齿面粗糙度、尽量采用黏度大的润滑油，保证良好的润滑状态；选择合适的参数，如增加齿数以增大重合度等都是提高齿面抗点蚀能力的重要措施。

软齿面（硬度≤350HBW）的闭式传动中，齿面点蚀是轮齿的主要失效形式；在开式传动中，由于齿面磨损较快，微小裂纹扩散会被磨损掉，所以一般看不到点蚀现象。

（3）齿面胶合。

齿轮传动在高速重载时，啮合区的温升使润滑油黏度降低，导致润滑失效，从而使两齿面金属直接接触，因瞬间高温而发生相互黏着现象。当两齿面继续滑动时，较软齿面的材料沿滑动方向被撕下，形成沟痕，如图 6-20（e）所示，这种现象称为齿面胶合；在低速重载时，由于齿面间压力大，不易形成油膜，也可能发生胶合。

提高齿面抗胶合能力的方法有：减小模数，降低齿高，降低滑动系数；提高齿面硬度和降低齿面粗糙度；采用齿廓修形，提高传动平稳性；采用抗胶合能力强的齿轮材料；对于低速传动应选用黏度较大的润滑油，对于高速传动应采用抗胶合能力强的活性润滑油。

（4）齿面磨损。

齿面磨损通常有两种情况：一种是灰尘、铁屑等进入啮合齿面引起的磨粒磨损；另一种是两齿面在相对滑动中互相摩擦引起的跑合磨损。在开式传动中，磨粒磨损是主要失效形式。磨损不仅使轮齿失去正确的齿形，还会使齿根变薄，严重时会发生轮齿折断。

采用闭式传动、提高齿面硬度、降低齿面粗糙度及采用清洁的润滑油等均可以减轻齿面磨损。

（5）齿面塑性变形。

在严重过载和起动频繁的软齿面齿轮传动中，齿轮在很大的摩擦力作用下，会产生齿面材料的塑性流动，这种现象称为齿面塑性变形。在主动轮工作齿面节线附近形成凹沟，而从动轮工作齿面上形成凸脊，如图 6-20（f）所示。齿形被破坏，影响齿轮的正常啮合。

采用提高齿面硬度、选用黏度较高的润滑油等方法，可防止齿面的塑性变形。

2．设计准则

齿轮失效形式的分析为确定齿轮传动的设计准则提供了依据。目前，对齿面磨损和塑性变形，还没有较成熟的计算方法。对齿面胶合所进行的齿轮承载能力计算，主要应用于高速重载等重要的齿轮传动。对一般齿轮传动的设计，通常只按齿根弯曲疲劳强度或齿面接触疲劳强度进行计算。

（1）对于软齿面的闭式齿轮传动，由于主要失效形式是齿面点蚀，在设计计算时，应按齿面接触疲劳强度设计，再进行齿根弯曲疲劳强度校核。

（2）对于硬齿面（硬度>350HBW）的闭式齿轮传动，由于主要失效形式是轮齿折断，在设计计算时，应按齿根弯曲疲劳强度设计，然后进行齿面接触疲劳强度校核。

（3）对于开式齿轮传动，主要失效形式是齿面磨损，目前尚无成熟的计算方法。故设计准则为按齿根弯曲疲劳强度进行设计计算，将设计出的模数加大 10%～20%，以考虑磨损的影响。

3．齿轮的常用材料

齿轮的常用材料有优质碳素钢、合金钢、铸钢、铸铁和非金属等。齿轮的常用材料及其力学性能如表 6-6 所示。

根据热处理后齿面硬度的不同，齿轮可分为软齿面齿轮和硬齿面齿轮。对于一般要求的齿轮传动，可采用软齿面齿轮。由于小齿轮齿根较薄，受载齿数多，为使大、小齿轮寿命接近，常使小齿轮的齿面硬度比大齿轮齿面硬度高出 30～50HBW。对于高速、重载或重要的齿轮传动，可采用硬齿面齿轮组合，大、小齿轮齿面硬度可大致相同。

表 6-6　　　　　　　　　　齿轮的常用材料及其力学性能

材料	牌号	热处理	力学性能			应用范围
			硬度	抗拉强度 σ_b/MPa	屈服极限 σ_s/MPa	
优质碳素钢	45	正火调质	170～210HBW	580	290	一般传动
			220～250HBW	650	360	
		表面淬火	48～55HRS	750	450	高速中载或低速重载，冲击很小
	50	正火	180～220HBW	620	320	低速轻载
合金钢	40Cr 42SiMn	调质	250～280HBW	750	550	高速中载，无剧烈冲击
		表面淬火	50～55HRS	1000	850	
	20Cr	渗碳淬火	56～62HRS	800	650	高速中载，承受冲击
	20CrMnTi	渗碳淬火		1100	850	
铸钢	ZG310-570	正火	160～210HBW	570	320	中速中载，大直径
	ZG340-640		170～230HBW	650	350	
灰铸铁	HT200		170～230HBW	200		低速轻载，冲击很小
	HT300		190～250HBW	300		
球墨铸铁	QT600-3	正火	220～270HBW	600	420	低中速轻载，小冲击
	QT500-5		147～240HBW	500		

6.2.2　渐开线直齿圆柱齿轮传动的强度计算

1．轮齿的受力分析

为了计算齿轮的强度、设计轴和轴承，需要分析轮齿的作用力。

一对标准直齿圆柱齿轮啮合传动，其齿廓在 P 点接触，齿面上的摩擦力与轮齿所受载荷相比很小，可略去。轮齿间的总作用力 F_n（法向力）沿啮合线方向，如图 6-21 所示。将 F_n 分解为两个相互垂直的分力 F_t 和 F_r，则

渐开线齿轮传动的受力分析

切向力 $$F_t = \frac{2T_1}{d_1} \qquad (6\text{-}12)$$

| 径向力 | $F_r = F_t \tan \alpha$ | （6-13） |
| 法向力 | $F_n = \dfrac{F_t}{\cos \alpha}$ | （6-14） |

式中，T_1——主动轮传递的扭矩（N·mm），$T_1 = 9.55 \times 10^6 \times \dfrac{P_1}{n_1}$；

$\quad\quad d_1$——主动轮分度圆直径（mm）；

$\quad\quad \alpha$——分度圆压力角，$\alpha = 20°$。

根据作用力与反作用力原理，作用在主动轮和从动轮上的各作用力大小相等、方向相反。主动轮上的切向力是工作阻力，其方向与主动轮转向相反；从动轮上的切向力是驱动力，其方向与从动轮转向相同；径向力的方向分别指向各自的轮心。

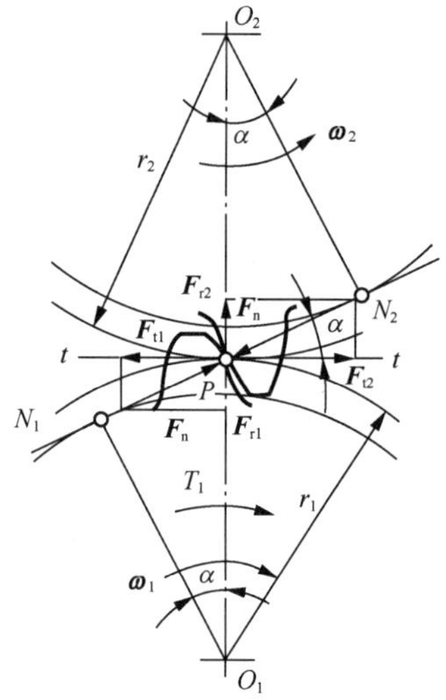

图 6-21　直齿圆柱齿轮受力分析

2．计算载荷

上述受力分析是在齿轮理想的平稳工作条件下进行的，其载荷称为名义载荷。实际上，齿轮工作时要受到多种因素的影响，所受载荷要比名义载荷大。为了使计算的齿轮受载情况尽量符合实际，引入载荷系数 K（或称为工作情况系数），得到计算载荷

$$F_{nc} = KF_n \quad\quad\quad （6-15）$$

式中，K——载荷系数，其值从表 6-7 中查取。

表 6-7　　　　　　　　　　　　　　　载荷系数 K

原动机	工作机械的载荷特性		
	平稳	中等冲击	大的冲击
电动机	1～1.2	1.2～1.6	1.6～1.8
多缸内燃机	1.2～1.6	1.6～1.8	1.9～2.1
单缸内燃机	1.6～1.8	1.8～2.0	2.2～2.4

注：斜齿、圆周速度低、精度高、齿宽系数小时取小值；直齿、圆周速度高、精度低、齿宽系数大时取大值。齿轮在两轴承之间对称布置时取小值；非对称布置及悬臂布置时取大值。

3．齿面接触疲劳强度计算

计算齿面接触疲劳强度的目的是防止齿面发生疲劳点蚀，其强度条件为 $\sigma_H \leqslant [\sigma_H]$。实践证明，点蚀多发生在齿面节线附近，因此一般取节点处的接触应力作为计算依据。根据弹性力学计算接触应力的赫兹公式，代入齿轮相应参数，经推导整理得直齿圆柱齿轮的齿面接触疲劳强度校核公式为

齿轮传动强度校核原理

$$\sigma_H = 671\sqrt{\dfrac{KT_1(i \pm 1)}{bd_1^2 i}} \leqslant [\sigma_H] \quad\quad\quad （6-16）$$

式中，b——齿宽（mm）；

$\quad\quad i$——传动比，$i = z_2/z_1$，"$(i \pm 1)$"中的正号用于外啮合，负号用于内啮合；

$\quad\quad [\sigma_H]$——许用接触应力（MPa），又如式（6-20）。

令齿宽 $b = \psi_d d_1$，变换式（6-16）后可得直齿圆柱齿轮齿面接触疲劳强度的设计公式，如下

$$d_1 \geqslant \sqrt[3]{\left(\frac{671}{[\sigma_H]}\right)^2 \frac{KT_1(i \pm 1)}{\psi_d i}} \qquad (6\text{-}17)$$

式中，ψ_d——齿宽系数，其值如表 6-8 所示。

表 6-8　　　　　　　　　　　　　齿宽系数 ψ_d

齿轮相对轴承的位置	两轮齿面硬度≤350HBW	两轮齿面硬度＞350HBW
对称布置	0.8～1.4	0.4～0.9
非对称布置	0.6～1.2	0.3～0.6
悬臂布置	0.3～0.4	0.2～0.5

注：直齿圆柱齿轮取小值，斜齿轮取大值。载荷平稳、刚度大宜取大值；反之取小值。

式（6-17）适用于一对钢制齿轮，若材料组合变化，则常数 671 应修正为 $671 \times \dfrac{Z_E}{189.8}$，$Z_E$ 为材料系数，其值如表 6-9 所示。当两轮的许用应力 $[\sigma_{H1}]$ 与 $[\sigma_{H2}]$ 不同时，设计应代入两者的较小值。

表 6-9　　　　　　　　　　　　　材料系数 Z_E

小齿轮材料	大齿轮材料				
	锻钢	铸钢	球墨铸铁	灰铸铁	夹布胶木
锻钢	189.8	188.9	181.4	162.0	56.4
铸钢	—	188.0	180.5	161.4	—
球墨铸铁	—	—	173.9	156.6	—
灰铸铁	—	—	—	143.7	—

4．齿根弯曲疲劳强度计算

齿根弯曲疲劳强度计算的目的是防止轮齿根部的疲劳折断。轮齿的疲劳折断与齿根弯曲应力有关，其强度条件为 $\sigma_F \leqslant [\sigma_F]$。轮齿受力时，可以看作悬臂梁。试验研究表明，与齿廓对称中心线成 30°的两直线与齿根圆角相切点连线所在的截面，为轮齿的危险截面，即 ab 截面，如图 6-22 所示。根据力学知识，经推导整理得直齿圆柱齿轮齿根弯曲的疲劳强度校核公式如下

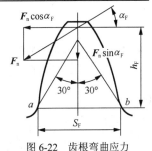

图 6-22　齿根弯曲应力

$$\sigma_F = \frac{KF_t Y_{FS}}{bm} = \frac{2KT_1 Y_{FS}}{bmd_1} \leqslant [\sigma_F] \qquad (6\text{-}18)$$

将 $b = \psi_d d_1$ 及 $d_1 = mz_1$ 代入式（6-18）得齿根弯曲疲劳强度的设计公式如下

$$m \geqslant \sqrt[3]{\frac{2KT_1}{\psi_d z_1^2} \frac{Y_{FS}}{[\sigma_F]}} \qquad (6\text{-}19)$$

式中，Y_{FS}——齿形系数，是考虑齿形和齿根应力集中及危险截面的压应力、切应力等对弯曲应力的影响引入的系数，可由图 6-23 所示查得；

$[\sigma_F]$——许用弯曲应力（MPa），如式（6-21）。

大、小齿轮的齿数不同，齿形系数 Y_{FS} 也不同；两齿轮的材料或热处理不相同，两轮的许用弯曲应力 $[\sigma_F]$ 也不同，所以校核时应分别验算大、小齿轮的弯曲强度，即应使 $\sigma_{F1} \leqslant [\sigma_{F1}]$，$\sigma_{F2} \leqslant [\sigma_{F2}]$。设计时，应代入 $Y_{FS1}/[\sigma_{F1}]$ 与 $Y_{FS2}/[\sigma_{F2}]$ 中的较大值。

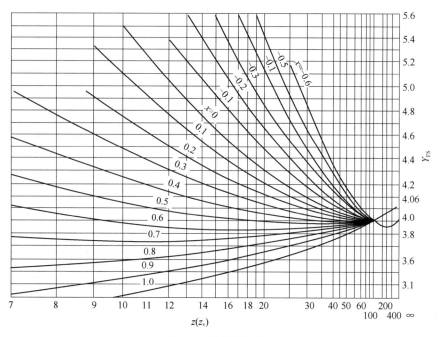

图 6-23　齿形系数 Y_{FS}

5．齿轮的许用应力

齿轮的许用应力与齿轮材料、热处理及齿面硬度有关。

（1）许用接触应力。

$$[\sigma_{H}] = \frac{\sigma_{H\lim}}{S_{H\min}} \tag{6-20}$$

式中，$\sigma_{H\lim}$——接触疲劳强度极限，其值可由图 6-24 查出；

$S_{H\min}$——接触疲劳强度的最小安全系数，其值如表 6-10 所示。

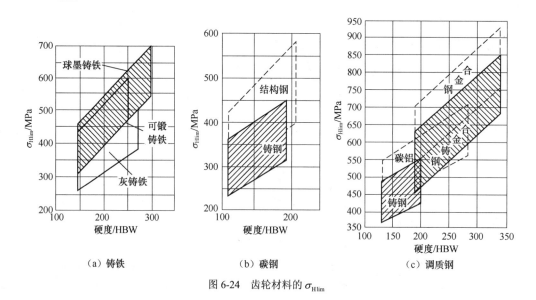

（a）铸铁　　　　　　　　（b）碳钢　　　　　　　　（c）调质钢

图 6-24　齿轮材料的 $\sigma_{H\lim}$

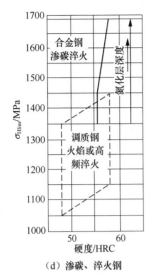

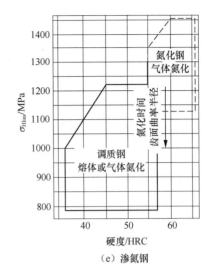

（d）渗碳、淬火钢　　　　　　　　（e）渗氮钢

图 6-24　齿轮材料的 σ_{Hlim}（续）

表 6-10 最小安全系数

齿轮传动的重要性	S_{Hmin}	S_{Fmin}
通常情况	1	1
齿轮破坏会引起严重后果时	1.25	1.5

（2）许用弯曲应力。

$$[\sigma_{\mathrm{F}}]=\frac{\sigma_{\mathrm{Flim}}}{S_{\mathrm{Fmin}}} \tag{6-21}$$

式中，σ_{Flim}——齿轮单向受载时的弯曲疲劳极限强度，其值可由图 6-25 所示查出。若齿轮长期双向工作（经常正、反转的齿轮），应将其数值乘以 0.7；

S_{Fmin}——弯曲疲劳强度的最小安全系数，其值如表 6-10 所示。

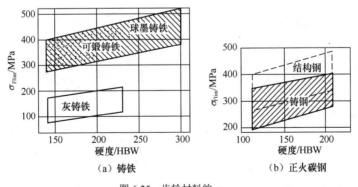

（a）铸铁　　　　　　　　（b）正火碳钢

图 6-25　齿轮材料的 σ_{Flim}

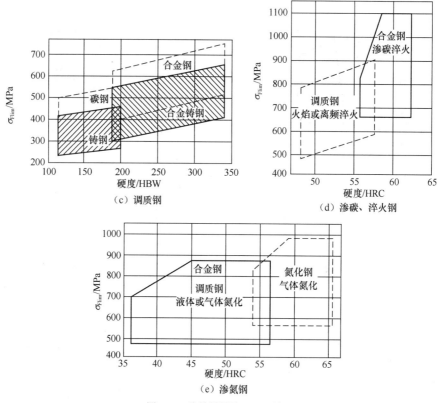

图 6-25　齿轮材料的 σ_{Flim}（续）

6.2.3　斜齿圆柱齿轮传动

1.斜齿圆柱齿轮齿廓曲面的形成及其啮合特点

（1）齿廓曲面的形成。

前面所述的直齿圆柱齿轮的齿廓形成，是在垂直于齿轮轴线的端面内进行的。实际上，齿轮都有一定的宽度，如图 6-26（a）所示，直齿轮的齿廓曲面是发生面在基圆柱上做纯滚动时，发生面上与基圆柱母线 NN' 平行的任一直线 KK' 的轨迹，即渐开线曲面。

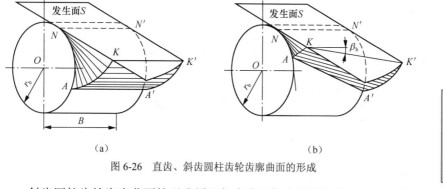

图 6-26　直齿、斜齿圆柱齿轮齿廓曲面的形成

斜齿圆柱齿轮齿廓曲面的形成原理与直齿圆柱齿轮的相似，所不同的是发生面上的直线 KK' 与基圆柱母线 NN' 成一夹角 β_b，如图 6-26（b）所示。当发生面沿基圆柱做纯滚动时，斜直线 KK' 的轨迹为渐开螺旋面，即斜齿圆柱齿轮的齿廓曲面，它与基圆的交线 AA' 是一条螺旋

线，夹角 β_b 称为基圆柱上的螺旋角。齿廓曲面与齿轮端面的交线仍为渐开线。

（2）啮合特点。

由齿廓曲面的形成过程可以看出，直齿轮传动时，齿面接触线皆为等宽直线，且与齿轮轴线平行，如图 6-27（a）所示。两轮齿沿着齿宽同时进入啮合或同时退出啮合，因而轮齿上所受载荷也是突然加上或突然卸掉的，传动平稳性差，易产生冲击、振动和噪声，尤其是在高速传动中。斜齿轮啮合时，齿面接触线是斜直线，且长度变化，如图 6-27（b）所示，即一对轮齿从开始啮合起，接触线由零逐渐变长，然后又由长变短，直至脱离啮合，轮齿上承受的载荷是逐渐变化的，所以传动平稳，冲击和噪声较小。此外，一对齿轮从进入到退出啮合，总接触线较长，重合度大，同时参与啮合的齿轮对数多，所以承载能力强。故斜齿轮适用于高速、大功率的齿轮传动。

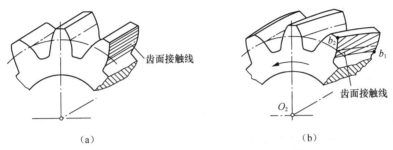

（a）　　　　　　　　　　　　（b）

图 6-27　直齿、斜齿圆柱齿轮齿面接触线比较

2．斜齿圆柱齿轮参数与尺寸计算

（1）螺旋角。

螺旋线的切线与圆柱母线所夹的锐角称为螺旋角。斜齿圆柱齿轮轮齿的倾斜程度通常用分度圆柱面上的螺旋角 β 表示，如图 6-28 所示，一般取 $\beta = 8° \sim 20°$。按其螺旋线旋向不同，斜齿轮有左旋和右旋之分（见图 6-29）。

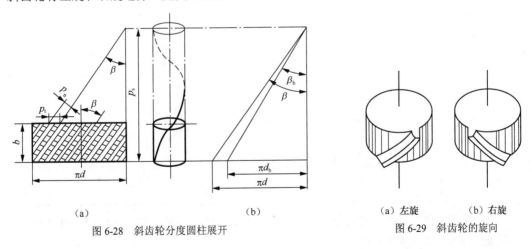

（a）　　　　　　　　　　　　（b）　　　　　　　（a）左旋　　　（b）右旋

图 6-28　斜齿轮分度圆柱展开　　　　　　　图 6-29　斜齿轮的旋向

（2）模数。

图 6-28 所示为斜齿轮分度圆柱展开，法向齿距 p_n 与端面齿距 p_t 的关系为

$$p_n = p_t \cos \beta$$

因为 $p_n = \pi m_n$，$p_t = \pi m_t$，所以

$$m_n = m_t \cos \beta \tag{6-22}$$

（3）压力角。

图 6-30 所示为斜齿轮的压力角，法面压力角 α_n 和端面压力角 α_t 的关系为

$$\tan\alpha_n = \tan\alpha_t\cos\beta \qquad (6\text{-}23)$$

（4）齿顶高系数和顶隙系数。

斜齿轮的齿顶高和齿根高，从法面或端面上度量都是相同的，顶隙也是相同的，即

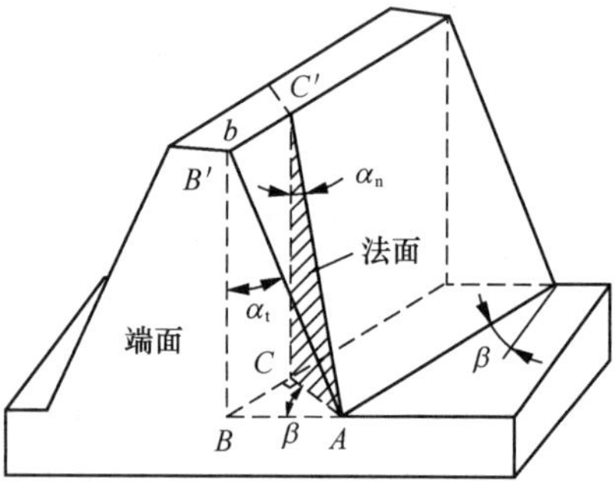

$$h_a = h_{an}^* m_n = h_{at}^* m_t \qquad (6\text{-}24)$$

图 6-30　斜齿轮的压力角

$$h_f = \left(h_{an}^* + c_n^*\right)m_n = \left(h_{at}^* + c_t^*\right)m_t \qquad (6\text{-}25)$$

$$c = c_n^* m_n = c_t^* m_t \qquad (6\text{-}26)$$

用刀具加工斜齿轮时，由于刀具是沿着螺旋线的方向进给的，因此，斜齿轮轮齿的法面齿形与刀具齿形相同，法面参数（m_n、α_n、h_{an}^*、c_n^*）与刀具参数相同，国标规定为与直齿圆柱齿轮的标准值相同。

（5）几何尺寸计算。

一对斜齿轮在端面上的啮合相当于直齿轮的啮合，故可将直齿轮几何尺寸计算公式应用于斜齿轮端面尺寸的计算，如表 6-11 所示。

表 6-11　　　　　　　　　　标准斜齿轮的几何尺寸

名称	符号	计算公式及参数选择
端面模数	m_t	$m_t = \dfrac{m_n}{\cos\beta}$，$m_n$ 为标准值
螺旋角	β	一般 β 取 $8° \sim 20°$
端面压力角	α_t	$\alpha_t = \arctan\dfrac{\tan\alpha_n}{\cos\beta}$，$\alpha_n$ 为标准值
分度圆直径	d	$d = m_t z = \dfrac{m_n z}{\cos\beta}$
基圆直径	d_b	$d_b = d\cos\alpha_t$
齿顶高	h_a	$h_a = h_{an}^* m_n$
齿根高	h_f	$h_f = \left(h_{an}^* + c_n^*\right)m_n$
齿　高	h	$h = h_a + h_f = \left(2h_{an}^* + c_n^*\right)m_n$
齿顶圆直径	d_a	$d_a = d + 2h_a$
中心距	a	$a = \dfrac{d_1 + d_2}{2} = \dfrac{m_t}{2}(z_1 + z_2) = \dfrac{m_n(z_1 + z_2)}{2\cos\beta}$

斜齿轮传动的中心距与螺旋角 β 有关，当一对斜齿轮的模数、齿数一定时，可以通过改变螺旋角的方法来配凑中心距。

例 6-1　在一对标准斜齿圆柱齿轮传动中，已知传动的中心距 $a = 150\text{mm}$，齿数 $z_1 = 20$，$z_2 = 98$，法向模数 $m_n = 2.5\text{mm}$。试计算这对齿轮的螺旋角 β 和大齿轮的分度圆直径 d、基圆直径 d_b、齿顶圆直径 d_a 和齿根圆直径 d_f。

解：

$$\cos\beta = \frac{m_n\left(z_1 + z_2\right)}{2a} = \frac{2.5\times(20 + 98)}{2\times150} \approx 0.9833$$

$$\beta \approx 10°28'31''$$

$$\tan\alpha_t = \frac{\tan\alpha_n}{\cos\beta} = \frac{\tan 20°}{\cos 10°28'31''} \approx 0.3702$$

$$\alpha_t \approx 20°18'53''$$

$$d_2 = \frac{m_n z_2}{\cos\beta} = \frac{2.5 \times 98}{0.9833}\text{mm} \approx 249.16\text{mm}$$

$$d_{b2} = d_2\cos\alpha_t = 249.16\text{mm} \times \cos 20°18'53'' \approx 233.66\text{mm}$$

$$d_{a2} = d_2 + 2m_n = 249.16\text{mm} + 2 \times 2.5\text{mm} = 254.16\text{mm}$$

$$d_{f2} = d_2 - 2.5m_n = 249.16\text{mm} - 2.5 \times 2.5\text{mm} = 242.91\text{mm}$$

3．正确啮合条件与重合度

（1）正确啮合条件。

一对斜齿轮的正确啮合，除像直齿轮一样保证两轮的模数和压力角分别相等，还必须要求两轮的螺旋角相匹配，即

$$\begin{cases} m_{n1} = m_{n2} = m_n \\ \alpha_{n1} = \alpha_{n2} = \alpha_n \\ \beta_1 = \pm\beta_2 \end{cases} \tag{6-27}$$

（2）重合度。

如图 6-31 所示，直齿轮传动的实际啮合线长度为 $\overline{B'B}$，斜齿轮传动的实际啮合线长度为 $\overline{A'A}$，比直齿轮的啮合线增长了 s。因此，斜齿轮传动的重合度为

$$\varepsilon = \overline{A'A}/p_t = \overline{B'B}/p_t + s/p_t = \varepsilon_\alpha + b\tan\beta/\pi m_t = \varepsilon_\alpha + \varepsilon_\beta \tag{6-28}$$

式中，ε_α——斜齿轮传动的端面重合度，大小与直齿轮传动的相同；

ε_β——斜齿轮传动的纵向重合度。

斜齿轮传动的重合度随齿宽 b 和螺旋角 β 的增大而增大，故比直齿轮传动平稳，承载能力强。

4．斜齿圆柱齿轮的当量齿数

用仿形法加工斜齿轮时，铣刀是沿着螺旋齿槽的方向进给的，所以法向齿形是选择铣刀号的依据。在计算斜齿轮的弯曲强度时，因为力是作用在法向的，所以要知道它的法向齿形。

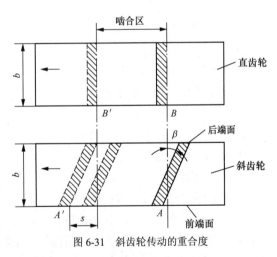

图 6-31　斜齿轮传动的重合度

如图 6-32 所示，过斜齿轮分度圆柱上的 P 点作法向截面，此截面与分度圆柱的交线为一椭圆，椭圆上 P 点处的曲率半径为 ρ。若以 ρ 为分度圆半径、以 m_n 为模数，α_n 为压力角，作一直齿轮，则该齿轮的齿形近似于斜齿轮的法面齿形，这个假想的直齿轮称为斜齿轮的当量齿轮，其齿数 z_v 称为斜齿轮的当量齿数。经推导得出，当量齿数与实际齿数的关系为

$$z_v = z/\cos^3\beta \tag{6-29}$$

当 $z_v = 17$ 时，$z_{min} = z_{v\,min}\cos^3\beta = 17\cos^3\beta < 17$，斜齿轮的最少齿数比直齿轮少，结构更

紧凑。

5. 斜齿圆柱齿轮传动的受力分析与强度计算

（1）受力分析。

图 6-33 所示为斜齿轮的受力分析，若齿面摩擦力忽略不计，则作用在法向平面内的法向力 $\boldsymbol{F}_\mathrm{n}$ 可分解为径向力 $\boldsymbol{F}_\mathrm{r}$ 和法向分力 $\boldsymbol{F}_\mathrm{n}'$，$\boldsymbol{F}_\mathrm{n}'$ 又可分解为切向力 $\boldsymbol{F}_\mathrm{t}$ 和轴向力 $\boldsymbol{F}_\mathrm{a}$，各力的大小为

切向力
$$F_\mathrm{t} = \frac{2T_1}{d_1} \tag{6-30}$$

径向力
$$F_\mathrm{r} = F_\mathrm{n}'\tan\alpha_\mathrm{n} = F_\mathrm{t}\frac{\tan\alpha_\mathrm{n}}{\cos\beta} \tag{6-31}$$

轴向力
$$F_\mathrm{a} = F_\mathrm{t}\tan\beta \tag{6-32}$$

法向力
$$F_\mathrm{n} = \frac{F_\mathrm{n}'}{\cos\alpha_\mathrm{n}} = \frac{F_\mathrm{t}}{\cos\alpha_\mathrm{n}\cos\beta} \tag{6-33}$$

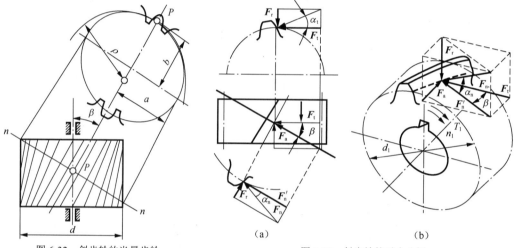

图 6-32　斜齿轮的当量齿轮　　　　　　　　　图 6-33　斜齿轮的受力分析

各力的方向：作用在主动轮和从动轮上的切向力、径向力的方向判别同直齿轮；轴向力的方向可按"主动轮左、右手螺旋定则"来判断，即主动轮右旋用右手，左旋用左手，4 指弯曲方向表示主动轮的转向，拇指的指向的方向就是轴向力方向；从动轮的轴向力方向与主动轮的轴向力方向相反。

（2）强度计算。

斜齿轮的强度计算与直齿轮的相似，仍按齿面的接触疲劳强度和齿根的弯曲疲劳强度进行计算，但它的受力是按轮齿法向进行的。考虑到斜齿轮的接触线是倾斜的，重合度增大，因此，与参数相同的直齿轮比较，斜齿轮的接触应力和弯曲应力都较低。

① 齿面接触疲劳强度计算。一对钢制斜齿轮传动的齿面接触疲劳强度的校核公式和设计公式如下

$$\sigma_\mathrm{H} = 590\sqrt{\frac{KT_1}{bd_1^2}\frac{i\pm1}{i}} \leqslant [\sigma_\mathrm{H}] \tag{6-34}$$

$$d_1 \geqslant \sqrt[3]{\left(\frac{590}{[\sigma_\mathrm{H}]}\right)^2\frac{KT_1(i\pm1)}{\psi_\mathrm{d}i}} \tag{6-35}$$

若配对齿轮材料改变，则 590 修正为 $590 \times \dfrac{Z_E}{189.8}$，$Z_E$ 如表 6-9 所示。

② 齿根弯曲疲劳强度。一对钢制斜齿轮传动的齿根弯曲疲劳强度的校核公式和设计公式如下

$$\sigma_F = \frac{1.6KT_1 Y_{FS} \cos \beta}{bm_n d_1} \leqslant [\sigma_F] \tag{6-36}$$

$$m_n = \sqrt[3]{\frac{1.6KT_1}{\psi_d z_1^2} \frac{Y_{FS} \cos^2 \beta}{[\sigma_F]}} \tag{6-37}$$

式中，Y_{FS}——齿形系数，按当量齿数 z_v 由图 6-23 查得。

其余各参数的含义、单位及确定方法与直齿轮相同。

6.2.4　直齿锥齿轮传动简介

1．锥齿轮传动概述

锥齿轮用于传递两相交轴间的运动和动力，两轴交角可以是任意的，一般常用 $\Sigma = 90°$（两轴之间的交角）的传动，如图 6-34 所示。锥齿轮的轮齿均匀分布在一个截锥体上，从大端到小端逐渐收缩。与圆柱齿轮相对应，锥齿轮有分度圆锥、齿顶圆锥、齿根圆锥和基圆锥，其轮齿有直齿、斜齿和曲齿等形式。直齿锥齿轮的设计、制造和安装都比较简便，应用较广；曲齿锥齿轮传动平稳，承载能力高，常用于高速重载传动，如汽车、拖拉机的差速器中。

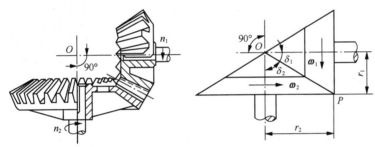

图 6-34　锥齿轮传动

直齿锥齿轮齿廓曲面的形成

2．直齿锥齿轮传动的主要参数

为了便于测量和计算，锥齿轮的参数以大端为标准，即规定大端模数为标准模数，大端压力角 $\alpha = 20°$，齿顶高系数 $h_a^* = 1$，顶隙系数 $c^* = 0.2$。

一对直齿锥齿轮传动，传动比为

$$i_{12} = \frac{n_1}{n_2} = \frac{z_2}{z_1} = \frac{d_2}{d_1} = \cot \delta_1 = \tan \delta_2$$

一对标准啮合的直齿锥齿轮传动的啮合条件是，两轮的大端模数和压力角必须分别相等。锥齿轮传动的相关计算可查阅机械设计手册。

6.2.5　齿轮的结构设计及润滑

1．齿轮的结构

齿轮的结构设计，一般在主要参数和几何尺寸确定之后进行，其结构形式与齿轮直径大小、材料、加工方法和生产批量等因素有关。设计时常按齿轮的直径大小选择合适的结构形

式，再根据经验公式完成结构设计。

（1）齿轮轴。

对于直径较小的钢制齿轮，当齿轮的齿顶圆直径 d_a 小于轴孔直径 d 的 2 倍，或圆柱齿轮齿根圆至键槽底部的距离 $\delta \leqslant 2.5m$（斜齿轮为 m_n）、锥齿轮的小端齿根圆至键槽底部的距离 $\delta \leqslant 1.6m$（m 为大端模数）时，应将齿轮与轴制成一体，称为齿轮轴，如图 6-35 所示。

齿轮的结构设计

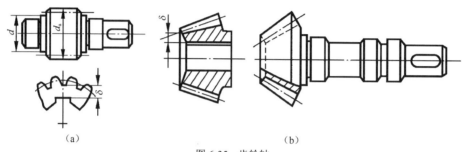

（a）
（b）

图 6-35 齿轮轴

（2）实心式齿轮。

齿顶圆直径 $d_a \leqslant 200$mm 的钢制齿轮，可采用实心式结构，常用于锻造毛坯。实心式齿轮如图 6-36 所示。

（a）
（b）

图 6-36 实心式齿轮

（3）腹板式齿轮。

当齿顶圆直径 $d_a \leqslant 500$mm 时，为了减轻重量和节约材料，常制成腹板式结构。腹板式齿轮如图 6-37 所示。应用较广泛的是锻造腹板式齿轮，对以铸铁或铸钢为材料的不重要齿轮，则采用铸造腹板式齿轮。

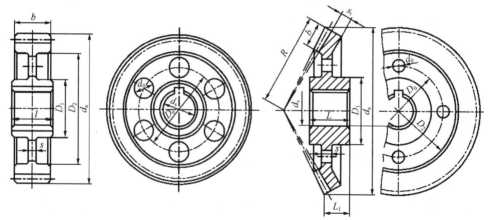

图 6-37 腹板式齿轮

（4）轮辐式齿轮。

当齿顶圆直径 $d_a > 500\text{mm}$ 时，因受锻造设备的限制，往往采用铸造的轮辐式结构。轮辐式齿轮如图 6-38 所示。

2．齿轮传动的润滑

齿轮传动时，良好的润滑可以减少磨损和发热，提高承载能力，延长使用寿命，还可以起到散热、防锈和降低噪声等作用。

（1）常用润滑方式。

闭式齿轮传动的润滑方式，一般根据

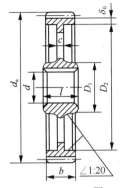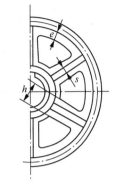

图 6-38　轮辐式齿轮

齿轮的圆周速度来确定。当齿轮的圆周速度 $v \leqslant 12\text{m/s}$ 时，可采用浸油（又称为油浴）润滑，如图 6-39（a）所示，大齿轮浸油深度约为一个齿高，但不小于 10mm，浸油过深会增大齿轮的运动阻力并使油温升高。多级齿轮传动时，若高速级大齿轮无法达到要求的浸油深度，可采用带油轮将油带到未浸入油池的轮齿齿面上，如图 6-39（b）所示。当齿轮圆周速度 $v > 12\text{m/s}$ 时，为避免搅油损失过大，常采用喷油润滑，即用油泵将油喷到齿轮的啮合部位进行润滑，如图 6-39（c）所示。

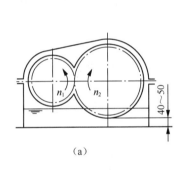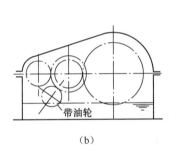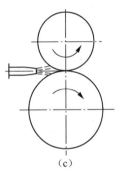

（a）　　　　　　　　　　　（b）　　　　　　　　　　　（c）

图 6-39　浸油润滑

开式齿轮传动的润滑方式：由于工作条件差，通常采用人工定期加注润滑油的方式，低速时可用脂润滑。

（2）润滑剂的选择。

齿轮传动的润滑剂有润滑油和润滑脂两类。润滑油的选择：黏度是润滑油的主要性能指标，根据齿轮的材料和圆周速度由表 6-12 查得润滑油的运动黏度，再由黏度值确定润滑油的牌号（参看有关机械设计手册）。

表 6-12　　　　　　　　　　闭式圆柱齿轮和锥齿轮减速器用齿轮油的黏度

齿轮的材料	运动黏度（50℃）/(mm²·s⁻¹)				
	<0.5	0.5~1	1~2.5	2.5~6	6~12.5
	齿轮圆周速度 / (m·s⁻¹)				
生铁或青铜	182	109	83.5	60.8	45.2
钢（软齿面）	273	182	109	83.5	45.2
钢（其中之一为软齿面）	273	273	182	109	83.5
钢（硬度高于 350HBW）	459	273	273	182	109
渗碳钢和表面淬火钢	459	273	273	182	109

6.2.6 标准齿轮传动的设计计算

1．齿轮主要参数的选择

（1）压力角。

国家对一般用途的齿轮传动的标准压力角有规定，皆为 20°。为增强航空用齿轮传动的弯曲强度和接触强度，航空齿轮传动的标准压力角规定为 $\alpha = 25°$。

（2）传动比。

$i < 8$ 可采用一级齿轮传动。若传动比大时仍采用一级齿轮传动，将导致大、小齿轮尺寸差别过大，所以这种情况下要采用分级传动。总传动比 i 为 8～40，可分成二级传动；若总传动比 i 大于 40，可分成三级或三级以上传动。

一般直齿圆柱齿轮传动比 $i \leqslant 5$；斜齿圆柱齿轮传动比 $i \leqslant 6～7$。

（3）模数和齿数。

设计求出的模数应圆整为标准值。模数影响轮齿的弯曲强度，一般在满足轮齿弯曲疲劳强度的条件下，宜取较小的模数，以利增多齿数。对于传递动力的齿轮，模数不宜小于 1.5mm。

闭式软齿面齿轮传动的承载能力主要取决于小齿轮的分度圆直径 d_1，因此在满足弯曲疲劳强度的前提下，宜选较小的模数和较多的齿数。不但可以增大重合度、改善传动的平稳性，还可以减小金属切削量、节省制造费用。因此对于闭式软齿面齿轮传动，z_1 宜取较大值，通常 z_1 取 20～40。

闭式硬齿面齿轮传动轮齿的主要失效为折断和磨损失效，承载能力主要取决于齿根弯曲疲劳强度。为使轮齿不致过小，z_1 宜取较小值，最少齿数以不发生根切为限，通常 $z_1 = 17～20$。

大齿轮的齿数 $z_2 = iz_1$。对于载荷平稳的齿轮传动，为有利于跑合，两轮齿数为简单的整数比；对于载荷不稳定的齿轮传动，两轮齿数应互为质数，以减小或避免周期性传动，有利于所有齿轮磨损均匀，提高耐磨性。

（4）齿宽系数。

增大齿宽 b 可提高承载能力，当载荷一定时，增大齿宽可减小齿轮直径，降低圆周速度，还可以使传动外廓尺寸减小；但齿宽过大，会增大载荷沿齿向分布的不均匀性，造成严重偏载。因此齿宽系数 ψ_d 应选取适当值，其值可从表 6-8 中选取。

为了节省材料，通常取小齿轮齿宽为 $b_1 = b_2 + (5～10)\text{mm}$，其中 $b = b_2 = \psi_d d_1$ 取为大齿轮的齿宽（设计齿宽）。

2．齿轮传动设计计算的步骤

（1）根据题目提供的工作情况等条件确定传动形式，选定合适的齿轮材料和热处理方法，查表确定相应的许用应力。

（2）分析失效形式，根据设计准则，设计 m 或 d_1。

（3）选择齿轮的主要参数。

（4）计算主要几何尺寸。

（5）根据设计准则校核接触强度或弯曲强度。

（6）校核齿轮的圆周速度，选择齿轮传动的精度等级和润滑方式等。

（7）绘制齿轮零件工作图。

【任务实施】

设计单级齿轮减速器中的齿轮传动

1．设计单级直齿圆柱齿轮减速器中的齿轮传动

（1）选择齿轮材料及确定许用应力。

一般用途的减速器，常采用软齿面齿轮。小齿轮材料为 45 钢，调质处理，硬度为 220～250HBW；大齿轮材料也为 45 钢，正火处理，硬度为 170～210HBW。由图 6-24 和图 6-25 查得 $\sigma_{H\lim 1}=610\text{MPa}$，$\sigma_{H\lim 2}=515\text{MPa}$，$\sigma_{F\lim 1}=490\text{MPa}$，$\sigma_{F\lim 2}=410\text{MPa}$；由表 6-10 所示取 $S_{H\min}=1$，$S_{F\min}=1$，由式（6-20）、式（6-21）得

$$[\sigma_{H1}]=\frac{\sigma_{H\min 1}}{S_{H\min}}=\frac{610}{1}\text{MPa}=610\text{MPa}$$

$$[\sigma_{H2}]=\frac{\sigma_{H\min 2}}{S_{H\min}}=\frac{515}{1}\text{MPa}=515\text{MPa}$$

$$[\sigma_{F1}]=\frac{\sigma_{F\min 1}}{S_{F\min}}=\frac{490}{1}\text{MPa}=490\text{MPa}$$

$$[\sigma_{F2}]=\frac{\sigma_{F\min 2}}{S_{F\min}}=\frac{410}{1}\text{MPa}=410\text{MPa}$$

（2）按齿面接触疲劳强度设计。

软齿面闭式齿轮传动的主要失效形式是齿面点蚀，故按齿面接触疲劳强度设计，根据式（6-17）得

$$d_1\geqslant\sqrt[3]{\left(\frac{671}{[\sigma_H]}\right)^2\frac{KT_1(i\pm 1)}{\psi_d i}}$$

载荷系数 K：载荷平稳，齿轮相对于轴承对称布置，按表 6-7 所示取 $K=1.2$。

传递扭矩 T_1：$T_1=9.55\times 10^6\times\dfrac{P_1}{n_1}=9.55\times 10^6\times\dfrac{5}{1440}\text{N}\cdot\text{mm}\approx 33159.7\text{N}\cdot\text{mm}$。

齿宽系数 ψ_d：由表 6-8 所示取 $\psi_d=1.1$。

许用接触应力 $[\sigma_H]$：$[\sigma_H]=[\sigma_{H2}]=515\text{MPa}$。

传动比 i：$i=4.6$。

将参数代入式（6-17）得

$$d_1\geqslant\sqrt[3]{\left(\frac{671}{[\sigma_H]}\right)^2\frac{KT_1(i\pm 1)}{\psi_d i}}=\sqrt[3]{\left(\frac{671}{515}\right)^2\times\frac{1.2\times 33159.7}{1.1}\times\frac{4.6+1}{4.6}}\text{mm}\approx 42.08\text{mm}$$

（3）确定齿轮主要参数及尺寸。

齿数：取 $z_1=21$，则 $z_2=iz_1=4.6\times 21=96.6$，取 $z_2=97$。

实际传动比：$i'=z_2/z_1=97/21\approx 4.62$，传动比误差 $\Delta i=(i'-i)/i=(4.62-4.6)/4.6\approx 0.43\%$，因此该值合适，工程上允许的误差范围在 ±5% 以内。

模数：$m=d_1/z_1=42.08\text{mm}/21\approx 2.01\text{mm}$，取标准值 $m=2\text{mm}$。

分度圆直径：$d_1=z_1 m=21\times 2\text{mm}=42\text{mm}$；

$d_2=z_2 m=97\times 2\text{mm}=194\text{mm}$。

中心距：$a = \dfrac{1}{2}(d_1 + d_2) = \dfrac{1}{2}(42 + 194)\text{mm} = 118\text{mm}$。

齿宽：$b = \psi_d d_1 = 1.1 \times 42\text{mm} = 46.2\text{mm}$，取 $b_2 = 46\text{mm}$，$b_1 = 46\text{mm} + (5 \sim 10)\text{mm} = 51 \sim 56\text{mm}$，取 $b_1 = 55\text{mm}$。

（4）校核齿根弯曲疲劳强度。

$$\sigma_F = \frac{2KT_1 Y_{FS}}{bmd_1} \leqslant [\sigma_F]$$

根据齿数，本例选用标准齿轮，变位系数 $x = 0$。复合齿形系数 Y_{FS}：由图 6-23 所示查得 $Y_{FS1} = 4.35$，$Y_{FS2} = 3.98$。

许用弯曲应力 $[\sigma_F]$：$[\sigma_{F1}] = 490\text{MPa}$，$[\sigma_{F2}] = 410\text{MPa}$。

$$\sigma_{F1} = \frac{2KT_1}{b_1 m d_1} Y_{FS1} = \frac{2 \times 1.2 \times 33159.7}{55 \times 2 \times 42} \times 4.35\text{MPa} \approx 74.93\text{MPa} < [\sigma_{F1}]$$

$$\sigma_{F2} = \sigma_{F1} \frac{Y_{FS2}}{Y_{FS1}} = 74.93 \times \frac{3.98}{4.35}\text{MPa} \approx 68.56\text{MPa} < [\sigma_{F2}]$$

弯曲强度足够。

（5）确定齿轮传动精度。

齿轮圆周速度 $v = \dfrac{\pi d_1 n_1}{60 \times 1000} = \left(\dfrac{3.14 \times 42 \times 1440}{60 \times 1000}\right)\text{m/s} = 3.17\text{m/s}$

由表 6-5 所示，取 8 级精度。

（6）齿轮结构设计。

小齿轮 $d_{a1} = 46\text{mm}$，尺寸较小，可采用齿轮轴。

大齿轮 $d_{a2} = 198\text{mm}$，采用实心式齿轮，也可采用腹板式齿轮。

工作图略。

2．设计单级斜齿圆柱齿轮减速器中的齿轮传动

（1）选择齿轮材料及确定许用应力。

同任务实施 1，小齿轮材料为 45 钢，调质处理，硬度为 220～250HBW；大齿轮材料也为 45 钢，正火处理，硬度为 170～210HBW。$[\sigma_{H1}] = 610\text{MPa}$，$[\sigma_{H2}] = 515\text{MPa}$；$[\sigma_{F1}] = 490\text{MPa}$，$[\sigma_{F2}] = 410\text{MPa}$。

（2）按齿面接触疲劳强度设计。

$$d_1 \geqslant \sqrt[3]{\left(\frac{590}{[\sigma_H]}\right)^2 \frac{KT_1(i \pm 1)}{\psi_d i}}$$

同任务实施 1，载荷系数 $K = 1.2$，扭矩 $T_1 = 33159.7\text{N·mm}$，许用接触应力 $[\sigma_{H1}] = 610\text{MPa}$，$[\sigma_{H2}] = 515\text{MPa}$，齿宽系数 $\psi_d = 1.1$，传动比 $i = 4.6$。

将参数代入式（6-35）得

$$d_1 \geqslant \sqrt[3]{\left(\frac{590}{[\sigma_H]}\right)^2 \frac{KT_1(i+1)}{\psi_d i}} = \sqrt[3]{\left(\frac{590}{515}\right)^2 \frac{1.2 \times 33159.7(4.6+1)}{1.1 \times 4.6}}\text{mm} \approx 38.66\text{mm}$$

（3）确定齿轮主要参数及尺寸。

齿数：取 $z_1 = 21$，则 $z_2 = iz_1 = 4.6 \times 21 = 96.6$，取 $z_2 = 97$。

传动比误差：$\Delta i = 0.43\% < 5\%$，合适。

模数：初选螺旋角 $\beta_0 = 15°$，则

$m_n = d_1 \cos\beta_0 / z_1 = 38.66\text{mm} / 21 \approx 1.7\text{mm}$，取标准值 $m_n = 2\text{mm}$。

中心距：$a_0 = \dfrac{m_n(z_1 + z_2)}{2\cos\beta} = \dfrac{2 \times (21 + 97)}{2 \times \cos 15°}\text{mm} \approx 108.25\text{mm}$。

为了便于箱体的加工和测量，取 $a = 120\text{mm}$，则实际螺旋角

$$\beta = \arccos\frac{m_n(z_1 + z_2)}{2a} = \arccos\frac{2 \times (21 + 97)}{2 \times 120} \approx 10°28'30''$$

在 8°～20°的范围内，合适。

分度圆直径：$d_1 = m_n z_1 / \cos\beta = 2\text{mm} \times 21 / 0.9833 \approx 42.71\text{mm}$；

$d_2 = m_n z_2 / \cos\beta = 2\text{mm} \times 97 / 0.9833 \approx 197.29\text{mm}$。

齿宽：$b = \psi_d d_1 = 1.1 \times 42.71\text{mm} \approx 46.98\text{mm}$。

取 $b_2 = 47\text{mm}$，$b_1 = 47\text{mm} + (5\sim10)\text{mm} = 52\sim57\text{mm}$，取 $b_1 = 55\text{mm}$。

（4）校核齿根弯曲疲劳强度。

$$\sigma_F = \frac{1.6KT_1 Y_{FS}\cos\beta}{bm_n d_1} \leqslant [\sigma_F]$$

复合齿形系数 Y_{FS}

$$z_{v1} = z_1 / \cos^3\beta = 21 / 0.9833^3 \approx 22.09$$

$$z_{v2} = z_2 / \cos^3\beta = 97 / 0.9833^3 \approx 102.03$$

根据当量齿数，本例选用标准齿轮，变位系数 $x = 0$。由图 6-23 所示查得，$Y_{FS1} = 4.32$，$Y_{FS2} = 3.917$。

$$\sigma_{F1} = \frac{1.6KT_1 Y_{FS}\cos\beta}{bm_n^2 z_1} = \frac{1.6 \times 1.2 \times 33159.7 \times 4.32 \times 0.9833}{47 \times 2^2 \times 21}\text{MPa} \approx 68.50\text{MPa}$$

$$\sigma_{F2} = \sigma_{F1} Y_{FS2} / Y_{FS1} = 68.50\text{MPa} \times 3.917 / 4.32 \approx 62.11\text{MPa} \leqslant [\sigma_{b2}]$$

弯曲疲劳强度足够。

（5）确定齿轮传动精度。

齿轮圆周速度 $v = \dfrac{\pi d_1 n_1}{60 \times 1000} = \left(\dfrac{3.14 \times 42.71 \times 1440}{60 \times 1000}\right)\text{m/s} \approx 3.22\text{m/s}$

由表 6-5 所示，可取 8 级或 9 级精度的齿轮。因该对齿轮用于减速器，所以选用 8 级精度。

（6）齿轮结构设计（略）。

任务 6.3　设计蜗杆传动

【任务导入】

设计由电动机驱动的搅拌机用普通闭式蜗杆传动减速器。已知蜗杆输入功率 $P_1 = 4.5\text{kW}$，转速 $n_1 = 960\text{r/min}$，传动比 $i = 20$，载荷平稳，单向传动。

【任务分析】

蜗杆减速机是一种结构紧凑、传动比大、传动平稳，以及在一定条件下具有自锁功能的传动机械，是最常用的减速机之一。蜗杆传动在啮合平面间产生很大的相对滑动，具有效率低、摩擦发热大等缺点，如果不及时散热，将使润滑油温度升高、黏度降低、油被挤出，加剧齿面磨损，甚至引起胶合。我们必须掌握蜗杆传动的工作原理，蜗杆传动的受力分析，计算蜗杆传动的效率，从而对蜗杆传动进行热平衡核算。

【相关知识】

6.3.1　蜗杆传动的类型和特点

蜗杆传动由蜗杆和蜗轮组成（见图 6-40），用于传递空间两交错轴间的运动和动力，通常两轴交角 $\sum = 90°$。一般情况下以蜗杆为主动件，做减速传动。

蜗杆蜗轮啮合
传动原理

图 6-40　蜗杆传动

1．蜗杆传动的类型

根据蜗杆形状，蜗杆传动可分为 3 种类型：圆柱蜗杆传动，如图 6-41（a）所示；环面蜗杆传动，如图 6-41（b）所示；锥面蜗杆传动，如图 6-41（c）所示。圆柱蜗杆加工方便，环面蜗杆承载能力强，环面蜗杆和锥面蜗杆制造困难，安装精度要求高。圆柱蜗杆又分为阿基米德蜗杆和渐开线蜗杆。下面仅讨论应用最广泛的阿基米德蜗杆传动，如图 6-42 所示。

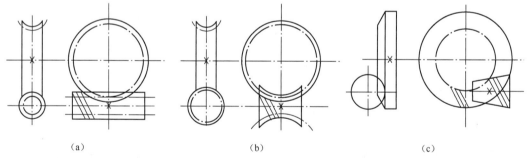

|　　（a）|　　（b）|　　（c）|

图 6-41　蜗杆传动的类型

蜗杆形如螺杆，有单头和多头之分，也有左旋和右旋之分，一般常用右旋蜗杆。

2．蜗杆传动的特点

蜗杆传动与齿轮传动相比，具有以下特点。

（1）传动比大，结构紧凑。在一般动力传动中，传动比为 5～80，若只传递运动（如分度机构中），其传动比可达 1000。

（2）传动平稳，噪声小。蜗杆齿是连

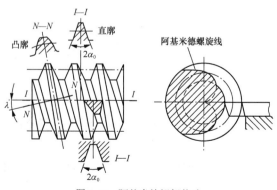

图 6-42　阿基米德蜗杆传动

续的螺旋齿，与蜗轮的啮合是连续、不断地进行的，同时啮合的齿数较多，故传动平稳，噪声小。

（3）可制成具有自锁性的蜗杆。当蜗杆的导程角（γ）小于齿面间的当量摩擦角时，蜗杆传动便具有自锁性。此时只能由蜗杆带动蜗轮转动，反之则不能运动。

普通圆柱蜗杆的结构

（4）传动效率低。因蜗杆传动齿面间有较大的滑动速度，摩擦损耗大，效率一般为 70%～80%。具有自锁性的蜗杆传动，其效率小于 50%。

（5）制造成本较高。为了减轻齿面的磨损及防止胶合，提高齿面的减摩性和耐磨性，蜗轮齿圈常用青铜制造。

6.3.2　蜗杆传动的主要参数和几何尺寸

1. 蜗杆传动的主要参数

图 6-43 所示的圆柱蜗杆传动，通过蜗杆轴线并垂直于蜗轮轴线的平面称为中间平面（主平面），在中间平面内，蜗杆与蜗轮的啮合相当于齿条与齿轮的啮合。因此，蜗杆传动的标准参数和基本尺寸在中间平面内确定，并沿用齿轮传动的计算关系。

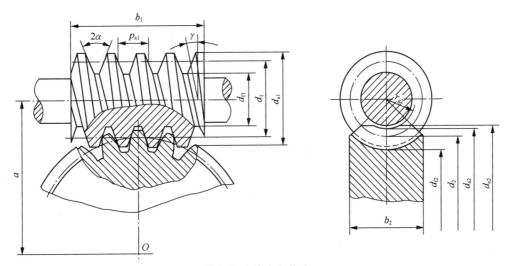

图 6-43　圆柱蜗杆传动

（1）模数 m 和压力角 α。

蜗杆与蜗轮啮合时，在中间平面内，蜗杆的轴向模数 m_{a1} 和轴向压力角 α_{a1} 应分别等于蜗轮的端面模数 m_{t2} 和端面压力角 α_{t2}，且等于标准值；蜗杆的导程角 γ 等于蜗轮的螺旋角 β。根据 GB/T 10085—2018《圆柱蜗杆传动基本参数》，得蜗杆传动的基本尺寸和参数如表 6-13 所示，压力角等于 20°。蜗杆传动的正确啮合条件为

$$\begin{cases} m_{a1} = m_{t2} = m \\ \alpha_{a1} = \alpha_{t2} = \alpha \\ \gamma = \beta \end{cases} \tag{6-38}$$

（2）蜗杆分度圆直径 d_1 和导程角 γ。

图 6-44 所示为蜗杆导程角，由此可得

表 6-13   蜗杆传动的基本尺寸和参数

m/mm	d_1/mm	z_1	q	说明	m/mm	d_1/mm	z_1	q	说明
1	18	1	18.000	自锁	6.3	63	1，2，4，6	10.000	
1.25	20	1	16.000			112	1	17.778	自锁
	22.4	1	17.920	自锁	8	80	1，2，4，6	10.000	
1.6	20	1，2，4	12.500			140	1	17.500	自锁
	28	1	17.500	自锁	10	90	1，2，4，6	9.000	
2	22.4	1，2，4，6	11.200			160	1	16.000	
	35.5	1	17.750	自锁	12.5	112	1，2，4	8.960	
2.5	28	1，2，4，6	11.200			200	1	16.000	
	45	1	18.000	自锁	16	140	1，2，4	8.750	
3.15	35.5	1，2，4，6	11.270			250	1	15.625	
	45	1，2，4	14.286		20	160	1，2，4	8.000	
	56	1	17.778	自锁		315	1	15.750	
4	40	1，2，4，6	10.000		25	200	1，2，4	8.000	
	71	1	17.750	自锁					
5	50	1，2，4，6	10.000			400	1	16.000	
	90	1	18.000	自锁					

$$\begin{cases} \tan\gamma = \dfrac{z_1 p_{a1}}{\pi d_1} = \dfrac{z_1 m}{d_1} \\ d_1 = \dfrac{z_1 m}{\tan\gamma} \end{cases} \tag{6-39}$$

由式（6-39）可知，同一模数的蜗杆，如果 $z_1 / \tan\gamma$ 值不同，则分度圆直径不同。而蜗杆的尺寸形状必须与蜗轮滚刀相同，为了减少刀具的规格数量，规定蜗杆分度圆直径为标准值，如表 6-13 所示。

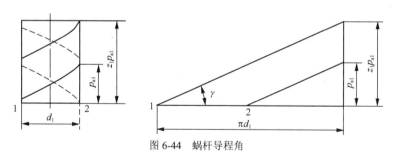

图 6-44 蜗杆导程角

蜗杆分度圆直径 d_1 与模数 m 之比，称为蜗杆直径系数，用 q 表示，即

$$q = d_1 / m \tag{6-40}$$

（3）蜗杆头数 z_1 和蜗轮齿数 z_2。

蜗杆头数（螺旋线数） z_1 常取为 1、2、4、6。要求传动比大或自锁时 $z_1 = 1$，但其传动效率较低。在动力传动中，为提高传动效率，常采用多头蜗杆，但制造困难。

蜗轮齿数 $z_2 = iz_1$，为了避免蜗轮发生根切以及影响蜗杆刚度， z_2 常取 28～80。蜗杆头数 z_1、蜗轮齿数 z_2 推荐值如表 6-14 所示。

表 6-14　　　　　　　　　　蜗杆头数 z_1、蜗轮齿数 z_2 推荐值

传动比 i	5～8	7～16	15～32	30～83
z_1	6	4	2	1
z_2	30～48	28～64	30～64	30～83

蜗杆传动的传动比为

$$i = \frac{n_1}{n_2} = \frac{z_2}{z_1} \tag{6-41}$$

（4）中心距。

蜗杆传动的标准中心距为

$$a = \frac{1}{2}(d_1 + d_2) = \frac{m}{2}(q + z_2) \tag{6-42}$$

GB/T 10085—2018 中规定了中心距 a（mm）的标准系列为 40，50，63，80，100，125，160，180，200，225，250，280，315，355，400，450，500。

2．蜗杆传动的几何尺寸计算

圆柱蜗杆传动的几何尺寸如图 6-43 及表 6-15 所示。

表 6-15　　　　　　　　　　圆柱蜗杆传动的几何尺寸

名称	符号	计算公式	
		蜗杆	蜗轮
齿顶高	h_a	$h_{a1} = h_a^* m$	$h_{a2} = h_a^* m$
齿根高	h_f	$h_{f1} = (h_a^* + c^*)m$	$h_{f2} = (h_a^* + c^*)m$
齿高	h	$h = h_a + h_f$	
分度圆直径	d	$d_1 = mq = \dfrac{mz_1}{\tan\gamma}$	$d_2 = mz_2$
齿顶圆直径	d_a	$d_{a1} = d_1 + 2h_{a1}$	$d_{a2} = d_2 + 2h_{a2}$
齿根圆直径	d_f	$d_{f1} = d_1 - 2h_{f1}$	$d_{f2} = d_2 - 2h_{f2}$
顶隙	c	$c = c^* m = 0.2m$	
蜗轮外圆直径	d_{e2}		$d_{e2} \leqslant d_{a2} + 2m \ (z_1 = 1)$ $d_{e2} \leqslant d_{a2} + 1.5m \ (z_1 = 2 \sim 3)$ $d_{e2} \leqslant d_{a2} + m \ (z_1 = 4 \sim 6)$
齿宽	b	$b_1 \geqslant (11 + 0.06z_2)m \ (z_1 = 1,2)$ $b_1 \geqslant (12.5 + 0.09z_2)m \ (z_1 = 3,4)$	$b_2 \leqslant 0.75d_{a1} \ (z_1 \leqslant 3)$ $b_2 \leqslant 0.67d_{a1} \ (z_1 = 4 \sim 6)$ 轮缘宽度 $B = b_2 + (1 \sim 2)m$
蜗杆导程角	γ	$\gamma = \arctan\dfrac{mz_1}{d_1}$	
蜗轮螺旋角	β		$\beta = \gamma$
中心距	a	$a = \dfrac{1}{2}(d_1 + d_2) = \dfrac{m}{2}(q + z_2)$	

6.3.3 蜗杆传动的失效形式、材料和精度

1. 齿面间滑动速度 v_s

如图 6-45 所示，蜗杆与蜗轮啮合传动时，齿面间有较大的相对滑动速度，其大小为

$$v_s = \sqrt{v_1^2 + v_2^2} = \frac{v_1}{\cos\gamma} \qquad (6\text{-}43)$$

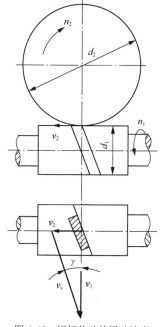

滑动速度的大小，对齿面的润滑情况、齿面失效形式、发热及传动效率都有很大的影响，是选择蜗轮材料和传动精度的重要依据，设计时，可按式（6-44）估算

$$v_s = (0.025 \sim 0.03)\sqrt[3]{P_1 n_1^2} \qquad (6\text{-}44)$$

式中，P_1 ——蜗杆的功率（kW）；

$\quad\quad v_s$ ——滑动速度（m/s）；

$\quad\quad n_1$ ——蜗杆转速（r/min）。

2. 失效形式

蜗杆传动的失效形式和齿轮传动类似，主要有齿面疲劳点蚀、胶合、磨损及轮齿折断等。由于蜗杆传动齿面间的相对滑动速度较大，摩擦产生的热量多，故闭式蜗杆传动的主要失效形式是点蚀和胶合，开式传动的主要失效形式是齿面磨损和疲劳折断。又由于蜗杆齿为连续的螺旋齿，且蜗杆材料比蜗轮材料强度高，失效总是发生在蜗轮轮齿上，所以只需对蜗轮轮齿进行强度计算。

图 6-45 蜗杆传动的滑动速度

3. 蜗杆和蜗轮常用材料

由蜗杆传动的失效形式可知，蜗杆和蜗轮的材料不仅要有一定的强度，还要有良好的减摩性、耐磨性和抗胶合的能力。

蜗杆多采用碳钢或合金钢制造，一般蜗杆用 40、45 等碳素钢；高速重载时用 20Cr、20CrMnTi 等。常通过热处理提高蜗杆齿面硬度，增加耐磨性。

蜗轮常用青铜和铸铁制造，锡青铜如 ZCuSn10Pb1 和 ZCuSn6Pb6Zn3，耐磨性好，抗胶合能力强，但价格高，用于高速（$v_s \leqslant 25\text{m/s}$）重要场合；铝铁青铜 ZCuAl10Fe3，强度好，耐冲击且价格便宜，但抗胶合能力及耐磨性差，常用于 $v_s \leqslant 10$ m/s 的场合；低速（$v_s < 2\text{m/s}$）、轻载、不重要的场合可用铸铁。蜗轮常用材料及许用应力如表 6-16 所示。

表 6-16　　　　　　　　　蜗轮常用材料及许用应力

蜗轮材料	铸造方法	滑动速度 v_s/（m·s^{-1}）	许用接触应力 $[\sigma_H]$/MPa	许用弯曲应力 $[\sigma_F]$/MPa
ZCuSn10Pb1	砂模 金属模	≤25	134 200	50 70
ZCuSn5Pb5Zn5	砂模 金属模 离心浇铸	≤12	128 134 174	33 40 40

蜗轮材料	铸造方法	滑动速度 v_s/ (m·s^{-1})	许用接触应力 $[\sigma_H]$/MPa					许用弯曲应力 $[\sigma_F]$/MPa
			滑动速度 v_s/ (m·s^{-1})					
			0.5	1	2	3	4	
ZCuAl10Fe3	砂模 金属模 离心浇铸	≤10	250	230	210	180	160	80 90 100
HT150 HT200	砂模	≤2	130	115	90	—	—	40 48

4. 蜗杆传动的精度等级

国家标准 GB/T 10089—2018《圆柱蜗杆、蜗轮精度》，对蜗杆传动规定了 12 个精度等级，1 级为最高，依次降低，12 级为最低。对于传递动力用的蜗杆传动，一般采用 6～9 级精度制造。设计时可根据蜗轮的圆周速度及使用条件查表 6-17 确定。

表 6-17　　　　　　　　　　　　　　蜗杆传动的精度等级

精度等级	蜗轮圆周速度 v_2/ (m·s^{-1})	蜗杆齿面粗糙度 Ra/μm	蜗轮齿面粗糙度 Ra/μm	应用范围
7	<7.5	≤0.8	≤0.8	中速动力传动
8	<3	≤1.6	≤1.6	速度较低或短期工作的传动
9	<1.5	≤3.2	≤3.2	不重要的低速传动或手动传动

6.3.4　蜗杆传动的强度计算

1. 受力分析

蜗杆传动的受力分析与斜齿圆柱齿轮的相似。如图 6-46 所示，若不计摩擦，则齿面上作用的法向力 F_n 可分解为 3 个相互垂直的分力：圆周力 F_t、径向力 F_r 和轴向力 F_a。由于蜗杆与蜗轮轴交角为 90°，根据作用力和反作用力原理，蜗杆传动中轮齿上的作用力大小为

蜗杆传动的受力分析

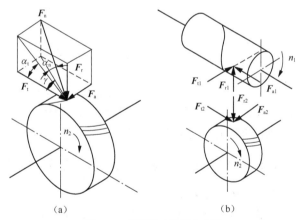

图 6-46　蜗杆传动的受力分析

$$\begin{cases} F_{t1} = -F_{a2} = \dfrac{2T_1}{d_1} \\[2mm] F_{t2} = -F_{a1} = \dfrac{2T_2}{d_2} \\[2mm] F_{r1} = -F_{r2} = F_{t2}\tan\alpha \end{cases} \tag{6-45}$$

式中，T_1、T_2——蜗杆、蜗轮上的扭矩（N·mm）。$T_1 = 9.55 \times 10^6 \dfrac{P_1}{n_1}$，$T_2 = T_1 i\eta$，$\eta$ 为蜗杆传动的效率。

力的方向：用两轮圆周力和径向力的方向判别同圆柱齿轮，轴向力方向的判别应用"主动轮左、右手螺旋法则"，即蜗杆为右旋时用右手，左旋用左手，4 指弯曲方向表示蜗杆的转向，拇指指向的方向就是轴向力方向。依据 F_{a1} 的方向可判定其反作用力蜗轮圆周力 F_{t2} 的方向，从而可判定蜗轮的转向（与圆周力 F_{t2} 方向相同）。

2．强度计算

如前文所述，为了避免蜗杆传动失效，需对蜗轮轮齿进行强度计算。

（1）蜗轮齿面接触疲劳强度计算与斜齿轮相似，仍以赫兹公式为基础。经分析推导得出钢制蜗杆与青铜或灰铸铁蜗轮配对时，蜗轮齿面接触疲劳强度校核公式如下

$$\sigma_H = 500\sqrt{\frac{KT_2}{d_1 d_2^2}} \leqslant [\sigma_H] \tag{6-46}$$

设计公式

$$m^2 d_1 \geqslant KT_2 \left(\frac{500}{z_2[\sigma_H]}\right)^2 \tag{6-47}$$

式中，K——载荷系数，一般 K 取 1.1～1.4，载荷平稳，蜗轮圆周速度 $v_2 \leqslant$ 3m/s 和 7 级以上精度时取小值，反之取较大值；

$[\sigma_H]$——蜗轮材料的许用接触应力（MPa），如表 6-16 所示。

（2）蜗轮齿根弯曲疲劳强度计算：由于蜗轮的齿形比较复杂，通常把蜗轮近似作为斜齿圆柱齿轮进行条件性计算。

蜗轮齿根弯曲疲劳强度校核公式

$$\sigma_F = \frac{1.53 KT_2 \cos\gamma}{d_1 z_2 m^2} Y_{FS} \leqslant [\sigma_F] \tag{6-48}$$

设计公式

$$m^2 d_1 \geqslant \frac{1.53 KT_2 \cos\gamma}{z_2[\sigma_F]} Y_{FS} \tag{6-49}$$

式中，Y_{FS}——蜗轮齿形系数，按当量齿数 $z_v = z_2 / \cos^3\beta$，由图 6-23 查得；

$[\sigma_H]$——蜗轮材料的许用弯曲应力（MPa），如表 6-16 所示。

其他符号的意义和单位同前。

6.3.5　蜗杆传动的效率、润滑和热平衡计算

1．蜗杆传动的效率

闭式蜗杆传动的总效率通常包括 3 部分：啮合效率、轴承摩擦效率和浸油润滑时的搅油效率。其中影响最大的啮合效率可近似按螺旋传动的效率公式计算，后两项效率一般为 95%～97%。蜗杆传动的总效率为

$$\eta = (95\%～97\%)\frac{\tan\gamma}{\tan(\gamma + \rho_v)} \tag{6-50}$$

式中，γ——蜗杆导程角；

ρ_v——当量摩擦角，$\rho_v = \arctan f_v$，f_v 为当量摩擦系数，其值可根据滑动速度 v_s 由表 6-18 所示查取。

由式（6-50）可知，效率 η 在一定范围内随 γ 增大而增大，所以在传递动力中常采用多头蜗杆。但 γ 过大会增加制造难度，且 $\gamma > 27°$ 时效率随 γ 增大提高得很少，因此一般取 $\gamma \leqslant 27°$。

表 6-18　　　　　　　　　　　　当量摩擦系数 f_v 和当量摩擦角 ρ_v

蜗轮材料	锡青铜				无锡青铜		灰铸铁			
蜗杆齿面硬度	≥45HRC		<45HRC		≥45HRC		≥45HRC		<45HRC	
滑动速度 $v_s/$ （m·s^{-1}）	f_v	ρ_v	f_v	ρ_v	f_v	ρ_v	f_v	ρ_v	f_v	ρ_v
1.00	0.045	2°35′	0.055	3°09′	0.07	4°00′	0.07	4°00′	0.09	5°09′
2.00	0.035	2°00′	0.045	2°35′	0.055	3°09′	0.055	3°09′	0.07	4°00′
3.00	0.028	1°36′	0.035	2°00′	0.045	2°35′				
4.00	0.024	1°22′	0.031	1°47′	0.04	2°17′				
5.00	0.022	1°16′	0.029	1°40′	0.035	2°00′				
8.00	0.018	1°02′	0.026	1°29′	0.03	1°43′				
10.0	0.016	0°55′	0.024	1°22′						
15.0	0.014	0°48′	0.020	1°09′						

当 $\gamma \leqslant \rho_v$ 时，蜗杆传动具有反传动自锁性，但效率很低。

在初步估算中，蜗杆传动的总效率可取下列近似数值。

闭式传动：$z_1 = 1$，$\eta = 0.65 \sim 0.75$；$z_1 = 2$，$\eta = 0.75 \sim 0.82$；$z_1 = 4$，$\eta = 0.82 \sim 0.92$；$z_1 = 6$，$\eta = 0.86 \sim 0.95$；自锁时，$\eta < 0.5$。

开式传动：$z_1 = 1、2$，$\eta = 0.60 \sim 0.70$。

2. 蜗杆传动的润滑

由于蜗杆传动齿面间的滑动速度大，为提高传动效率，避免轮齿的胶合和磨损，蜗杆传动的润滑显得十分重要。

蜗杆传动一般用油润滑。润滑方式有浸油润滑和喷油润滑两种，可根据载荷类型、相对滑动速度查表 6-19 选定。采用浸油润滑时，对于下置的蜗杆传动，浸油深度约为一个齿高；对于上置的蜗杆传动，浸油深度约为蜗轮外径的 1/3。

表 6-19　　　　　　　　　　蜗杆传动的润滑油黏度及润滑方式

滑动速度 $v_s/$（m·s^{-1}）	<1	<2.5	<5	5～10	10～15	15～20	>25
工作条件	重载	重载	中载	—	—	—	—
40℃黏度/（mm^2·s^{-1}）	900	500	350	220	150	100	80
润滑方式	浸油润滑			浸油或喷油润滑	喷油润滑的油压/MPa		
					0.07	0.2	0.3

3. 蜗杆传动的热平衡计算

蜗杆传动的效率低、发热量大，使蜗杆、蜗轮和箱体的温度升高，如果散热条件不好，会因润滑不良而产生齿面胶合，因此，对闭式蜗杆传动应进行热平衡计算。

设单位时间内，蜗杆传动由于摩擦损耗产生的热量 $Q_1 = 1000P_1(1-\eta)$。

箱体表面的散热量 $Q_2 = K_s A(t - t_0)$。

热平衡时应 $Q_1 = Q_2$，热平衡时润滑油的工作温度

$$t = \frac{1000P_1(1-\eta)}{K_s A} + t_0 \tag{6-51}$$

式中，K_s——散热系数，$K_s = 10 \sim 17 \text{W/(m}^2 \cdot ℃)$，自然通风良好时取大值；

A——散热面积（m^2），指内壁被油溅到而外壁与空气接触的箱体表面面积，对于箱体上的散热片，其散热面积按总面积的 50% 计算；

t_0——环境温度，通常取 $t_0 = 20℃$。

当 $t > 75 \sim 85℃$ 时，可采取下列措施降温：箱体上设散热片；蜗杆轴端加装风扇，如图 6-47（a）所示；箱内设置冷却水管，如图 6-47（b）所示；采用压力喷油循环润滑，如图 6-47（c）所示。

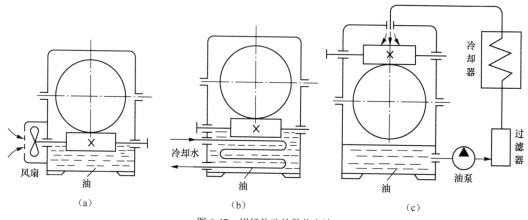

图 6-47　蜗杆传动的散热方法

6.3.6　蜗杆和蜗轮的结构

1．蜗杆的结构

蜗杆通常与轴做成一体，如图 6-48 所示，称为蜗杆轴。图 6-48（a）所示为铣制蜗杆，图 6-48（b）所示为车制蜗杆。

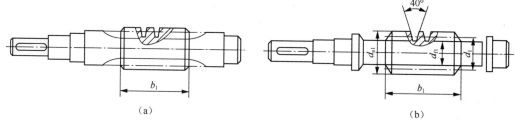

图 6-48　蜗杆结构

2．蜗轮的结构

蜗轮的结构类型分为整体式和组合式。

铸铁蜗轮或直径小于 100mm 的青铜蜗轮做成整体式，如图 6-49（a）所示。

直径大的蜗轮，为了节约贵重金属，常采用组合式结构，齿圈用青铜，而轮芯用铸铁或铸钢制造。齿圈与轮芯的连接方式有以下 3 种。

（1）齿圈压配式。如图 6-49（b）所示，齿圈与轮芯采用过盈连接。配合面处制有定位凸肩。为使连接更为可靠，接合面上加装 4 ~ 8 个螺钉，拧紧后切去螺钉头部。为避免孔被钻偏，应将螺孔中心线向较硬的轮芯偏移 2 ~ 3mm。此结构用于尺寸不大或工作温度变化较小的场合。

（2）螺栓连接式。如图 6-49（c）所示，蜗轮齿圈与轮芯用铰制孔螺栓连接。由于装拆方便，常用于尺寸较大或磨损后需要更换齿圈的场合。

（3）组合浇注式。如图 6-49（d）所示，在铸铁轮芯上预制出榫槽，浇注上青铜轮缘后切齿。该结构适用于大批量生产。

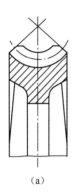 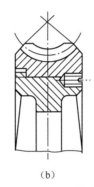 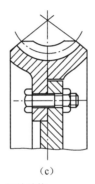 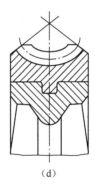

（a）　　　　　　　（b）　　　　　　　（c）　　　　　　　（d）

图 6-49　蜗轮结构

【任务实施】

设计搅拌机用蜗杆减速器中的蜗杆传动

（1）选择材料，确定许用应力。

蜗杆材料选用 45 钢，表面淬火硬度为 45～50HRC；蜗轮材料采用 ZCuSn10Pb1，金属模铸造。由表 6-16 查得 $[\sigma_{\mathrm{H}}] = 200\mathrm{MPa}$，$[\sigma_{\mathrm{F}}] = 70\mathrm{MPa}$。

（2）按蜗轮齿面接触疲劳强度设计

$$m^2 d_1 \geqslant K T_2 \left(\frac{500}{z_2 [\sigma_{\mathrm{H}}]} \right)^2$$

蜗杆、蜗轮齿数：由表 6-14 取 $z_1 = 2$，则 $z_2 = i z_1 = 20 \times 2 = 40$。

蜗轮扭矩 T：估计效率，根据 $z_1 = 2$，取 $\eta = 80\%$。

$$T_2 = 9.55 \times 10^6 \frac{P_1}{n_1} i \eta = \left(9.55 \times 10^6 \times \frac{4.5}{960} \times 20 \times 80\% \right) \mathrm{N \cdot mm} \approx 7.16 \times 10^5 \mathrm{N \cdot mm}$$

载荷系数 K：K 取 1.1。

将各参数代入式（6-47）得

$$m^2 d_1 \geqslant K T_2 \left(\frac{500}{z_2 [\sigma_{\mathrm{H}}]} \right)^2 = \left[1.1 \times 7.16 \times 10^5 \times \left(\frac{500}{40 \times 200} \right)^2 \right] \mathrm{mm}^3 \approx 3076.56 \mathrm{mm}^3$$

查表 6-13 得 $m = 8\mathrm{mm}$，$d_1 = 80\mathrm{mm}$，$m^2 d_1 = 5120\mathrm{mm}^3$。

（3）验算传动效率。

蜗杆导程角：$\gamma = \arctan(m z_1 / d_1) = \arctan(8 \times 2 / 80) = \arctan 0.2 \approx 11.31°$。

滑动速度 v_{s}：$v_{\mathrm{s}} = \dfrac{\pi d_1 n_1}{60 \times 1000 \cos \gamma} = \dfrac{\pi \times 80 \times 960}{60 \times 1000 \cos 11.31°} \mathrm{m/s} \approx 4.1\mathrm{m/s}$。

由表 6-18 查得 $\rho_{\mathrm{v}} = 1°22'$（约 $1.36°$）。

$$\eta = (95\% \sim 97\%) \frac{\tan \gamma}{\tan(\gamma + \rho_{\mathrm{v}})} = 95\% \times \frac{\tan 11.31°}{\tan(11.31° + 1.36°)} \approx 85\% \sim 86\%$$

与原估计值 $\eta = 80\%$ 接近。

（4）验算蜗轮弯曲疲劳强度。

齿形系数 Y_{F}：按当量齿数 $z_{\mathrm{v}} = z_2 / \cos^3 \gamma = 40 / \cos 11.31° \approx 42.42$，选取变位系数 $x = 0$，

由图 6-23 查得 $Y_{FS} = 4.03$ 。

$$\sigma_F = \frac{1.53 K T_2 \cos\gamma}{d_1 z_2 m^2} Y_{FS} = \left(\frac{1.53 \times 1.1 \times 7.16 \times 10^5 \cos 11.31°}{80 \times 40 \times 8^2} 4.03 \right) \text{MPa} \approx 19.76 \text{MPa} < [\sigma_F]$$

弯曲强度足够。

（5）主要几何尺寸。

蜗轮分度圆直径：$d_2 = m z_2 = 8\text{mm} \times 40 = 320\text{mm}$ 。

蜗杆导程角：$\gamma = \arctan(m z_1 / d_1) = \arctan(8 \times 2 / 80) = \arctan 0.2 \approx 11.31°$ 。

中心距：$a = (d_1 + d_2)/2 = (80 + 320)\text{mm}/2 = 200\text{mm}$ 。

（6）热平衡计算。

$$t = \frac{1000 P_1 (1-\eta)}{K_s A} + t_0$$

室温 $t_0 = 20℃$ ，油温 $t = 80℃$ ，散热系数 $K_s = 14\text{W}/(\text{m} \cdot ℃)$ 。

所需的最小散热面积

$$A = \frac{1000 P_1 (1-\eta)}{K_s (t-t_0)} = \frac{1000 \times 4.5 \times (1-0.86)}{14 \times (80-20)} \text{m}^2 = 0.75\text{m}^2$$

（7）结构设计略。

任务 6.4 设计轮系传动

【任务导入】

图 6-50 所示为汽车变速器，已知 $z_1 = 20$，$z_2 = 35$，$z_3 = 28$，$z_4 = 27$，$z_5 = 18$，$z_6 = 37$，$z_7 = 14$，轴 I（输入轴）$n_1 = 1000\text{r/min}$，问该车能实现几挡车速？如何计算？

在汽车行驶过程中变速器可以在发动机和车轮之间产生不同的变速比，换挡可以使发动机工作在最佳的动力性能状态下。

由一对齿轮组成的机构是齿轮传动的简单形式。在实际的工程中，为了满足各种不同的工作需求，如变速、变向、获得大传动比等，仅仅使用一对齿轮是不够的。

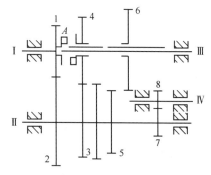

图 6-50 汽车变速器

常采用一系列互相啮合的齿轮（包括蜗杆传动）组成传动系统，其称为齿轮系，简称轮系。

【相关知识】

6.4.1 轮系的分类

1．定轴轮系

轮系传动时，若各齿轮的轴线位置都是固定的，则该轮系称为定轴轮系。

观察齿轮系

　　由轴线互相平行的圆柱齿轮组成的定轴轮系，称为平面定轴轮系，如图 6-51（a）所示。由相交轴齿轮、交错轴齿轮等组成的轮系，则称为空间定轴轮系，如图 6-51（b）所示。

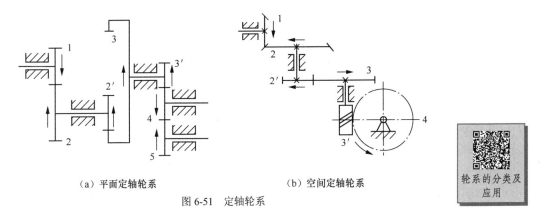

（a）平面定轴轮系　　　　　　　　（b）空间定轴轮系

图 6-51　定轴轮系

轮系的分类及应用

2．行星轮系

　　轮系传动时，若轮系中至少有一个齿轮的轴线绕另一个齿轮的固定轴线转动，则该轮系称为行星轮系，如图 6-52 所示。

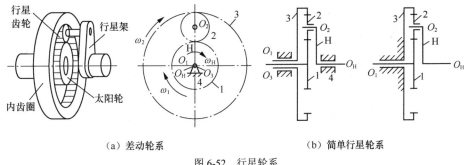

（a）差动轮系　　　　　　　　　　　（b）简单行星轮系

图 6-52　行星轮系

3．复合轮系

由定轴轮系和行星轮系或由两个以上的行星轮系组成的轮系，称为复合轮系。

6.4.2　定轴轮系的传动比计算

1．平面定轴轮系的传动比计算

　　轮系中首、末两轮的角速度（或转速）之比，称为轮系的传动比，常用字母 i 表示，并在其右下角用下标表明其对应的两轮。例如，i_{15} 表示轮 1 和轮 5 的角速度之比。计算轮系传动比时不仅要确定数值，而且要确定首、末两轮的相对转动方向，这样才能完整表达输入轮和输出轮之间的运动关系。

　　在图 6-51（a）所示的平面定轴轮系中，设齿轮 1 为首轮，齿轮 5 为末轮，其传动比 i_{15} 可由各对齿轮传动比求出。

$$i_{12} = \frac{n_1}{n_2} = -\frac{z_2}{z_1}\,;\, i_{2'3} = \frac{n_{2'}}{n_3} = \frac{z_3}{z_{2'}}$$

$$i_{3'4} = \frac{n_{3'}}{n_4} = -\frac{z_4}{z_{3'}}\,;\, i_{45} = \frac{n_4}{n_5} = -\frac{z_5}{z_4}$$

将以上各式连乘可得

$$i_{12} \cdot i_{23} \cdot i_{3'4} \cdot i_{45} = \frac{n_1}{n_2} \cdot \frac{n_{2'}}{n_3} \cdot \frac{n_{3'}}{n_4} \cdot \frac{n_4}{n_5} = (-1)^3 \frac{z_2}{z_1} \cdot \frac{z_3}{z_{2'}} \cdot \frac{z_4}{z_{3'}} \cdot \frac{z_5}{z_4}$$

其中，$n_2 = n_{2'}$，$n_3 = n_{3'}$。

则

$$i_{15} = \frac{n_1}{n_5} = i_{12} \cdot i_{23} \cdot i_{3'4} \cdot i_{45} = -\frac{z_2 z_3 z_4 z_5}{z_1 z_{2'} z_{3'} z_4}$$

计算结果中，"−"表示齿轮 5 的转向与齿轮 1 相反。

由上式可以看出，平面定轴轮系的传动比等于组成轮系的各对啮合齿轮传动比的连乘积，也等于各级传动中从动轮齿数的连乘积与主动轮齿数的连乘积之比。而传动比的正、负则取决于外啮合的齿轮对数。

其中，齿轮 4 同时与齿轮 3′和齿轮 5 相啮合，既作为从动轮又作为主动轮。其齿数的多少并不影响该轮系传动比的大小，作用仅仅是改变齿轮 5 的转向，轮系中的这种齿轮称为惰轮。

上述结论可以推广到平面定轴轮系的一般情形。若设齿轮 1 与齿轮 k 为首、末两轮，则平面定轴轮系的传动比为

$$i_{1k} = \frac{n_1}{n_k} = (-1)^m \frac{\text{1到} k \text{之间所有从动轮齿数的乘积}}{\text{1到} k \text{之间所有主动轮齿数的乘积}} \tag{6-52}$$

式（6-52）中，m 为轮系中外啮合齿轮的对数。

2．空间定轴轮系传动比的计算

一对空间齿轮传动比的大小也等于两齿轮齿数的反比，因此空间定轴轮系传动比的大小也可用式（6-52）来计算。但由于各齿轮轴线不都相互平行，所以不能用$(-1)^m$法来确定末轮的转向，而要采用画箭头的方法来确定，如图

定轴轮系的
计算案例

6-51（b）所示。用箭头方向代表齿轮的圆周速度方向，因为任何一对啮合齿轮节点处的圆周速度相同，表示两轮转向的箭头应同时指向或背离节点。实际上画箭头法对任何一种轮系都是适用的。

例 6-2 在图 6-51（a）所示的定轴轮系中，已知主动轴转速 $n_1 = 1450 \text{r/min}$，各齿轮齿数为 $z_1 = 18$，$z_2 = 54$，$z_{2'} = 19$，$z_3 = 78$，$z_{3'} = 17$，$z_4 = 23$，$z_5 = 81$，试计算轮系的传动比 i_{15} 和齿轮转速 n_5。

解： 由图 6-51（a）可以看出，该轮系为平面定轴轮系，按式（6-52）计算传动比

$$i_{15} = \frac{n_1}{n_5} = (-1)^3 \frac{z_2 z_3 z_4 z_5}{z_1 z_{2'} z_{3'} z_4} = -\frac{54 \times 78 \times 81}{18 \times 19 \times 17} \approx -58.68$$

故

$$n_5 = \frac{n_1}{i_{15}} = -\frac{1450 \text{r/min}}{58.68} \approx -24.71 \text{r/min}$$

负号表明齿轮 5 转向与齿轮 1 相反。

例 6-3 图 6-51（b）所示的轮系中，已知首轮转速 $n_1 = 800 \text{r/min}$ 和转向，$z_1 = 16$，$z_2 = 32$，$z_{2'} = 20$，$z_3 = 40$，$z_{3'} = 2$（右旋），$z_4 = 40$，求蜗轮的转速 n_4 及各轮的转向。

解： 由式（6-52）可得

$$i_{14} = \frac{n_1}{n_4} = \frac{z_2 z_3 z_4}{z_1 z_{2'} z_{3'}} = \frac{32 \times 40 \times 40}{16 \times 20 \times 2} = 80$$

$$n_4 = \frac{n_1}{i_{14}} = -\frac{800 \text{r/min}}{80} = -10 \text{r/min}$$

各轮转向如图 6-51（b）中箭头所示。

6.4.3 行星轮系的传动比计算

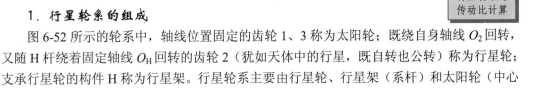

1. 行星轮系的组成

图 6-52 所示的轮系中，轴线位置固定的齿轮 1、3 称为太阳轮；既绕自身轴线 O_2 回转，又随 H 杆绕着固定轴线 O_H 回转的齿轮 2（犹如天体中的行星，既自转也公转）称为行星轮；支承行星轮的构件 H 称为行星架。行星轮系主要由行星轮、行星架（系杆）和太阳轮（中心轮）组成。

行星轮系可分为以下两类。

（1）差动轮系。如图 6-52（a）所示，太阳轮 1 和 3 均转动，该机构的自由度 $F = 3n - 2P_L - P_H = 3 \times 4 - 2 \times 4 - 2 = 2$，这种自由度为 2 的轮系称为差动轮系。

（2）简单行星轮系。如图 6-52（b）所示，内齿轮 3 固定。该机构的自由度 $F = 3n - 2P_L - P_H = 3 \times 3 - 2 \times 3 - 2 = 1$，这种自由度为 1 的轮系称为简单行星轮系。

由此可见，简单行星轮系只需一个原动件，轮系就具有确定的运动；而差动轮系则须有两个原动件，轮系的运动才能确定。

2. 行星轮系的传动比

在行星轮系中，行星轮的运动不是绕固定轴线转动的简单运动，所以其传动比不能直接用求解定轴轮系传动比的公式来计算。但是，根据相对运动原理，可把行星轮系转化为定轴轮系，这样就可以用定轴轮系传动比计算的方法来进行行星轮系的传动比计算。

图 6-53（a）所示的行星轮系中，若给整个行星轮系加上一个与行星架 H 的转速 n_H 大小相等、方向相反的公共转速 "$-n_H$"，则行星架 H 静止不动，而各构件之间的相对运动关系不发生改变，这样原来的行星轮系就转化为定轴轮系。该假想定轴轮系称为原行星轮系的"转化轮系"，如图 6-53（b）所示。转化轮系中各构件相对于行星架 H 的转速分别用 n_1^H、n_2^H、n_3^H 和 n_H^H 表示，转化前后轮系中各构件的转速如表 6-20 所示。

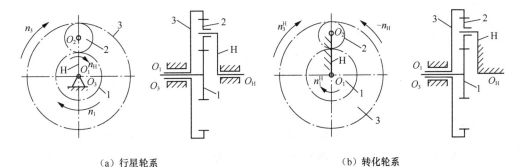

（a）行星轮系　　　　　　　（b）转化轮系

图 6-53　行星轮系及其转化轮系

表 6-20　　　　　　　　　　　　转化前后轮系中各构件的转速

构件	行星轮系中的转速	转化轮系中的转速
太阳轮 1	n_1	$n_1^H = n_1 - n_H$
行星轮 2	n_2	$n_2^H = n_2 - n_H$

续表

构件	行星轮系中的转速	转化轮系中的转速
太阳轮 3	n_3	$n_3^{\mathrm{H}} = n_3 - n_{\mathrm{H}}$
行星架 H	n_{H}	$n_{\mathrm{H}}^{\mathrm{H}} = n_{\mathrm{H}} - n_{\mathrm{H}} = 0$
机架 4	$n_4 = 0$	$n_4^{\mathrm{H}} = -n_{\mathrm{H}}$

图 6-53 中转化轮系的传动比为

$$i_{13}^{\mathrm{H}} = \frac{n_1^{\mathrm{H}}}{n_3^{\mathrm{H}}} = \frac{n_1 - n_{\mathrm{H}}}{n_3 - n_{\mathrm{H}}} = (-1)^m \frac{z_2 z_3}{z_1 z_2} = -\frac{z_3}{z_1} \tag{6-53}$$

式中，负号表示在转化机构中轮 1 和轮 3 的转向相反。

将式（6-53）推广到一般情况，若用 G、K 表示首、末两轮，则转化轮系的传动比为

$$i_{\mathrm{GK}}^{\mathrm{H}} = \frac{n_{\mathrm{G}}^{\mathrm{H}}}{n_{\mathrm{K}}^{\mathrm{H}}} = \frac{n_{\mathrm{G}} - n_{\mathrm{H}}}{n_{\mathrm{K}} - n_{\mathrm{H}}} = (-1)^m \frac{\mathrm{G、K} 间所有从动轮齿数的乘积}{\mathrm{G、K} 间所有主动轮齿数的乘积} \tag{6-54}$$

应用式（6-54）时应注意如下事项。

（1）将 n_{G}、n_{K}、n_{H} 的已知值代入式中时，必须带有正负号。若假设某一转向为正时，其相反的转向则为负。

（2）若轮系中有锥齿轮传动，且首、末轮的轴线平行，传动比的大小仍可用式（6-54）计算，转向要用画箭头的方法来确定。

（3）$i_{\mathrm{GK}}^{\mathrm{H}} \neq i_{\mathrm{GK}}$。$i_{\mathrm{GK}}^{\mathrm{H}}$ 为转化机构中 G、K 两轮的转速比（即 $n_{\mathrm{G}}^{\mathrm{H}} / n_{\mathrm{K}}^{\mathrm{H}}$）；而 i_{GK} 是行星轮系中 G、K 两轮的绝对转速之比（即 $n_{\mathrm{G}} / n_{\mathrm{K}}$），其大小和正负号须按式（6-54）经计算后求出。

例 6-4 一差动轮系如图 6-53（a）所示，已知各轮齿数 $z_1 = 16$，$z_2 = 24$，$z_3 = 64$。当轮 1 和轮 3 的转速为 $n_1 = 100 \mathrm{r/min}$，$n_3 = -400 \mathrm{r/min}$ 时，其转向如图 6-53（a）所示。试求 n_{H} 和 $i_{1\mathrm{H}}$。

解： 由式（6-53）可知

$$i_{13}^{\mathrm{H}} = \frac{n_1 - n_{\mathrm{H}}}{n_3 - n_{\mathrm{H}}} = (-1)^1 \frac{z_3}{z_1}$$

由题意可知，轮 1 与轮 3 转向相反。

将 n_1、n_3 及各轮齿数代入上式，得

$$\frac{100 \mathrm{r/min} - n_{\mathrm{H}}}{-400 \mathrm{r/min} - n_{\mathrm{H}}} = -\frac{64}{16} = -4$$

解得

$$n_{\mathrm{H}} = -300 \mathrm{r/min}$$

由此式可得

$$i_{1\mathrm{H}} = \frac{n_1}{n_{\mathrm{H}}} = -\frac{1}{3}$$

上式中的负号表示行星架的转向与齿轮 1 相反，与齿轮 3 相同。

例 6-5 如图 6-54 所示的锥齿轮行星轮系，各轮的齿数 $z_1 = 48$，$z_2 = 48$，$z_{2'} = 18$，$z_3 = 24$。已知 $n_1 = 250 \mathrm{r/min}$，$n_3 = 100 \mathrm{r/min}$，其转向如图 6-54 所示。试求行星架 H 的转速 n_{H}。

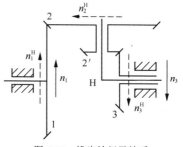

图 6-54 锥齿轮行星轮系

解： 转化轮系的传动比为

$$i_{13}^{H} = \frac{n_1^{H}}{n_3^{H}} = \frac{n_1 - n_H}{n_3 - n_H} = -\frac{z_2 z_3}{z_1 z_{2'}} = -\frac{48 \times 24}{48 \times 18} = -\frac{4}{3}$$

式中，负号表示在该轮系的转化轮系中，齿轮1、3的转向相反，通过虚线箭头来确定。将已知的 n_1、n_3 值代入上式，由于 n_1、n_3 的实际转向相反，故取 n_1 为正，n_3 为负，则

$$\frac{n_1 - n_H}{n_3 - n_H} = \frac{250 \text{r/min} - n_H}{-100 \text{r/min} - n_H} = -\frac{4}{3}$$

由此得

$$n_H = \frac{350}{7} \text{r/min} = 50 \text{r/min}$$

计算结果为正值，表明行星架 H 的转向与齿轮1相同，与齿轮3相反。

例 6-6　图 6-55 所示为花键磨床的读数机构，是一行星轮系。通过刻度盘转过的格数，记录手轮的转速（即丝杠的转速），已知各轮的齿数分别为 $z_1 = 60$，$z_2 = 20$，$z_3 = 20$，$z_4 = 59$，齿轮4固定。试计算手轮与刻度盘（即齿轮1）的传动比。

解： 从图 6-55 中可以看出该行星轮系的行星架为手轮，由式（6-54）有

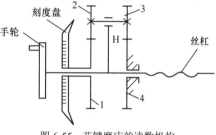

图 6-55　花键磨床的读数机构

$$\frac{n_1 - n_H}{n_4 - n_H} = (-1)^2 \frac{z_2 z_4}{z_1 z_3} = \frac{z_4}{z_1}$$

因齿轮4固定，有 $n_4 = 0$，故

$$i_{1H} = \frac{n_1}{n_H} = 1 - \frac{z_4}{z_1} = \frac{1}{60}$$

即

$$i_{H1} = \frac{1}{i_{1H}} = 60$$

若改变上述行星轮系的齿数，使 $z_1 = 100$，$z_2 = 99$，$z_3 = 100$，$z_4 = 101$，则有传动比 $i_{H1} = 10000$，即手轮每转过 10000 转，刻度盘才转过一转。由此可见，这种少齿差的行星轮系可以获得较大的传动比。但是这种轮系的效率很低，只适用于传递运动，不宜传递动力。

6.4.4　复合轮系的传动比计算

复合轮系中既有定轴轮系又有行星轮系，或有多个行星轮系。其传动比的计算是建立在定轴轮系和单级行星轮系传动比计算基础上的。求解复合轮系的传动比，必须首先正确区分基本行星轮系和定轴轮系，分别按相应的传动比计算公式列出方程，找出其相互联系，然后联立求解。即使用"划分轮系、分别计算、联立求解"三步法。

准确地找出各个单一行星轮系是求解复合轮系问题的关键。其方法是：先找出具有变动轴线的行星轮，再找出支承行星轮的行星架及与行星轮相啮合且轴线位置固定的太阳轮。找出所有的行星轮系后，剩余的便是定轴轮系。

例 6-7　如图 6-56 所示的电动卷扬机减速器，已知齿数为 $z_1 = 24$，$z_2 = 52$，$z_{2'} = 21$，$z_3 = 78$，$z_{3'} = 18$，$z_4 = 30$，$z_5 = 78$，求 i_{15}。

解： 在该轮系中，双联齿轮 2-2' 的几何轴线是绕着齿轮1、3固定轴线回

复合轮系的计算案例

转的，所以是行星轮；支持它运动的构件（卷筒 H）就是行星架；和行星轮相啮合的齿轮 1、3 是两个太阳轮。这样齿轮 1、2-2'、3 和行星架 H 组成一个差动轮系，剩下的齿轮 3'、4、5 则组成一个定轴轮系。

差动轮系中

$$i_{13}^{H} = \frac{n_1 - n_H}{n_3 - n_H} = -\frac{z_2 z_3}{z_1 z_{2'}} = -\frac{52 \times 78}{24 \times 21}$$

定轴轮系中

$$i_{3'5} = \frac{n_{3'}}{n_5} = -\frac{z_5}{z_{3'}} = -\frac{78}{18} = -\frac{13}{3}$$

由于 $n_3 = n_{3'}$，$n_5 = n_H$，联立求解

$$i_{15} = \frac{n_1}{n_5} = \left(1 + \frac{z_2 z_3}{z_1 z_{2'}} + \frac{z_5 z_3 z_2}{z_{3'} z_{2'} z_1}\right)$$

得 $\qquad\qquad i_{15} \approx 43.9$

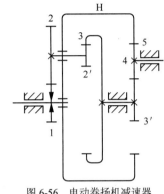

图 6-56　电动卷扬机减速器

6.4.5　轮系的应用

由前文所述可知，轮系广泛应用于各种机械设备中，其主要功能有以下几个方面。

1．实现较远距离传动

当两轴间的距离较远时，若仅用一对齿轮传动，则不仅外廓尺寸大，制造安装不方便，且浪费材料（如图 6-57 中双点画线所示），若改用轮系传动，就可克服这些缺点（如图 6-57 中单点画线所示）。

方案 1 传动路线为 1→2；方案 2 传动路线为 3→4→5→6。

2．获得大的传动比

一对齿轮的传动比一般不宜大于 7，定轴轮系和行星轮系均可获得较大的传动比。如例 6-2 中的

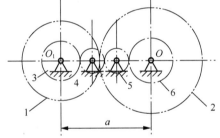

图 6-57　远距离两轴间的传动

定轴轮系，其 $i_{15} = -58.68$，例 6-6 中的行星轮系，其 $i_{H1} = 60$，可达 10000。在传递功率与传动比相同的情况下，一般行星轮系的体积与重量远比定轴轮系要小和轻。

3．实现变速与换向

主动轴转速、转向不变时，通过轮系中不同的齿轮啮合，可使从动轴获得不同的转速或换向。如图 6-50 所示的汽车变速器，该变速器可使输出轴得到 4 种转速。

图 6-58 所示为车床上走刀丝杠的三星轮换向机构，通过改变手柄的位置，使齿轮 2 参与啮合，如图 6-58（a）所示；或不参与啮合，如图 6-58（b）所示。故从动轮 4 与主动轮 1 的回转方向可以相反或相同。

4．运动的合成与分解

如图 6-59 所示差动轮系中，齿轮 1、3 的齿数相同。由式（6-54）可得出齿轮 1、3 和行星架 H 这 3 个构件转速之间的关系为 $2n_H = n_1 + n_3$。此式表明，由外部输入的 n_1 和 n_3 可以合成为 n_H 来实现运动的合成；同样，若将行星架 H 的转速按一定的比例分配到左、右齿轮上，又可实现运动的分解。

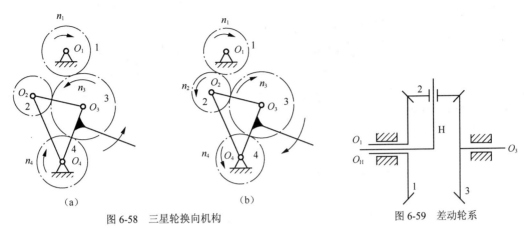

图 6-58　三星轮换向机构　　　　　　　图 6-59　差动轮系

图 6-60 所示的汽车后桥差速器，就是运用差动轮系实现运动的分解来达到汽车转弯的目的的。当汽车直线行驶时，左、右车轮转速相同，差动轮系中的齿轮 1、3 和 4 之间没有相对运动，构成整体；当汽车转弯时，这种差速器能将发动机传到齿轮 5 的运动按转弯半径大小，分解为不同转速分别传递给左、右两个车轮，以避免转弯时左、右两车轮对地面产生相对滑动，从而减轻轮胎的磨损。

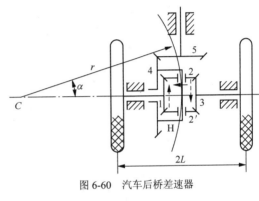

图 6-60　汽车后桥差速器

$$n_1 = \frac{r-L}{r} n_4 \qquad n_3 = \frac{r+L}{r} n_4$$

联立二式，得

$$\frac{n_1}{n_3} = \frac{r-L}{r+L}$$

差速器广泛应用于汽车、飞机、船舶、农机、起重机以及其他机械的动力传动中。

6.4.6　减速器简介

1．常用减速器

（1）齿轮减速器。

齿轮减速器按减速齿轮的级数，可分为单级、二级、三级和多级减速器这几种；按轴在空间的相互配置方式，可分为立式和卧式减速器两种；按运动简图的特点，可分为展开式、同轴式和分流式减速器等。单级圆柱齿轮减速器的最大传动比一般为 8～10，此限制主要是为了避免外廓尺寸过大。若要求 $i > 10$，就应采用二级圆柱齿轮减速器。

二级圆柱齿轮减速器应用于 $i = 8～50$ 及高、低速级的中心距总和为 250～400mm 的情况下。图 6-61（a）所示为展开式二级圆柱齿轮减速器，它结构简单，可根据需求选择输入轴端和输出轴端的位置。图 6-61（b）、（c）所示为分流式二级圆柱齿轮减速器，其中图 6-61（b）为高速级分流，图 6-61（c）为低速级分流。分流式减速器的外伸轴可向任意一边伸出，便于传动装置的总体配置，分流级的齿轮均做成斜齿，一边左旋、另一边右旋以抵消轴向力。

图 6-61（g）所示为同轴式二级圆柱齿轮减速器，它的径向尺寸紧凑，轴向尺寸大，常用于要求输入轴端和输出轴端在同一轴线上的情况。

图 6-61（e）、（f）所示为三级圆柱齿轮减速器，用于要求传动比较大的场合。图 6-61（d）、（h）所示分别表示单级锥齿轮减速器和二级圆锥-圆柱齿轮减速器，用于需要输入轴与输出轴成 90°配置的传动中。因大尺寸的锥齿轮较难精确制造，所以圆锥-圆柱齿轮减速器的高速级总是采用锥齿轮传动以减小其尺寸，提高制造精度。齿轮减速器的特点是效率高、寿命长、维护简便，因此应用极为广泛。

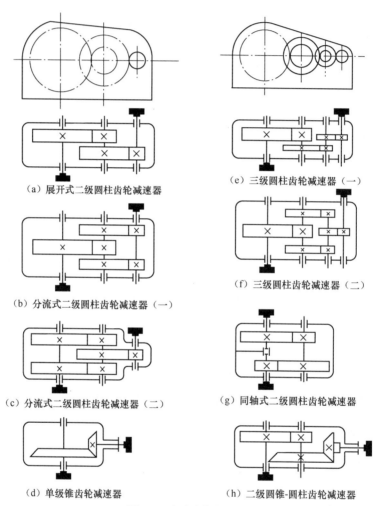

（a）展开式二级圆柱齿轮减速器

（b）分流式二级圆柱齿轮减速器（一）

（c）分流式二级圆柱齿轮减速器（二）

（d）单级锥齿轮减速器

（e）三级圆柱齿轮减速器（一）

（f）三级圆柱齿轮减速器（二）

（g）同轴式二级圆柱齿轮减速器

（h）二级圆锥-圆柱齿轮减速器

图 6-61　各式齿轮减速器

（2）蜗杆减速器。

蜗杆减速器的特点是，在外廓尺寸不大的情况下可以获得很大的传动比，同时工作平稳、噪声较小，但缺点是传动效率较低。蜗杆减速器中应用较广泛的是单级蜗杆减速器。

单级蜗杆减速器根据蜗杆的位置可分为以下 3 种：下置蜗杆，如图 6-47（a）、（b）所示；上置蜗杆，如图 6-47（c）所示；侧置蜗杆，如图 6-62（a）所示，其传动比范围一般为 $i = 10\sim70$。设计时应尽可能选用下置蜗杆的结构，以便解决润滑和冷却问题。图 6-62（b）所示为二级蜗杆减速器。

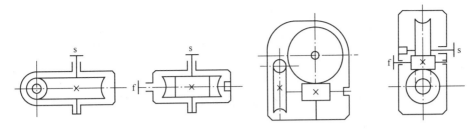

（a）单级侧置蜗杆减速器　　　　　　　　（b）二级蜗杆减速器

s—低速级；f—高速级

图 6-62　各式蜗杆减速器

（3）蜗杆-齿轮减速器。

这种减速器通常将蜗杆传动作为高速级，因为高速时蜗杆的传动效率较高。它适用的传动比范围为 50～130。

2．减速器传动比的分配

由于单级齿轮减速器的传动比最大不超过 10，当总传动比要求超过此值时，应采用二级减速器或多级减速器。此时应考虑各级传动比的合理分配问题，否则将影响到减速器外形尺寸的大小、承载能力能否充分发挥等。根据使用要求的不同，可按下列原则分配传动比：

（1）各级传动的承载能力接近相等；

（2）减速器的外廓尺寸和质量最小；

（3）传动具有最小的转动惯量；

（4）各级传动中大齿轮的浸油深度大致相等。

3．减速器的结构

图 6-63 所示为减速器的结构，它主要由齿轮、轴、轴承、箱体等组成。

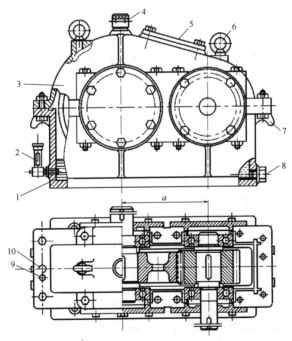

1—下箱体；2—油面指示器；3—上箱体；4—透气孔；5—检查孔盖；6—吊环螺钉；
7—吊钩；8—油塞；9—定位销钉；10—起盖螺钉孔

图 6-63　减速器的结构

箱体必须有足够的刚度，为保证箱体的刚度及散热，常在箱体外壁上制加强肋。为方便减速器的制造、装配及使用，还在减速器上设置一系列附件，如检查孔、透气孔、油标尺或油面指示器、吊钩及起盖螺钉等。

【任务实施】

计算汽车变速器各挡位传动比

（1）图 6-50 所示为汽车变速器，共有 4 挡转速，Ⅰ 为输入轴，Ⅲ 为输出轴。齿轮 1 和 2 为常啮合齿轮，齿轮 4 和 6 可沿滑键在轴Ⅲ上移动。第一挡传动路线为齿轮 1→2→5→6；第二挡为齿轮 1→2→3→4；第三挡由离合器直接将 Ⅰ 轴和 Ⅲ 轴相连，为直接挡；第四挡为齿轮 1→2→7→8→6，为倒挡。

（2）各挡转速计算。

第一挡 $i_{\text{I-III}} = \dfrac{n_{\text{I}}}{n_{\text{III}}} = \dfrac{z_2 z_6}{z_1 z_5} = \dfrac{35 \times 37}{20 \times 18} = \dfrac{259}{72}$，$n_{\text{III}} = \dfrac{72}{259} n_{\text{I}} = \dfrac{72}{259} \times 1000 \approx 277.99 \text{r/min}$

第二挡 $i_{\text{I-III}} = \dfrac{n_{\text{I}}}{n_{\text{III}}} = \dfrac{z_2 z_4}{z_1 z_3} = \dfrac{35 \times 37}{20 \times 18} = \dfrac{189}{112}$，$n_{\text{III}} = \dfrac{112}{189} n_{\text{I}} = \dfrac{112}{189} \times 1000 \approx 592.59 \text{r/min}$

第三挡 $n_{\text{III}} = n_{\text{I}} = 1000 \text{r/min}$

第四挡 $i_{\text{I-III}} = \dfrac{n_{\text{I}}}{n_{\text{III}}} = -\dfrac{z_2 z_8 z_6}{z_1 z_7 z_8} = -\dfrac{z_2 z_6}{z_1 z_7} = -\dfrac{35 \times 37}{20 \times 14} = -\dfrac{37}{8}$

$n_{\text{III}} = -\dfrac{8}{37} n_{\text{I}} = -\dfrac{8}{37} \times 1000 \text{r/min} \approx -216.22 \text{r/min}$

n_{III} 与 n_{I} 转向相反，故为倒挡。

【综合技能实训】拆装减速器

1. 目的和要求

（1）了解减速器各零件的名称及用途，各部分的结构，并分析其结构工艺性。

（2）进一步加强对齿轮结构以及齿轮啮合传动的认识，加深对机械零件结构设计的认识，为机械零件设计打下基础。

（3）通过减速器的结构分析，讨论其如何满足各种功能要求，如强度、刚度、工艺性（加工与装配）及润滑与密封等要求。

减速器拆卸和装配

（4）加深对工作岗位的认识，培养尊重劳动意识、质量意识与安全意识，提高工程动手能力。

2. 设备及工具

（1）减速器 1 台。

（2）游标卡尺（测量范围为 150mm 或 200mm）、不锈钢钢板尺（测量范围为 300mm）、成套呆扳手、手锤、铜棒、内外卡钳、螺钉旋具等。

（3）自备纸、笔等文具。

3．训练内容

（1）判断减速器的装配形式，绘制所测减速器传动示意图。

（2）了解铸造箱体的结构。

（3）观察、了解减速器各零件的用途、结构和安装位置的要求。

（4）测量减速器的中心距，中心高，箱座上、下凸缘的宽度和厚度，筋板的厚度，齿轮端面和箱体内壁的距离，大齿轮齿顶圆与箱底内壁之间的距离、轴承内端面至箱体内壁之间的距离。

4．训练步骤

（1）认识减速器外观结构，仔细观察减速器外面各部分的结构，判断传动方式、级数、输入/输出轴，填写表 6-21。

表 6-21   实训报告 1：减速器外观结构的认识

实训内容	分析过程（特点和依据）	结论
	例：平衡内外气压	通气器
减速器外部结构名称		
传动方式		
级数		
输入轴		
输出轴		
观察孔大小位置是否合适		
有几处凸台？这些凸台各有何作用？		

（2）用扳手拆下检查孔的盖板，观察检查孔的位置是否恰当、大小是否合适，将结论填入表 6-21 中。

（3）拧下箱盖和箱座连接螺栓以及轴承端盖螺钉，拔出定位销，借助起盖螺钉打开箱盖。

（4）移出输入轴组和输出轴组部件并拆卸，分析轴系结构：测量轴的各段尺寸，了解轴各部分结构的作用；了解轴承的组合结构以及轴承的拆装、固定和轴向间隙的调整，了解轴承的润滑方式和密封装置。

（5）测量箱座上、下凸缘的宽度和厚度，以及箱壁厚度。

（6）测量齿轮端面与箱体内壁的距离；大齿轮的齿顶圆与箱底内壁之间的距离；轴承内端面到箱体内壁之间的距离，填写表 6-22。

（7）绘制所测减速器传动示意图。

（8）按原样将减速器装配好，装配时按先内部后外部的顺序合理进行，装配轴套和滚动轴承时应注意方向。注意滚动轴承的合理拆装方法，经指导老师检查合格后才能合上箱盖。注意退回起盖螺钉，并在装配上、下箱盖之间螺栓前安装好定位销，最后拧紧各个螺栓。

表 6-22　　　　　　　　　　　实训报告 2：减速器的主要结构尺寸　　　　　　　　　单位：mm

名称	符号	数据		名称	符号	数据	
中心距	a_f			齿轮直径	d_{a1}	d_{a2}	
	a_s			齿轮直径	d_{a3}	d_{a4}	
中心高	H			螺栓直径	M_{d1}		
箱座壁厚	δ			箱盖壁厚	δ_1		
箱座分箱面凸缘厚度	b			箱盖上筋板厚度	m_1		
箱盖分箱面凸缘厚度	b_1			箱座下筋板厚度	m		
齿轮齿数	z_1	z_2		齿轮端面与箱体内壁间距	Δ_1		
齿轮齿数	z_3	z_4		大齿轮齿顶圆与箱底内壁间距	Δ		
减速器传动比	i			轴承内端面与箱体内壁间距	Δ_2		
减速器传动示意图							
实训中出现的问题及解决方法							
收获和体会							

5．注意事项

（1）由于减速器零件相对较多，所以在拆装时要把零件摆放整齐，并注意零件的件数，对于个别装配位置关系重要的零件，在拆装前需做好位置标记。

（2）在对减速器进行装配前需对零件予以清洗和清理。

（3）文明拆装、切忌盲目。拆装前要仔细观察零部件的结构及位置，考虑好合理的拆装顺序。禁止用铁器直接打击加工表面和配合表面。

（4）注意安全，轻拿轻放。爱护工具和设备，操作要认真，特别注意安全。

┃【思考与练习】┃

一、单选题

1．用一对齿轮来传递两转向相同的平行轴之间的运动时，宜采用（　　　）传动。

　　A．外啮合　　　　　B．内啮合　　　　　C．齿轮齿条

2．当基圆半径趋于无穷大时，渐开线（　　　）。

　　A．成为直线　　　　B．越弯曲　　　　　C．越平直　　　　　D．没有关系

3．齿轮传动的瞬时传动比（　　　）。

　　A．变化　　　　　　B．恒定　　　　　　C．可调

4. 标准压力角和标准模数均在（　　　）上。

A. 分度圆　　　　　B. 基圆　　　　　C. 齿根圆　　　　　D. 齿顶圆

5. 渐开线标准直齿圆柱齿轮齿顶圆上的压力角（　　　）20°。

A. 大于　　　　　B. 等于　　　　　C. 小于　　　　　D. 无关

6. 为了提高齿轮齿根弯曲强度应（　　　）。

A. 增加齿数　　　　　　　　　　B. 增大分度圆直径

C. 增大模数　　　　　　　　　　D. 减小齿宽

7. 渐开线齿轮连续传动条件为重合度（　　　）。

A. ＞0　　　　　B. ＜0　　　　　C. ＞1　　　　　D. ＜1

8. 一对渐开线齿轮啮合时，啮合点始终沿着（　　　）移动。

A. 分度圆　　　　　B. 节圆　　　　　C. 基圆公切线　　　　　D. 基圆

9. 渐开线直齿圆柱齿轮的正确啮合条件为（　　　）。

A. 模数和压力角分别相等　　　　　B. 模数相等

C. 压力角相等　　　　　　　　　　D. 啮合角

10. 锥齿轮的正确啮合条件是（　　　）。

A. $\begin{cases} m_1 = m_2 \\ \alpha_1 = \alpha_2 \end{cases}$　　　B. $\begin{cases} m_{大1} = m_{大2} \\ \alpha_{大1} = \alpha_{大2} \end{cases}$　　　C. $\begin{cases} m_{小1} = m_{小2} \\ \alpha_{小1} = \alpha_{小2} \end{cases}$

11. 任何齿轮传动，主动轮所受圆周力方向与其转向（　　　）。

A. 相同　　　　　B. 相反　　　　　C. 无法判断　　　　　D. 没有关系

12. 对正常齿制的标准直齿圆柱齿轮而言，避免根切的最小齿数为（　　　）。

A. 16　　　　　B. 17　　　　　C. 18　　　　　D. 19

13. 抗齿面点蚀的能力主要和齿面的（　　　）有关。

A. 硬度　　　　　B. 精度　　　　　C. 表面粗糙度　　　　　D. 轮廓曲线

14. 高速重载齿轮传动，当润滑不良时，最可能出现的失效形式是（　　　）。

A. 齿面胶合　　　　　B. 齿面点蚀　　　　　C. 齿面磨损　　　　　D. 轮齿疲劳折断

15. 一对圆柱齿轮传动中，当齿面产生疲劳点蚀时，通常发生在（　　　）。

A. 靠近齿顶处　　　　　　　　　　B. 靠近齿根处

C. 靠近节线的齿顶部分　　　　　　D. 靠近节线的齿根部分

16. 齿轮传动中，小齿轮齿面硬度比大齿轮齿面硬度差，应取（　　　）较为合理。

A. 0　　　　　　　　　　　　　　B. 小于 30HBW

C. 30~50HBW　　　　　　　　　　D. 大于 100HBW

17. 一高速中载、承受冲击的齿轮传动，宜选用（　　　）制作齿轮。

A. QT300-3　　　　　B. 45 钢　　　　　C. 50 钢　　　　　D. 20CrMnTi

18. 由直齿和斜齿圆柱齿轮组成的减速器，为使传动平稳，应将直齿圆柱齿轮布置在（　　　）。

A. 高速级　　　　　　　　　　　　B. 低速级

C. 高速级或低速级　　　　　　　　D. 无法判断

19. 直齿锥齿轮的标准模数规定在（　　　）分度圆上。

A. 小端　　　　　B. 大端　　　　　C. 法面　　　　　D. 端面

20. 圆周速度 $v<12\text{m/s}$ 的闭式齿轮传动，一般采用（　　　）润滑方式。

A. 人工定期加油　　　B. 油杯滴油　　　C. 油池　　　　　D. 喷油

二、简答题

1. 渐开线有哪些性质？举例说明渐开线性质的具体应用。

2. 齿轮上哪一点的压力角为标准值？哪一点的压力角最大？哪一点的压力角最小？

3. 何谓齿轮的分度圆？何谓节圆？两者的直径是否一定相等或一定不等？

4. 渐开线标准直齿圆柱齿轮的基本参数有哪些？决定齿轮齿廓形状的参数有哪些？

5. 一对渐开线直齿圆柱齿轮能进行啮合传动，必须满足什么条件？

6. 轮齿的失效形式有哪些？齿轮传动的强度计算应遵守什么样的计算准则？

7. 斜齿轮的强度计算与直齿轮的强度计算有何区别？

8. 对齿轮材料的基本要求是什么？常用齿轮材料有哪些？如何保证对齿轮材料的基本要求？

9. 蜗杆传动有何特点？适用于什么场合？

10. 何谓蜗杆传动的相对滑动速度？它对效率有何影响？

11. 蜗轮的结构形式有哪些？各适用于什么场合？

12. 何谓蜗杆传动的中间平面？中间平面的参数在蜗杆传动中有何重要意义？

13. 什么情况下考虑采用轮系？轮系在机械传动中主要有哪些作用？试举例说明。

14. 定轴轮系和行星轮系有何区别？简单行星轮系和差动轮系有何区别？

15. 行星轮系的传动比如何计算？运用式（6-54）时要注意哪些问题？

三、画图与计算题

1. 有一个渐开线标准直齿圆柱齿轮，测得其齿顶圆直径 $d_a = 106.40\text{mm}$，齿数 $z = 25$，其是哪一种齿制的齿轮？试确定该齿轮的模数 m、分度圆直径 d 和基圆直径 d_b。

2. 现场有两个标准直齿圆柱齿轮，已测得齿数 $z_1 = 22$、$z_2 = 98$，小齿轮齿顶圆直径 $d_{a1} = 240\text{mm}$，大齿轮的全齿高 $h = 22.5\text{mm}$，试判断这两个齿轮能否正确啮合传动。

3. 某齿轮传动的小齿轮丢失，已知与之相配的大齿轮为标准齿轮，其齿数 $z = 52$，齿顶圆直径 $d_a = 135\text{mm}$，标准安装中心距 $a = 112.5\text{mm}$。试求丢失的小齿轮的齿数 z、模数 m、分度圆直径 d、齿顶圆直径 d_a、齿根圆直径 d_f。

4. 已知单级直齿圆柱齿轮减速器中心距 $a = 250\text{mm}$，传动比 $i = 3$，$z_1 = 25$，$n_1 = 1440\text{r/min}$，$b_1 = 100\text{mm}$，$b_2 = 95\text{mm}$。小齿轮材料为 45 钢调质，大齿轮为 45 钢正火，由电动机驱动，单向传动，载荷有中等冲击，使用寿命为 5 年，两班制工作。试确定这对齿轮所能传递的最大功率。

5. 试设计一单级直齿圆柱齿轮减速器中的齿轮传动。已知传递的功率 $P = 10\text{kW}$，小齿轮转速 $n_1 = 960\text{r/min}$，传动比 $i = 3.2$，单向传动，载荷有中等冲击，齿轮相对轴承为对称布置，电动机驱动。

6. 车间有一斜齿圆柱齿轮的零件工作图，标注法面模数 $m_n = 5\text{mm}$，法面压力角 $\alpha_n = 20°$，螺旋角 $\beta = 14°$，齿数 $z = 24$。在万能铣床上用仿形法铣齿，应选择几号铣刀？

7. 已知一对斜齿圆柱齿轮传动，$z_1 = 23$，$z_2 = 98$，$m_n = 4\text{mm}$，$a = 250\text{mm}$，$h_{an}^* = 1$，$c_n^* = 0.25$，$\alpha_n = 20°$，试计算这对斜齿轮的主要尺寸。

8. 图 6-64 所示为两级斜齿圆柱齿轮减速器。

（1）已知主动轮 1 的螺旋角旋向及转向，为了使轮 2 和轮 3 中间轴的轴向力最小，试确定轮 2、3、4 的螺旋角旋向和各轮产生的轴向力方向。

（2）已知 $m_{n2} = 3\text{mm}$，$z_2 = 57$，$\beta_2 = 18°$，$m_{n3} = 4\text{mm}$，$z_3 = 20$，试求 β_3 为多少时，才能使

中间轴上两齿轮产生的轴向力互相抵消。

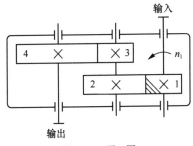

图 6-64 题 8 图

9. 如图 6-65 所示，试判断蜗杆传动中蜗轮（或蜗杆）的回转方向及螺旋方向。

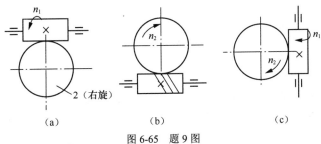

（a）　　　　　　　　　（b）　　　　　　　　　（c）

图 6-65 题 9 图

10. 已知一圆柱蜗杆传动的模数 $m = 5\text{mm}$，蜗杆分度圆直径 $d_1 = 90\text{mm}$，蜗杆头数 $z_1 = 1$，传动比 $i = 62$，试计算蜗杆传动的主要几何尺寸。

11. 试设计带式运输机的蜗杆传动，已知输入功率 $P = 7.3\text{kW}$，转速 $n_1 = 960\text{r/min}$，传动比 $i = 23$，工作载荷平稳，单向连续运转。

12. 图 6-66 所示为一手摇提升装置，其中各轮齿数均已知，试求传动比 i_{15}，并指出提升重物时手柄的转向。

13. 图 6-67 所示的轮系中，已知 $z_1 = 15$，$z_2 = 25$，$z_{2'} = 15$，$z_3 = 30$，$z_{3'} = 15$，$z_4 = 30$，$z_{4'} = 2$（右旋），$z_5 = 60$，$z_{5'} = 20$，$m = 4\text{mm}$。若 $n_1 = 500\text{r/min}$，求齿条 6 线速度 v 的大小和方向。

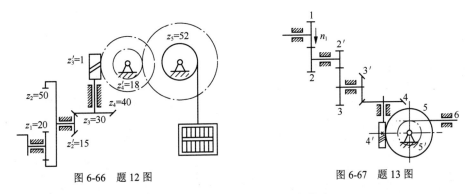

图 6-66 题 12 图　　　　　　　　图 6-67 题 13 图

14. 机械钟表传动机构如图 6-68 所示，已知各轮齿数为 $z_1 = 72$，$z_2 = 12$，$z_{2'} = 64$，$z_{2''} = z_3 = z_4 = 8$，$z_{3'} = 60 = z_{5'} = z_6 = 24$，$z_5 = 6$。试分别计算分针 m 和秒针 s 之间的传动比 i_{ms}、时针 h 和分针 m 之间的传动比 i_{hm}。

15. 某外圆磨床的进给系统如图 6-69 所示，已知各轮的齿数为 $z_1 = 28$，$z_2 = 56$，$z_3 = 38$，$z_4 = 57$，手轮与齿轮 1 固联，横向丝杠与齿轮 4 固联，其丝杠螺距为 3mm。试求当手轮转过 1/100 转时，砂轮架的横向进给量 s。

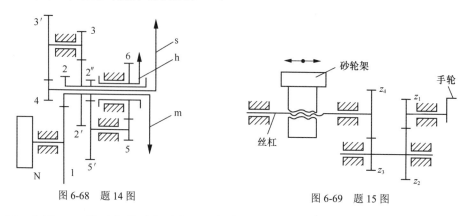

图 6-68　题 14 图

图 6-69　题 15 图

16. 在图 6-70 所示的差动轮系中，已知各轮的齿数 $z_1 = 15$，$z_2 = 15$，$z_{2'} = 20$，$z_3 = 60$，齿轮 1 的转速为 200r/min，齿轮 3 的转速为 50r/min。求行星架转速 n_H 的大小和方向。

17. 图 6-71 所示为液压回转台机构，液压马达壳体与工作台固联，齿轮 2 与马达转子固联，已知 $z_2 = 15$。若转子相对于壳体的转速为 12r/min，要求工作台转速 $n_H = 1.5$r/min，试求齿轮 1 的齿数。

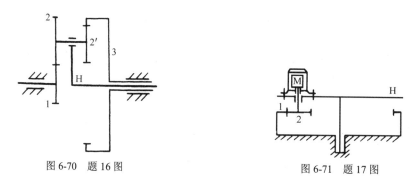

图 6-70　题 16 图

图 6-71　题 17 图

项目 7
轴系及应用

轴系零件包括轴及其配合件（滑动轴承和滚动轴承），联轴器、离合器可实现不同机构中两根轴（主动轴和从动轴）的连接，使它们共同旋转以传递扭矩。本项目分析轴的功能和分类、材料和选择，以及结构设计和强度、刚度计算；介绍滑动轴承的典型结构，常用滚动轴承类型、型号、结构特点及其选用原则等，着重分析轴承组合部件的设计内容；介绍联轴器与离合器的功能、类型及选用相关知识。

|【学习目标】|

知识目标

（1）掌握轴的类型及各类轴的载荷和应力特点；

（2）掌握轴的常用材料；

（3）掌握轴上零件的轴向和周向定位方法，明确轴的结构设计中应注意的问题；

（4）掌握滑动轴承的类型、典型结构、特点及应用；

（5）掌握滚动轴承的代号、表示方法及组合设计；

（6）了解轴承的安装、调整、润滑和密封等；

（7）认识联轴器、离合器和制动器。

能力目标

（1）能够熟练应用轴的设计方法与步骤，对轴的工作能力进行校核；

（2）能够根据各类轴承的结构特点及工作条件合理选用轴承的类型；

（3）能够正确进行滚动轴承部件的组合结构设计；

（4）能够根据工作条件，正确选用联轴器类型，并进行验算和设计。

素质目标

（1）完成各项任务，通过对轴系及轮毂连接的学习，加深对工作岗位的认识，培养尊重劳动、爱岗敬业、知行合一的工匠精神；

（2）结合轴的受力分析和结构设计，培养质量意识与安全意识及精益求精的工匠精神；

（3）拓宽知识面，培养综合设计及工程实践能力。

| 任务 7.1 设计轴的结构 |

【任务导入】

图 7-1 所示为带式运输机，由电动机通过带传动和单级斜齿圆柱齿轮减速器驱动。已知减速器输出轴传递的功率 $P = 7.8$kW，转速 $n = 190$r/min，齿轮分度圆直径 $d_2 = 203.92$mm，螺旋角 $\beta = 9°24'$，轮毂宽度 $B = 60$mm。试设计该减速器的输出轴。

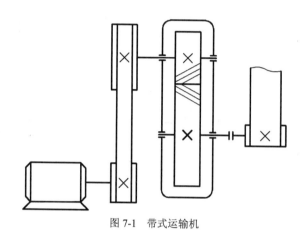

图 7-1 带式运输机

【任务分析】

传动零件（齿轮、带轮、链轮等）工作时，必须转动，而转动又必须有零件支承，支承零件称为轴。轴是机器中使用最普遍的重要零件之一，其主要功能是支承传动零件，传递运动及动力。轴的设计主要包括材料选择、结构设计、强度计算和刚度计算等。

【相关知识】

7.1.1 轴的类型

轴可以根据不同的条件加以分类，常见的分类方法如下。

1. 按所受载荷性质分类

（1）传动轴：只承受扭矩而不承受弯矩或承受弯矩很小的轴，如汽车的传动轴，图 7-2 所示。

（2）心轴：只承受弯矩的轴。心轴又分

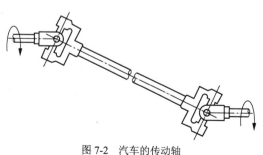

图 7-2 汽车的传动轴

为固定心轴，如自行车前轮轴，如图 7-3（a）所示；转动心轴，如滑轮轴，如图 7-3（b）所示。

（3）转轴：同时承受扭矩和弯矩的轴，如减速器轴，如图 7-4 所示。机器中大多数轴都属于这类。

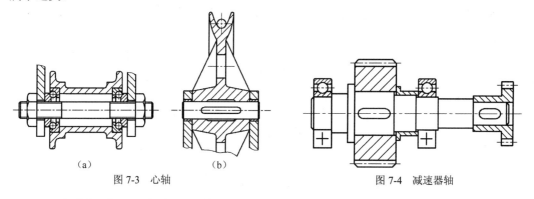

图 7-3　心轴　　　　　　　　　　　　　　　图 7-4　减速器轴

2．按结构形状分类

按轴线的形状不同，轴可分为直轴、曲轴（见图 7-5）和挠性轴（见图 7-6），而直轴又可分为截面相等的光轴和截面分段变化的阶梯轴等。按内部结构，轴还可分为实心轴和空心轴（车床的主轴）。

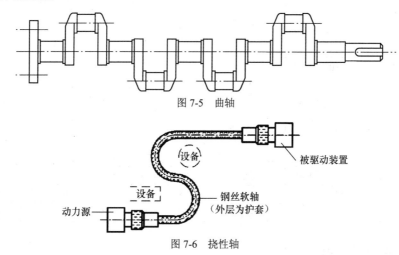

图 7-5　曲轴

图 7-6　挠性轴

7.1.2　轴的材料

选择轴的材料时，首先应考虑具有足够的强度和刚度，同时应考虑对应力集中的敏感性、工艺性及经济性等因素。常用的材料主要有碳素钢、合金钢，其次是球墨铸铁和高强度铸铁。

碳素钢有足够高的强度，比合金钢廉价，应力集中敏感性差，可以进行各种热处理（调质、正火、淬火等）及机械加工，材料来源方便，故应用较广泛。一般机器中的轴，采用 35、40、45、50 等优质中碳钢，其中以 45 钢经调质处理较为常用。受力较小和不重要的轴也可采用碳素结构钢，如 Q235A 和 Q275A。

合金钢比碳素钢具有更好的力学性能和淬透性，用于制造高速、重载的轴，或受力大而要求尺寸小、重量轻的轴，以及处于高温、低温或腐蚀介质中的轴。常用的合金钢有 20Cr、38SiMnMo、35SiMn、40MnB 等。但合金钢对应力集中较敏感，且价格较贵。在一般工作温度下，合金钢和碳钢具有相近的弹性模量，所以采用合金钢并不能提高轴的刚度。

形状复杂的轴也可采用球墨铸铁和高强度铸铁，其铸造工艺性好，具有吸振性好、强度较高、成本低等优点，但铸件质量不易控制。球墨铸铁和高强度铸铁的机械强度比碳钢低，易用于较复杂的外形，耐磨性好，应力集中敏感性低，故应用日趋增多。

轴的常用材料及其主要力学性能如表 7-1 所示。

表 7-1　　　　　　　　　　　　　轴的常用材料及其主要力学性能

材料牌号	热处理	毛坯直径/mm	硬度	抗拉强度 σ_b	屈服极限 σ_s	弯曲疲劳极限 σ_{-1}	剪切疲劳极限 τ_{-1}	备注
				MPa				
Q235A	热轧或锻后空冷	≤100		400～420	225	170	105	用于不太重要及受载荷不大的轴
		>100～250		375～390	215			
45	正火	≤100	170～217HBW	590	295	255	140	应用较广泛
		>100～300	162～217HBW	570	285	245	135	
	调质	≤200	217～255HBW	640	355	275	155	
20Cr	渗碳淬火回火	≤60	表面56～62HRC	640	390	280	160	用于要求强度、韧性及耐磨性均较高的轴
40Cr	调质	≤100	241～286HBW	735	540	355	200	用于载荷较大，而无很大冲击的重要轴
		>100～300		685	490	317	185	
40CrNi	调质	≤100	270～300HBW	900	735	430	260	用于很重要的轴
		>100～300	240～270HBW	785	570	370	210	
38SiMnMo	调质	≤100	229～286HBW	735	590	365	210	性能接近40CrNi，用于重要的轴
		>100～300	217～269HBW	686	439	331	191	
1Cr18Ni9Ti	淬火	≤100	≤192HBW	530	195	190	115	用于工作于高、低温及腐蚀条件下的轴
		>100～200		490		180	110	
38CrMoAlA	调质	≤60	293～321HBW	930	785	440	280	用于要求高耐磨性，高强度及热处理变形很小的轴
		>60～100	277～302HBW	835	685	410	270	
		>100～160	241～277HBW	785	590	375	220	
QT600-3			190～270HBW	600	370	215	185	用于外形复杂的轴

7.1.3　轴的结构设计要求

图 7-7 所示为轴的结构，安装轮毂的部分①、④称为轴头；轴上被支承的部分③、⑦称为轴颈；连接轴颈和轴头的部分②、⑥称为轴身；轴上的环形部分⑤称为轴环。

轴的结构设计就是合理地确定出轴的各部分几何形状和尺寸，保证轴具有足够的强度和刚度。由于影响轴结构的因素很多，具体情况而异，所以轴没有标准结构。进行结构设计时，主要考虑以下几方面的问题。

1. 轴上零件的装配方案

为了便于轴上零件的拆装，常将轴做成阶梯形，如图 7-7 所示。先将平键装在轴头上，从轴左端依次装入齿轮、套筒、左端轴承，然后从轴右端装入右端轴承，再将轴装入减速器箱体的轴承座孔中，装上左、右轴承盖，最后在左边轴端装入平键和带轮。为使轴上零件容易拆装，轴端和各轴段端都应有倒角。在满足使用要求的情况下，轴的形状和尺寸应力求简单，以便于加工。

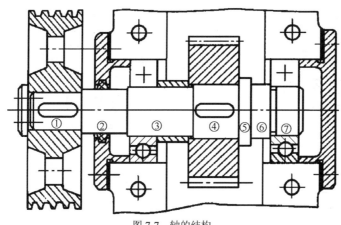

轴的结构设计
案例

图 7-7　轴的结构

2．轴上零件的定位和固定

轴上的每个零件都应该有确定的工作位置，既要定位准确，又要固定牢靠。一般情况下，应在轴向和周向均加以固定。

（1）轴上零件的轴向定位和固定。

为防止轴上零件的轴向移动，常需进行轴向定位，常用的方法有以下几种，如图 7-8 所示。

① 轴肩或轴环。用于传递轴向力的轴肩，是简单、可靠的结构。为了保证轴上零件端面能靠紧轴肩（或轴环）定位面，轴肩（或轴环）的过渡圆角半径 r 必须小于轴上零件毂孔的圆角半径 r_1 或倒角高度 C_1，如图 7-8（a）、（b）所示。轴肩（或轴环）的高度 h 应取$(0.07d + 3mm)\sim(0.1d + 5mm)$，轴环宽度 b 一般约为 $1.4h$。滚动轴承的定位轴肩尺寸，由轴承标准规定的尺寸确定。仅为加工和装配方便而设计的非定位轴肩，轴肩高度和过渡圆角半径没有严格的规定，一般可取轴肩高度 $h = 1.5\sim2mm$，半径 $r\leq(D - d)/2$。

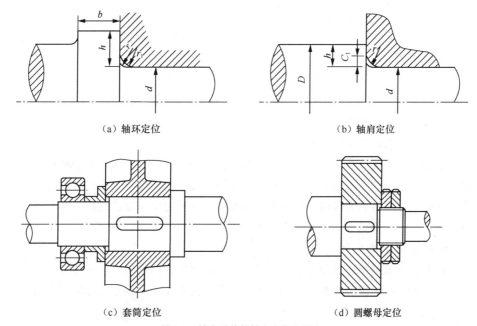

（a）轴环定位　　　（b）轴肩定位

（c）套筒定位　　　（d）圆螺母定位

图 7-8　轴上零件的轴向定位和固定

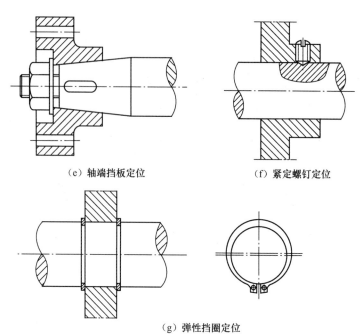

（e）轴端挡板定位　　　　　　　　　　（f）紧定螺钉定位

（g）弹性挡圈定位

图 7-8　轴上零件的轴向定位和固定（续）

② 套筒。当轴上两零件相距较近时，使用套筒来相对固定，如图 7-8（c）所示。为使轴上零件定位可靠，应使轴段长度比零件毂长短 2～3mm。但套筒与轴配合较松，两者难以同心，不适宜用在高速转轴上。

③ 圆螺母。当轴上两个零件之间的距离较大时，可采用圆螺母压紧零件端面来进行轴向固定，如图 7-8（d）所示。圆螺母定位拆装方便，能传递较大的轴向力。

④ 轴端挡板。当零件位于轴端时，可以用轴端挡板与轴肩、轴端挡板与圆锥面相结合来双向固定零件，如图 7-8（e）所示，联轴器由轴端挡板与锥面固定。该方法简单、可靠、拆装方便，常用于有冲击载荷的场合。

⑤ 紧定螺钉。这种定位方法常用于光轴，如图 7-8（f）所示，结构简单，但只能承受较小的轴向力。

⑥ 弹性挡圈。在轴上切出环形槽，将弹性挡圈嵌入槽中，利用它的侧面压紧被定位零件的端面，如图 7-8（g）所示。这种定位方法工艺性好、拆装方便，但对轴的强度削弱较大，常用于所受轴向力小而刚度大的轴。

（2）轴上零件的周向定位和固定。

周向定位的目的是限制轴上零件绕轴线转动，这种定位通常以轮毂与轴连接的形式出现。常用的周向定位和固定方法有：键连接、花键连接、销连接、成形连接及过盈配合连接等。定位和固定方法根据其传递扭矩的大小和性质、零件对中精度的高低、加工难易等因素来选择。

3. 良好的制造工艺性

轴的结构应尽量简单，以便于加工。当轴上有两个以上的键槽时，应将键槽开在轴的同一母线上，以便一次装夹就能加工。同一轴上的所有圆角半径、倒角尺寸应尽可能一致，以减少换刀次数及装夹时间。

需要磨削的轴段，应留有砂轮越程槽，如图 7-9（a）所示；需要车螺纹的轴段，应留有退刀槽，如图 7-9（b）所示。

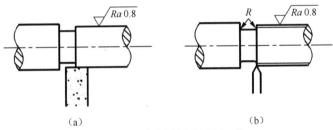

图 7-9 砂轮越程槽和螺纹退刀槽

4．减小应力集中

轴的截面尺寸突变会造成应力集中，相邻轴段的直径相差不宜过大，在直径变化处，尽量采用圆角过渡，圆角半径应尽可能大。在重要的结构中，若增大定位轴肩处过渡圆角半径有困难，可采用凹切圆角。图 7-10（a）所示为凹切圆角，图 7-10（b）所示为过渡肩环结构，以增加轴肩处过渡圆角半径和减小应力集中。

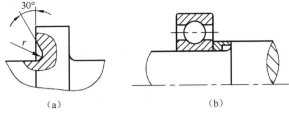

图 7-10 轴肩过渡结构

当采用紧定螺钉、弹性挡圈、圆锥销钉、圆螺母等定位时，需要在轴上加工出凹坑、环槽、横孔、螺纹等，这会引起较大的应力集中，应尽量避免使用。

7.1.4 轴的强度计算

1．按扭转强度计算

对于只承受扭矩或主要承受扭矩的圆截面实心轴，其抗扭强度条件为

$$\tau_{\mathrm{T}} = \frac{T}{W_{\mathrm{T}}} = \frac{9.55 \times 10^{6}\, P/n}{0.2 d^{3}} \leqslant [\tau_{\mathrm{T}}] \tag{7-1}$$

式中，τ_{T} 为轴的扭转应力（MPa）；T 为轴传递的扭矩（N·mm）；W_{T} 为轴的抗扭截面系数（mm^3）；P 为轴传递的功率（kW）；n 为轴的转速（r/min）；d 为轴的直径（mm）；$[\tau_{\mathrm{T}}]$ 为轴的许用扭转应力（MPa），可查表 7-2 得到。

轴的设计计算公式为

$$d \geqslant \sqrt[3]{\frac{9.55 \times 10^{6}\, P}{0.2[\tau_{\mathrm{T}}]\, n}} = C \sqrt[3]{\frac{P}{n}} \tag{7-2}$$

式中，C 为由轴的材料和承载情况确定的计算常数，可查表 7-2 得。

表 7-2   常用材料的 $[\tau_{\mathrm{T}}]$ 值和 C 值

轴的材料	Q235，20	35	45	40Cr，35SiMn
C	160～135	135～118	118～107	107～98
$[\tau_{\mathrm{T}}]$/MPa	12～20	20～30	30～40	40～52

注：当弯矩相对扭矩较小或者只承受扭矩时，C 取较小值，否则取较大值。

对于转轴，常用式（7-2）来初步估算轴端的最小直径，以进行结构设计。考虑到弯矩的

影响，将许用扭转应力$[\tau_T]$适当降低。

如轴上开一个键槽，轴径应增大3%～5%；开两个键槽，轴径应增大7%～10%。

这种计算方法简便，只需知道扭矩大小，不需要先确定轴的跨距及结构，便于初步估算轴径进行结构设计，但计算精度较低。

2．按弯扭合成强度计算

转轴的强度计算通常在初步完成轴的结构设计，已知轴上载荷的大小、方向和作用位置，以及轴上支座反力的位置后，按弯扭组合作用校核轴的强度。

对于钢制的轴，可按第三强度理论计算，强度条件为

$$\sigma_e = \frac{M_e}{W} = \frac{\sqrt{M^2 + (\alpha T)^2}}{0.1d^3} \leqslant [\sigma_{-1}]_b \tag{7-3}$$

也可写为

$$d \geqslant \sqrt[3]{\frac{M_e}{0.1[\sigma_{-1}]_b}} \tag{7-4}$$

式中：σ_e 为当量应力（MPa）；M_e 为当量弯矩（N·mm），$M_e = \sqrt{M^2 + (\alpha T)^2}$；$W$ 为危险截面弯曲截面系数（mm³），对于实心圆截面的轴，$W \approx 0.1d^3$；d 为轴的直径（mm）；M 为合成弯矩（N·mm），$M = \sqrt{M_H^2 + M_V^2}$，M_H 为水平面上的弯矩（N·mm），M_V 为垂直面上的弯矩（N·mm）；α 为折算系数；$[\sigma_{-1}]_b$ 为许用弯曲应力（MPa）。

折算系数 α 是考虑弯曲与扭转应力的循环特性不同，将扭矩转化为弯矩的系数。对于不变的扭矩，取 $\alpha = \dfrac{[\sigma_{-1}]_b}{[\sigma_{+1}]_b} \approx 0.3$；对于脉动循环的扭矩，取 $\alpha = \dfrac{[\sigma_{-1}]_b}{[\sigma_0]_b} \approx 0.6$；对于对称循环的扭矩，取 $\alpha = 1$。$[\sigma_{-1}]_b$、$[\sigma_0]_b$、$[\sigma_{+1}]_b$ 分别为材料在对称循环应力、脉动循环应力和静应力状态下的许用弯曲应力，其值可从表7-3中选取。当扭矩的变化规律未知时，一般按脉动循环变化处理。设计时，即使扭矩大小不变，但考虑到起动、停车等因素，一般按脉动循环计算。

表7-3　　　　　　　　　　　　　　轴的许用弯曲应力　　　　　　　　　　　单位：MPa

材料	σ_B	$[\sigma_{+1}]_b$	$[\sigma_0]_b$	$[\sigma_{-1}]_b$
碳素钢	400	130	70	40
	500	170	75	45
	600	200	95	55
	700	230	110	65
合金钢	800	270	130	75
	900	300	140	80
	1000	330	150	90
铸钢	400	100	50	30
	500	120	70	40

7.1.5　轴的设计过程

轴的设计过程主要包括结构设计和设计计算两大部分。这两部分内容在设计过程中交替进行，也就是边画图、边计算、边修改的"三边"过程。

其中，校核计算轴的强度时首先对轴上传动零件（如齿轮、蜗杆等）进行受力分析，求出轴所受的弯矩和扭矩，并画出弯矩图和扭矩图，判断出危险截面。然后用式（7-3）对轴的危险截面进行强度校核。对于刚度要求较高的轴，还要进行刚度校核计算。当校核不合格时，

需要修改轴的结构尺寸，直到校核合格为止。

轴的一般设计过程如下。

① 合理布置轴上零件的位置，确定零件装配方案，选择轴的材料及热处理方法，确定许用应力。

② 根据轴的受力状况，初步估算轴的最小直径。

③ 确定各轴段直径。当轴径的变化满足零件固定的要求时，定位轴肩应有足够的高度，数值较大；为方便装配或区别加工表面而设的非定位轴肩，高度则较小。相邻两轴径之差，通常可取 5～10mm。当轴上装有滚动轴承等标准件时，轴径取相应的标准值。此外，轴上有砂轮越程槽或螺纹退刀槽等，轴径按相应的标准取值。

④ 确定各轴段的长度，主要根据轴上零件的位置、配合长度、润滑方式、轴承端盖的厚度等因素确定。

⑤ 确定轴的细部结构，主要包括键槽尺寸、倒角尺寸、过渡圆角半径、砂轮越程槽尺寸、轴端螺纹孔尺寸等。

⑥ 验算轴的强度和刚度，轴承与联轴器的选择、键连接强度校核等计算交叉进行，反复修改结构尺寸。

⑦ 确定轴的配合、公差、表面粗糙度及技术要求。

⑧ 确定最佳结构方案，绘制轴的工作图。

设计流程如图 7-11 所示。

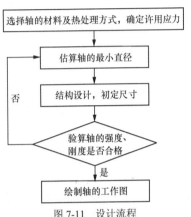

图 7-11 设计流程

【任务实施】

设计带式运输机减速器的输出轴

（1）选择轴的材料并确定许用应力。该轴传递中小功率，转速较低，故选常用的 45 钢正火处理，由表 7-1 查得主要力学性能：$\sigma_b = 570\text{MPa}$，$\sigma_s = 285\text{MPa}$，$\sigma_{-1} = 245\text{MPa}$，$\tau_{-1} = 135\text{MPa}$。

（2）按扭转强度初步计算轴输出端的直径。由表 7-2 取 $C = 110$，则

$$d = C \sqrt[3]{\frac{P}{n}} = 110 \sqrt[3]{\frac{7.8}{190}}\,\text{mm} = 37.9\,\text{mm}$$

考虑轴端安装联轴器需要加工键槽，可将直径增大 5% 并取标准值。

$$d = 37.9 \times (1 + 5\%)\,\text{mm} \approx 39.8\,\text{mm}$$

故轴输出端最小直径 $d_{\min} = 40\text{mm}$。

（3）轴的结构设计。

① 轴上零件的定位、固定和装配。单级减速器中，考虑零件拆装方便及定位要求，采用阶梯轴。可将齿轮安排在箱体中央，相对两轴承对称布置，如图 7-12 所示。齿轮轴向定位左端采用轴环，右端由套筒固定；周向定位由平键和过渡配合固定。两轴承分别以轴肩和套筒定位，周向采用过盈配合固定。

联轴器左端采用轴肩轴向定位，右端用轴端挡板轴向固定，周向由平键连接固定。这样齿轮及其右侧的套筒、右轴承和联轴器依次从右面安装，左侧轴承从左面安装。

② 确定各轴段直径和长度。以轴端最小直径 $d_{\min} = 40\text{mm}$ 为基础进行设计。此轴段 I 的

直径和长度与联轴器相符，选取 TL7/J$_1$C40×84 型弹性套柱销联轴器，轴孔直径为 40mm，轴孔长度为 84mm，和轴配合部分长度取 80mm。

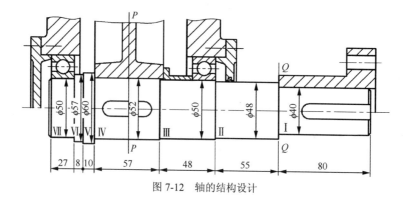

图 7-12　轴的结构设计

联轴器定位轴肩高度由机械设计手册查得，取 4mm。故轴段Ⅱ轴径为 48mm，符合毛毡圈密封标准轴径。根据减速器的结构，通过密封端盖的轴段Ⅱ长度为端盖宽度，加上联轴器与端盖之间的距离，这个距离主要考虑螺栓等的安装空间，因此轴段Ⅱ长度取 55mm。

根据安装的要求，与轴承配合的轴段Ⅲ右端为非定位轴肩，所以轴径变化不大。初选 6310 型深沟球轴承，其内径为 50mm，宽度为 27mm。考虑齿轮端面与箱体内壁、箱体内壁与轴承内端面应有一定距离，则取套筒长为 18mm。安装齿轮的轴段应比轮毂宽度小 2～3mm，故轴段Ⅲ轴长为(27+18+3)mm = 48mm。

与齿轮配合的轴段Ⅳ右端仍然是非定位轴肩，故取直径为 52mm，长度为 57mm。

轴段Ⅴ是轴环结构，其右端为定位轴肩，由机械设计手册查得齿轮定位轴肩高度，取直径为 60mm，长度为 10mm。轴段Ⅵ的左面为滚动轴承的定位轴肩，为便于轴承拆卸，由机械设计手册查得其安装尺寸的直径为 57mm。由于齿轮相对两个轴承对称布置，该段长度为 (18–10) mm = 8mm。

轴段Ⅶ直径与轴段Ⅲ直径相同，都是安装滚动轴承的轴段，直径为 50mm。该轴段长度等于轴承宽度 27mm，轴承支承跨距 L = 123mm。

综合各方面的要求，绘制轴的结构草图，如图 7-12 所示。

（4）按弯扭合成校核轴的强度。

① 画出轴的空间受力简图，如图 7-13（a）所示，求出齿轮上的作用力。

输出轴扭矩　　$T = 9.55 \times 10^6 \dfrac{P}{n} = 9.55 \times 10^6 \times \dfrac{7.8}{190} \text{N} \cdot \text{mm} \approx 392053 \text{N} \cdot \text{mm}$

齿轮所受圆周力　　　　$F_t = \dfrac{2T}{d_2} = \dfrac{2 \times 392053}{203.92} \text{N} \approx 3845 \text{N}$

齿轮所受轴向力　　$F_a = F_t \tan\beta = 3845\tan 9°24' \text{N} \approx 637 \text{N}$

齿轮所受径向力　　$F_r = \dfrac{F_t \tan\alpha_n}{\cos\beta} = \dfrac{3845\tan 20°}{\cos 9°24'} \text{N} \approx 1419 \text{N}$

② 将轴上作用力分解到水平面，如图 7-13（b）所示，垂直面的作用力如图 7-13（d）所示，求水平面上和垂直面上的轴承支座反力。

水平面轴承支座反力：

$$R_{AH} = R_{BH} = Ft/2 = 3845\text{N}/2 = 1922.5\text{N}$$

垂直面轴承支座反力：

$$R_{AV} = \frac{F_r \cdot L/2 - F_a \cdot d/2}{L} = \frac{1419 \times 61.5 - 637 \times 203.92/2}{123}\,\text{N} \approx 181.46\text{N}$$

$$R_{BV} = \frac{F_r \cdot L/2 + F_a \cdot d/2}{L} = \frac{1419 \times 61.5 + 637 \times 203.92/2}{123}\,\text{N} \approx 1237.54\text{N}$$

③ 分别绘制水平面的弯矩图，如图 7-13（c）所示；垂直面的弯矩图，如图 7-13（e）所示。

水平面的弯矩：

$$M_H = R_{AH}\,L/2 = \frac{1922.5 \times 123}{2}\,\text{N} \cdot \text{mm} = 118233.75\text{N} \cdot \text{mm}$$

垂直面的弯矩：

$$M_{V1} = R_{AV}\,L/2 = \frac{181.46 \times 123}{2}\,\text{N} \cdot \text{mm} = 11159.79\text{N} \cdot \text{mm}$$

$$M_{V2} = R_{BV}\,L/2 = \frac{1237.5 \times 123}{2}\,\text{N} \cdot \text{mm} = 76108.71\text{N} \cdot \text{mm}$$

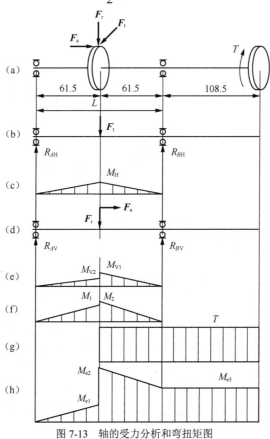

图 7-13　轴的受力分析和弯扭矩图

④ 绘制合成弯矩图、扭矩图及当量弯矩图。

绘制合成弯矩图，如图 7-13（f）所示。

$$M_1 = \sqrt{M_H^2 + M_{V1}^2} = \sqrt{118233.75^2 + 11159.79^2}\,\text{N} \cdot \text{mm} \approx 118759.25\text{N} \cdot \text{mm}$$

$$M_2 = \sqrt{M_H^2 + M_{V2}^2} = \sqrt{118233.75^2 + 76108.71^2}\,\text{N} \cdot \text{mm} \approx 140612.07\text{N} \cdot \text{mm}$$

绘制扭矩图，如图 7-13（g）所示。

绘制当量弯矩图，如图 7-13（h）所示，扭矩按脉动循环应力考虑，取折合系数 $\alpha = 0.6$。由图 7-13（h）可知，$P\text{-}P$ 剖面的右侧当量弯矩 M_{e2} 最大，但轴径不是最小；$Q\text{-}Q$ 剖面的轴径最小，当量弯矩 M_{e3} 较大，所以这两个剖面比较危险，计算这两个剖面的当量弯矩。

$$M_{e2} = \sqrt{M_2{}^2 + \left(\alpha T\right)^2} = \sqrt{140612.07^2 + (0.6 \times 392053)^2}\,\text{N·mm} \approx 274054.29\,\text{N·mm}$$

$$M_{e3} = \alpha T = 0.6 \times 392053\,\text{N·mm} \approx 235231.8\,\text{N·mm}$$

⑤ 校核轴的强度。

$P\text{-}P$ 剖面的右侧当量应力：

$$\sigma_{e2} = \frac{M_{e2}}{W} = \frac{M_{e2}}{0.1 d_{IV}^3} = \frac{274054.29}{0.1 \times 52^3}\,\text{MPa} \approx 19.49\,\text{MPa}$$

$Q\text{-}Q$ 剖面的当量应力：

$$\sigma_{e3} = \frac{M_{e3}}{W} = \frac{M_{e3}}{0.1 d_{I}^3} = \frac{235231.8}{0.1 \times 40^3}\,\text{MPa} \approx 36.75\,\text{MPa}$$

由表 7-3 查得 $[\sigma_{-1}]_b = 55\,\text{MPa}$，$\sigma_e \leqslant [\sigma_{-1}]_b$，所以强度足够。

（5）绘制轴的工作图（略）。

任务 7.2　认识滑动轴承

【任务导入】

某公司有一混合摩擦向心滑动轴承，轴颈直径 $d = 60\,\text{mm}$，轴承宽度 $B = 60\,\text{mm}$，轴瓦材料为 ZCuAl10Fe3。试确定当载荷 $F = 36000\,\text{N}$，转速 $n = 50\,\text{r/min}$ 时，轴承是否满足非液体润滑轴承的使用条件。

【任务分析】

轴承是机器中用来支承轴及轴上回转零件的一种重要部件，用来保证轴的旋转精度，减少轴与支承间的摩擦和磨损，获得更高的传动效率。根据工作时摩擦性质的不同，轴承分为滑动轴承和滚动轴承两大类。

润滑良好的滑动轴承在高速、重载、高精度以及结构要求对开的场合优点突出，因此在汽轮机、内燃机、大型电机、仪表、机床、航空发动机及铁路机车等机械上被广泛应用。

【相关知识】

7.2.1　滑动轴承的类型

在滑动轴承中，轴颈与轴瓦间为面接触的滑动摩擦，如图 7-14（a）所示。根据摩擦的状态，滑动轴承分为液体摩擦滑动轴承和非液体摩擦滑动轴承。

液体摩擦滑动轴承的轴颈与轴瓦的摩擦表面间有充足的润滑流体，而且在二者的表面形成润滑油膜，轴颈与轴瓦表面完全被流体隔开，如图7-14（b）所示。摩擦状态为液体摩擦，摩擦在流体内部进行，避免了磨损，因此摩擦系数非常小，寿命长，常用于高速、高精度、重载等场合，如汽轮机、精密机床、大型电机、轧钢机等机器中。但形成液体摩擦的滑动轴承，设计、制造成本以及维护费用比较高，在起动、停车等情况下难以实现液体摩擦。

当轴颈与轴瓦的工作表面没有完全被润滑油隔开时，这种状态下工作的轴承称为非液体摩擦滑动轴承，如图 7-14（c）所示。这种轴承由于部分凸起的金属表面会直接接触，磨损是不可避免的，摩擦系数比较大，效率也比较低，但结构简单、制造精度要求较低、安装维护方便。其在一般转速或载荷不大、精度要求不高的场合中使用，如破碎机、水泥搅拌机、剪床等机器中常采用这种轴承。

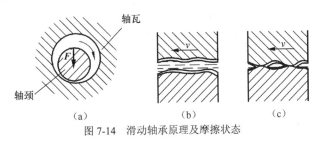

图 7-14 滑动轴承原理及摩擦状态

滑动轴承工作平稳、可靠，噪声低，轴承工作面上的润滑油膜具有减振、抗冲击和消除噪声的作用。虽然在许多机器上，滚动轴承取代了滑动轴承，但是在某些条件下，如对轴的回转精度要求特别高，承受强冲击、特大载荷，径向尺寸受限制，需要剖分式的结构，以及低速重载的场合，它具有无可比拟的优越性。

滑动轴承按其所能承受载荷的方向不同，可分为径向滑动轴承（主要承受径向载荷）和推力滑动轴承（主要承受轴向载荷）。

7.2.2 滑动轴承的结构

1．整体式滑动轴承

整体式滑动轴承如图7-15所示，由轴承座1、轴套2等组成，轴承座1用双头螺柱与机座连接，顶部设有油孔3。这种轴承结构简单、成本低。但安装或维修时，轴或轴承座必须轴向移动，而且轴套磨损后，轴承的径向间隙无法调整，使轴的旋转精度降低，振动增大，只能更换轴套。它多用于轻载、低速、间歇工作的场合。

2．剖分式滑动轴承

图7-16所示为剖分式滑动轴承，由轴承座1、轴承盖2、剖分轴瓦3（内附轴承衬）、双头螺柱4（调整垫片）等组成，剖分轴瓦3内表面有油沟，油通过油孔5、油沟而流向轴颈表面。根据不同的径向载荷方向，剖分面一般是水平的，或者倾斜的。在轴承座1和轴承盖2的剖分面上制有定位止口，便于安装时对心。剖分面可以放调整垫片，可以在安装或磨损时调整轴承间隙。这种轴承拆装方便，轴瓦磨损后间隙可调整，故应用较广。

认识滑动轴承

3．调心式滑动轴承

当轴承的宽度 B 与轴颈直径 d 之比大于1.5、轴的变形较大或者轴承与轴颈难以保证同心时，如图7-17（a）所示，一般采用调心式滑动轴承。调心式滑动轴承的轴瓦外表面做成球面形状，与轴承座的球状内表面相配合，如图 7-17（b）所示。在轴弯曲时，轴瓦可以自动调整位置以适应轴颈产生的偏斜，从而可以避免轴颈与轴瓦的局部磨损。

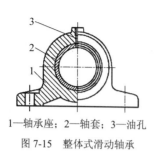

1—轴承座；2—轴套；3—油孔

图 7-15　整体式滑动轴承

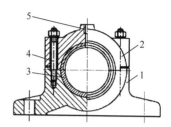

1—轴承座；2—轴承盖；3—轴瓦；4—双头螺柱；5—油孔

图 7-16　剖分式滑动轴承

4．推力滑动轴承

图 7-18 所示为立式轴端推力滑动轴承，由轴承座、套筒、径向轴瓦和止推轴瓦等组成。止推轴瓦底部制成球面，可以自动调位以避免偏载。销钉用来防止轴瓦转动。径向轴瓦用于固定轴的径向位置，也可承受一定径向载荷。润滑油靠压力从底部注入，并从上部油管流出。

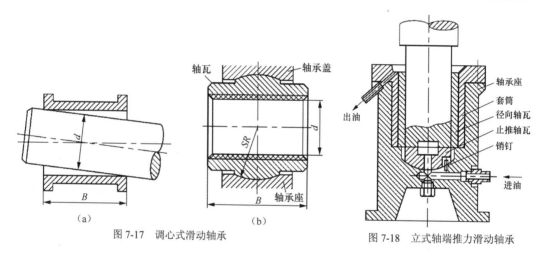

图 7-17　调心式滑动轴承

图 7-18　立式轴端推力滑动轴承

按推力轴颈支承面的不同，推力滑动轴承可分为实心端面止推轴颈、空心端面止推轴颈、环状轴颈单环、环状轴颈多环等形式，分别如图 7-19（a）、（b）、（c）、（d）所示。实心端面止推轴颈工作时轴心与边缘磨损不均匀，端面离轴心越远，速度越大，磨损也越快，使端面压力分布不均匀，轴心部分压强极高，所以极少采用。空心端面止推轴颈和环状轴颈工作情况较好，采用较多。载荷较大时，可采用环状轴颈多环，它能承受双向轴向载荷。

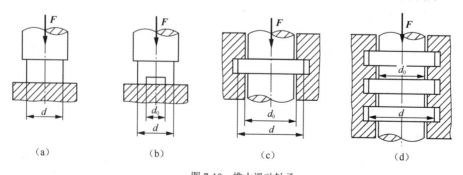

图 7-19　推力滑动轴承

7.2.3 轴瓦结构和滑动轴承材料

1. 轴瓦结构

常用的轴瓦结构分为整体式和剖分式两种。

整体式轴承采用整体式轴瓦，如图 7-20 所示，整体式轴瓦又称为轴套，分为光滑轴套和带纵向油沟轴套两种。粉末冶金制成的轴套一般不带油沟。

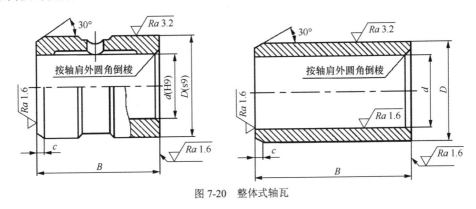

图 7-20 整体式轴瓦

剖分式轴承采用剖分式轴瓦，如图 7-21 所示。在轴瓦上开油孔和油沟。为防止轴瓦沿轴向和周向移动，将其两端做成凸缘来进行轴向定位，也可用紧定螺钉或销钉将其固定在轴承座上。

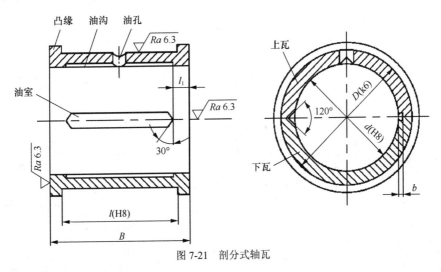

图 7-21 剖分式轴瓦

为了综合利用各种金属材料的特性，常在轴瓦表面浇铸一层或两层合金作为轴承衬，称为双金属轴瓦或三金属轴瓦。为了使轴承衬与轴瓦结合牢固，可在轴瓦内表面或侧面制出一些沟槽，如图 7-22 所示。

图 7-22 轴瓦的沟槽形状

2．油孔和油沟

为了使润滑油流到轴瓦的整个工作表面，要在轴瓦上开出油孔和油沟。油孔用来供应润滑油，油沟则用来输送和分布润滑油，粉末冶金制成的轴套不开油沟。油孔和油沟的开设原则是：油孔和油沟应开在非承载区，以保证承载区油膜的连续性，降低对承载能力的影响，图 7-23 所示为常见的油沟形式；油沟和油室的轴向长度应较轴瓦长度稍短，大约应为轴瓦长度的 80%，以免油从油沟端部大量流失。

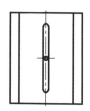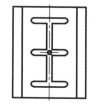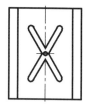

图 7-23　常见的油沟形式

3．轴承材料

轴瓦和轴承衬的材料统称为轴承材料。滑动轴承的主要失效形式是轴瓦或轴承衬的过度磨损及胶合、疲劳破坏等，失效形式与轴承材料、润滑剂等直接相关，选择轴承材料时应综合考虑以下因素。

（1）具有足够的抗压、抗冲击和抗疲劳性能。

（2）具有良好的减摩性、耐磨性和磨合性，抗黏着磨损和磨粒磨损性能好。

（3）具有良好的顺应性、嵌藏性。

（4）具有良好的工艺性、导热性、耐腐蚀性和润滑性（润滑性是指材料对润滑剂的亲和力；即在材料表面形成均匀附着油膜的能力）。

但是任何一种材料都不可能同时具备上述性能，因此设计时应根据具体工作条件，按主要性能来选择轴承材料。常用的轴承材料及其性能如表 7-4 所示。

表 7-4　　　　　　　　　　　常用的轴承材料及其性能

轴承材料		最大许用值				轴颈硬度	应用范围
名称	代号	$[p]$/MPa	$[v]$/($m \cdot s^{-1}$)	$[pv]$/($MPa \cdot m \cdot s^{-1}$)	t/℃		
锡基轴承合金	ZSnSb11Cu6	25	80	20	150	130～170HBW	用于高速、重载的重要轴承，变载荷时易疲劳，价格贵
	ZSnSb8Cu4	20	60	15			
铅基轴承合金	ZPbSb16Sn16Cu2	12	12	10	150	130～170HBW	用于中速中载、变载但受轻微冲击的轴承
	ZPbSb15Sn5Cu3	5	6	5			
锡青铜	ZCuSn10P1	15	10	15	280	300～400HBW	用于中速重载及受变载荷的轴承
铝青铜	ZCuAl10Fe3	15	4	12	280	200HBW	用于润滑充分的低速重载轴承
铅青铜	ZCuPb30	25	12	30	280	300HBW	用于高速、重载轴承，能承受变载和冲击
黄铜	ZCuZn16Si4	12	2	10	200	200HBW	用于低速、中载轴承
	ZCuZn38Mn2Pb2	10	1	10			用于高速中载轴承，强度高、耐腐蚀，表面性能好
灰铸铁	HT150	4	0.5	—	150	200～230HBW	用于低速轻载的不重要的轴承，价廉
	HT200	2	1				

此外，还可利用其他金属材料及粉末冶金材料，以及塑料、橡胶、木材、石墨等非金属材料制作轴承。

7.2.4　滑动轴承的润滑

滑动轴承润滑的主要目的是减少摩擦和磨损，同时起到冷却、吸振、防尘和防锈等作用。

1．润滑剂

（1）润滑油。

润滑油是滑动轴承最常用的润滑剂之一，它的主要物理性能指标是黏度。黏度是润滑油抵抗变形的能力，是选择润滑油最重要的参考指标之一，滑动轴承常用润滑油选择如表 7-5 所示。

表 7-5　　　　　　　　滑动轴承常用润滑油选择（工作温度 10 ~ 60℃）

轴颈圆周速度 v/（ m·s^{-1} ）	轻载 p<3MPa		中载 p=3 ~ 7.5MPa		重载 p>7.5 ~ 30MPa	
	运动黏度 v_{40}/（ mm^2·s^{-1} ）	适用油牌号	运动黏度 v_{40}/（ mm^2·s^{-1} ）	适用油牌号	运动黏度 v_{40}/（ mm^2·s^{-1} ）	适用油牌号
0.3~1.0	45~75	L-AN46、L-AN68	100~125	L-AN100	90~350	L-AN100 L-AN150 L-CKD220 L-CKD320
1.0~2.5	40~75	L-AN32、L-AN46 L-AN68	65~90	L-AN68 L-AN100		
2.5~5.0	40~55	L-AN32、L-AN46				
5.0~9.0	15~45	L-AN15、L-AN22 L-AN32、L-AN46				
>9	5~23	L-AN7、L-AN10 L-AN15、L-AN22				

（2）润滑脂。

润滑脂用矿物油、各种稠化剂（如钙、钠、锂、铝等金属皂）和水调和而成，其主要物理性能指标是稠度。滑动轴承润滑脂选择如表 7-6 所示。

表 7-6　　　　　　　　　　　　滑动轴承润滑脂选择

轴承压强 p/MPa	轴颈圆周速度 v/（ m·s^{-1} ）	最高工作温度 t/℃	润滑脂牌号
<1.0	≤1.0	75	3 号钙基脂
1.0~6.5	0.5~5.0	55	2 号钙基脂
1.0~6.5	≤1.0	100	2 号锂基脂
≤6.5	0.5~5.0	120	2 号钠基脂
>6.5	≤0.5	75	3 号钙基脂
>6.5	≤0.5	110	1 号钙钠基脂

此外，在高温、高压、防止污染等一些特殊情况下，可采用固体润滑剂和气体润滑剂。

2．润滑方式

润滑剂的润滑方式分为连续式和间歇式两种，具体可由式（7-5）求得的 k 值确定。

$$k = \sqrt{pv^3} \tag{7-5}$$

式中，p 为轴颈的平均压强（MPa）；v 为轴颈的圆周速度（m/s）。

滑动轴承润滑方式及装置的选择如表 7-7 及图 7-24 ~ 图 7-27 所示。

表 7-7   滑动轴承润滑方式及装置的选择

系数 k	≤2	2～16	16～32	>32
润滑方式	间歇式	连续式		
润滑装置	旋盖式油杯（脂），压配式压注油杯（脂，油），旋套式油杯（油）	针阀式注油杯，油芯式油杯	油环、飞溅、浸油润滑	压力循环润滑

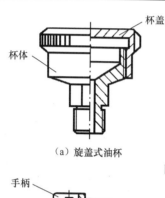

（a）旋盖式油杯

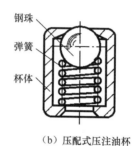

（b）压配式压注油杯

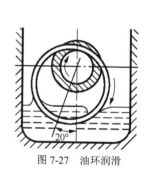

（c）旋套式油杯

图 7-24　几种间歇式供油装置

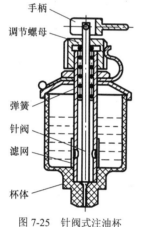

图 7-25　针阀式注油杯

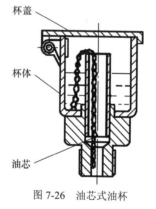

图 7-26　油芯式油杯

图 7-27　油环润滑

【任务实施】

设计滑动轴承

非液体润滑轴承主要的失效形式是磨损和胶合，因此其计算准则主要是防止轴承材料的磨损及维持轴颈与轴瓦表面之间边界膜的存在。由于至今还没有完善的计算理论，对工作可靠性要求不高的低速、重载或间歇工作的轴承，采用条件性计算，即控制轴承的平均压强 p、滑动速度 v 及 pv 值。如上述验算不符合要求，可改用较好的轴瓦材料或重新选取较大的 d 和 B 值。

滑动轴承计算如下。

已知载荷 $F = 36000\text{N}$，转速 $n = 150\text{r/min}$，并查表 7-4 得 ZCuAl10Fe3 的许用值为 $[p] = 15\text{MPa}$，$[v] = 4\text{m/s}$，$[pv] = 12\ \text{MPa·m/s}$，由于：

$$v = \frac{\pi dn}{60 \times 1000} = \frac{\pi \times 60 \times 150}{60 \times 1000}\text{m/s} = 0.47\text{m/s} < [v]$$

$$p = \frac{F}{Bd} = \frac{36000}{60 \times 60}\text{MPa} = 10\text{MPa} < [p]$$

$$pv = 10 \times 0.47 \mathrm{MPa \cdot m/s} = 4.7 \mathrm{MPa \cdot m/s} < [pv]$$

所以该滑动轴承满足使用要求。

| 任务 7.3　选用滚动轴承类型 |

【任务导入】

为下列设备选择合适的滚动轴承类型。①高速内圆磨头，如图 7-28（a）所示，转速 $n = 12000 \mathrm{r/min}$。②起重机卷筒，如图 7-28（b）所示，起重量 $Q = 2 \times 10^5 \mathrm{N}$，转速 $n = 26.5 \mathrm{r/min}$，动力由直齿圆柱齿轮输入。③起重机滑轮轴及吊钩，如图 7-28（c）所示，起重量 $Q = 5 \times 10^4 \mathrm{N}$。

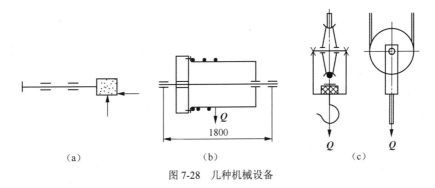

图 7-28　几种机械设备

【任务分析】

滚动轴承的摩擦阻力小，启动灵活，载荷、转速及工作温度的适用范围广，且为标准件，互换性好，系列化程度很高，有专门厂家大批量生产，质量可靠，供应充足，润滑、维修方便；但径向尺寸较大，有振动和噪声。由于滚动轴承的机械效率较高，对轴承的维护要求较低，因此在一般机器中，如无特殊使用要求，优先采用滚动轴承。

【相关知识】

7.3.1　滚动轴承的组成及类型

1. 滚动轴承的组成

滚动轴承通常由内圈 1、外圈 2、滚动体 3 和保持架 4 等 4 种零件组成，滚动轴承的构造如图 7-29 所示。内圈 1 装在轴颈上，外圈 2 装在机座或零件的轴承孔内，通常情况下，内圈 1 与轴一起转动，外圈 2 保持不动。工作时内、外圈相对转动，滚动体 3 在内、外圈间的凹槽形滚道内滚动，保持架 4 将滚动体 3 均匀地隔开，以减少滚动体 3 之间的摩擦和磨损。滚动体是滚动轴承的核心零件。为适应某些使用要求，有的轴承可以无内圈或无外圈，或带防尘套、密封圈等。

滚动轴承的内、外圈和滚动体的材料要求有高的强度、良好的耐磨性和冲击韧性，一般用含铬合金钢制造，如 GCr15、GCr15SiMn 等，淬火硬度达到 60～65HRC，工作面经过磨削抛光。保持架一般用低碳钢板冲压而成，有的采用铜合金（如黄铜）或塑料保持架。

认识滚动轴承

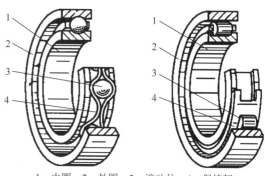

1—内圈；2—外圈；3—滚动体；4—保持架

图 7-29　滚动轴承的构造

2．滚动轴承的类型

滚动轴承按结构特点的不同有多种分类方法。

（1）滚动轴承按其所能承受的载荷方向，可分为向心轴承和推力轴承，如表 7-8 所示。

表 7-8　　　　　　　　　　　　　　向心轴承和推力轴承

轴承类型	向心轴承		推力轴承	
	径向接触轴承	向心角接触轴承	推力角接触轴承	轴向接触轴承
公称接触角	$\alpha = 0°$	$0° < \alpha \leqslant 45°$	$45° < \alpha < 90°$	$\alpha = 90°$
图例（以球轴承为例）				

滚动体和外圈接触处的法线与轴承半径方向之间所形成的锐角 α，称为滚动轴承的公称接触角。它是滚动轴承的一个重要参数，公称接触角越大，轴承的轴向承载能力越大。

（2）滚动轴承按滚动体的形状，可分为球轴承和滚子轴承。球轴承的滚动体为球体，与内、外圈点接触，运转时摩擦损耗小，承载和抗冲击能力弱；而滚子轴承的滚动体为滚子，与内、外圈线接触，运转时摩擦损耗大，但承载和抗冲击能力强。滚子的主要形状有圆柱形、鼓形、螺旋形、圆锥形和滚针形等，如图 7-30 所示。

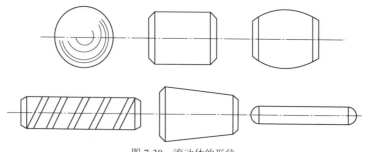

图 7-30　滚动体的形状

（3）滚动轴承按滚动体的列数，又可分为单列轴承、双列轴承及多列轴承。其中多列轴承具有多于双列的滚动体，并承受同一方向载荷，如三列轴承、四列轴承。

滚动轴承的种类及其应用

（4）滚动轴承按工作时能否调心，还可分为刚性轴承和调心轴承。有时为了适应轴的偏斜，轴承外圈滚道表面会制成球面形，允许内、外圈轴线不精确对中，使轴承能自动调心。

常用滚动轴承的主要类型及性能特点如表 7-9 所示。

表 7-9　　　　　　　　　　　常用滚动轴承的主要类型及性能特点

轴承名称、类型及代号	结构简图及承载方向	极限转速比	允许偏斜角	主要应用和特点
调心球轴承 10000		中	2°～3°	主要承受径向载荷，也可以承受较小的轴向载荷，能自动调心，适用于多支点轴、轴的刚性较小以及难以精确对中的支承
调心滚子轴承 20000		低	1°～2.5°	与调心球轴承的特性基本相似，径向承载能力较大
圆锥滚子轴承 30000		中	2′	能同时承受径向载荷和单向的轴向载荷，当接触角 α 较大时，也可以承受纯单向的轴向载荷。承载能力高于角接触球轴承，但极限转速稍低，一般成对使用，对称安装，内、外圈可分离，拆装方便
推力球轴承 51000		低	不允许	只能承受单向的轴向载荷，滚动体与套圈多半可以分离，高速时钢球离心力大，磨损、发热严重。只适用于轴向载荷大，转速不高的场合
双向推力球轴承 52000		低	不允许	能承受双向轴向载荷。其他性能特点与推力球轴承相似
深沟球轴承 60000		高	8′～16′	主要承受径向载荷，内、外圈的滚道较深，故能承受一定的双向轴向载荷，结构简单，价格便宜，应用广泛
角接触球轴承 70000		较高	2′～10′	可以同时承受径向载荷和单向轴向力，接触角有 α=15°、25°、40° 这 3 种。α 越大，轴向承载能力越高，一般成对使用，对称安装

续表

轴承名称、类型及代号	结构简图及承载方向	极限转速比	允许偏斜角	主要应用和特点
圆柱滚子轴承 N0000		较高	2′～4′	主要用于承受较大的径向载荷，一般不能承受轴向载荷，具有较大的承载和抗冲击能力，支承刚性好，外圈或内圈可以分离，或不带内圈或外圈，适用于要求径向尺寸较小的场合
滚针轴承 NA0000		低	不允许	有较大的径向承载能力，不能承受轴向载荷，径向尺寸小、结构紧凑

注：① 极限转速指滚动轴承在一定载荷和润滑条件下的最高转速；

② 极限转速比是指，同一尺寸系列 0 级公差的各类轴承脂润滑时的极限转速，与 6 类深沟球轴承脂润滑时的极限转速之比。高、中、低的含义：高为深沟球轴承极限转速的 90%～100%；中为深沟球轴承极限转速的 60%～90%；低为深沟球轴承极限转速的 60%以下。

7.3.2 滚动轴承的代号

由于滚动轴承类型和尺寸、规格繁多，为便于生产和使用，滚动轴承的代号采用了国际通用的字母加数字混合编制来表示轴承结构、尺寸、公差等级、技术性能等特征，如表 7-10 所示。国家标准 GB/T 272—2017《滚动轴承 代号方法》规定了滚动轴承代号的构成，由前置代号、基本代号和后置代号 3 部分组成，一般印或刻在轴承套圈的端面上。

表 7-10　　　　　　　　　　　　　　滚动轴承代号的构成

前置代号	基本代号			后置代号
	轴承系列代号		内径代号	
	类型代号	尺寸系列代号		
		宽度（或高度）系列代号	直径系列代号	

1．基本代号

基本代号表示轴承的基本类型、结构和尺寸，共由 5 位数字或字母组成（尺寸系列代号如有省略，则为 4 位）。基本代号是滚动轴承代号的基础，包括以下 3 部分内容。

（1）类型代号。类型代号用数字或字母表示，其表示方法如表 7-11 所示。

表 7-11　　　　　　　　　　　　　　类型代号的表示方法

代号	轴承类型	代号	轴承类型
0	双列角接触球轴承	7	角接触球轴承
1	调心球轴承	8	推力圆柱滚子轴承
2	调心滚子轴承和推力调心滚子轴承		双列轴承或多列轴承用字母 NN 表示
3	圆锥滚子轴承	N	圆柱滚子轴承
4	双列深沟球轴承	U	外球面轴承
5	推力球轴承	QJ	四点接触球轴承
6	深沟球轴承	C	长弧面滚子轴承（圆环轴承）

（2）尺寸系列代号。尺寸系列代号由轴承的直径系列代号和宽度（或高度）系列代号

组合而成。尺寸系列代号用于表达相同内径，但外径和宽度不同的轴承，以适应不同工况要求。

图 7-31 所示为内径相同，直径系列、宽度系列不同的轴承对比。

向心轴承和推力轴承的常用尺寸系列代号如表 7-12 所示，具体如下。

① 直径系列代号：特轻（0，1），轻（2），中（3），重（4）。

② 宽度系列代号：向心轴承有窄（0），正常（1），宽（2）。一般正常宽度为"0"，通常不标注，但圆锥滚子轴承（3 类）和调心滚子轴承（2 类）不能省略"0"。

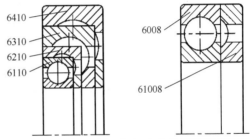

图 7-31　内径相同，直径系列、宽度系列不同的轴承对比

表 7-12　　　　　　　　　　向心轴承和推力轴承的常用尺寸系列代号

直径系列代号		向心轴承			推力轴承	
		宽度系列代号			高度系列代号	
		0	1	2	1	2
		窄	正常	宽	正常	
		尺寸系列代号				
0 1	特轻	(0) 0、 (0) 1	10 11	20 21	10 11	—
2	轻	(0) 2	12	22	13	22
3	中	(0) 3	13	23	13	23
4	重	(0) 4	—	24	14	24

（3）内径代号。内径代号为基本代号右起第一、二位数字，如表 7-13 所示。

表 7-13　　　　　　　　　　　　滚动轴承的内径代号

轴承内径/mm	表示方法					举例	
						轴承代号	内径/mm
10～17	内径代号	00	01	02	03	6200	10
	轴承内径	10	12	15	17		
20～495	内径代号 04～99，代号乘以 5，即为内径 d					22308	40
0.6～10（非整数） 1～9（整数） 22，28，32 大于 500	代号直接用公称内径尺寸 mm 表示， 加"/"与尺寸系列代号隔开					618/2.5 719/7 62/22 230/500	2.5 7 22 500

2．前置代号

前置代号用字母表示，位于基本代号的左边，表示轴承的分部件（轴承组件），如用 L 表示可分离轴承的可分离套圈；K 表示轴承的滚动体与保持架组件等。

3．后置代号

后置代号用字母和数字表示，内容很多，如表 7-14 所示。下面介绍几个常用的后置代号。

表 7-14　　　　　　　　　　　　滚动轴承的后置代号

组别	1	2	3	4	5	6	7	8	9
含义	内部结构代号	密封、防尘与外部形状	保持架及其材料	轴承零件材料	公差等级	游隙组别代号	配置	振动及噪声	其他代号

（1）内部结构代号。内部结构代号可反映同一类轴承的不同内部结构，用字母表示，紧跟在基本代号后面。如角接触球轴承，接触角 α 为 15°、25° 和 40° 时，分别用 C、AC、B 代表。

（2）公差等级。轴承的公差等级按照 2 级、4 级、5 级、6 级、6X 级、N 级的次序，精度依次由高至低，其代号分别为/P2、/P4、/P5、/P6、/P6X、/PN。N 级为普通级，代号可省略标注。

（3）游隙组别代号。游隙是指轴承内、外圈沿半径方向或轴向的相对最大位移量，如图 7-32 所示。径向游隙组别由小到大依次为 2 组、N 组、3 组、4 组、5 组，对应的代号分别为/C2、/CN、/C3、/C4、/C5，其中，N 组是常用的基本游隙组别，在轴承代号中不标注。旋

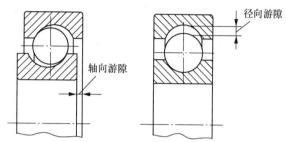

图 7-32　滚动轴承的游隙

转精度要求高时选用小的游隙组别，高温下工作应采用大的游隙组别。

当公差等级和游隙组别代号同时标注时，游隙组别代号前的"/"可省略。其他项目组在配置、噪声、摩擦力矩、润滑等方面的特殊要求代号参见标准 GB/T 272—2017 或厂家的说明。

例 7-1　试说明轴承代号 30210，6308/P52，73224AC 的含义。

解： 30210。3——圆锥滚子轴承；0——宽度系列代号为 0；2——直径系列代号为 2；10——内径为 50mm；公差等级为 N 级，径向游隙组别为 N 组，均未标出。

6308/P52。6——深沟球轴承；宽度系列为 0，省略；3——直径系列代号为 3；08——内径为 40mm；/P5——公差等级为 5 级；2——径向游隙组别为 2 组。

73224AC。7——角接触球轴承；3——宽度系列代号为 3；2——直径系列代号为 2；24——内径为 120mm；公称接触角 $\alpha = 25°$；公差等级为 N 级，径向游隙组别为 N 组，均未标出。

7.3.3　滚动轴承的类型选择

正确选择滚动轴承类型，应在对各类轴承的性能、特点充分了解的基础上，结合具体的工作条件进行。选择滚动轴承时主要考虑以下因素。

1. 载荷的大小、方向及性质

承受较大载荷时应选用滚子轴承，而承受中载和轻载时则选用球轴承。承受纯轴向载荷时，可选择推力轴承；承受纯径向载荷时，可选择深沟球轴承、圆柱滚子轴承或滚针轴承等；当承受的径向载荷和轴向载荷都比较大时，应选用角接触轴承。在承受冲击载荷时宜选用滚子轴承。

2. 轴承的转速

高速时应优先选用球轴承，在一定的条件下，高速轴承适宜选用轻和特轻系列。保持架的材料与结构对轴承转速影响较大，实体保持架比冲压保持架允许的转速高。

3. 调心性能

当两轴孔的轴心偏差较大，或轴工作中变形过大时，宜选用调心轴承。但调心轴承需成对使用，否则将失去调心作用。圆柱滚子轴承和滚针轴承不允许角偏差，应尽量避免使用。

4. 拆装

轴承在径向安装空间受限时，宜选用轻和特轻系列，或滚针轴承；在轴向安装空间受限时，宜选用窄系列；在轴承座不是剖分式而必须沿轴向拆装以及需要频繁拆装轴承时，可选用内、外圈可分离的轴承，如圆锥滚子轴承等。

5.经济性能

在满足使用要求的情况下,应尽量选用价格低廉的轴承。球轴承一般比滚子轴承便宜,精度低的轴承比精度高的便宜。

7.3.4 滚动轴承的失效形式与寿命计算

在设计中我们经常会根据使用寿命选用轴承,或者根据轴承型号计算轴承的使用寿命。为了合理地选用滚动轴承,我们必须了解滚动轴承的失效形式、安装方法及载荷计算方法等。

1.滚动轴承的失效形式

在一般机械设备传动系统中,滚动轴承的失效造成整个传动系统的损坏所占的比例很大。滚动轴承的失效形式主要为疲劳点蚀、塑性变形及磨损。

(1)疲劳点蚀。

轴承在安装正确、润滑充分以及使用和维护良好的正常工作状态下,滚动体和内、外圈滚道表面受循环变应力的作用。当表面接触变应力的循环次数达到一定后,在滚动体和内、外圈滚道表面就会出现疲劳点蚀。疲劳点蚀使轴承的工作温度上升,振动加剧、噪声增大,回转精度随之下降,失去正常工作能力。疲劳点蚀是轴承的主要失效形式。

(2)塑性变形。

在过大的静载荷和冲击载荷作用下,滚动体和套圈滚道接触处受到的局部应力超过材料的屈服极限,滚动体或套圈滚道上会产生不均匀的塑性变形凹坑,引起振动、噪声,使运转精度降低、轴承工作失效。对于摆动、转速很低或重载、大冲击工作条件下的滚动轴承,塑性变形是主要的失效形式。

(3)磨损。

在使用不当、润滑不良、密封效果差的工作条件下,轴承易过度磨损,导致轴承游隙加大,运动精度降低,振动和噪声增加。

此外,轴承还可能因套圈断裂、保持架损坏而报废。

2.寿命计算中的基本概念

(1)轴承寿命。滚动轴承中任一元件出现疲劳点蚀前运转的总转数,或在一定转速下的工作小时数,称为轴承的寿命。

(2)基本额定寿命。为了恰当反映滚动轴承的寿命,国家标准规定:对于同一批在同一条件下运转的滚动轴承,其中10%的轴承在产生疲劳点蚀前所能运转的总转数或一定转速下的工作时数,称为基本额定寿命。基本额定寿命可以用总转数 L_{10}(单位为 $10^6 r$)或工作小时数 L_h(单位为 h)表示。单个轴承能达到或超过基本额定寿命的概率为90%。

(3)基本额定动载荷。基本额定寿命 $L_{10} = 1$($10^6 r$)时,轴承所能承受的载荷,称为基本额定动载荷 C。在基本额定动载荷作用下,轴承可以转 $10^6 r$ 而不发生点蚀的可靠度为90%。基本额定动载荷 C 值越大,轴承抗疲劳点蚀的能力越强。基本额定动载荷分为两类,主要承受径向载荷的向心轴承,为径向基本额定动载荷 C_r;主要承受轴向载荷的推力轴承,为轴向基本额定动载荷 C_a。各类轴承的 C 值可以从机械设计手册中查得。

3.寿命计算公式

滚动轴承的寿命随载荷的增大而降低,滚动轴承的 P-L_{10} 曲线如图 7-33 所示,其曲线方程为

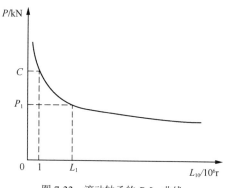

$$P^{\varepsilon}L_{10} = 常数 \qquad (7\text{-}6)$$

式中，P 为当量动载荷（N）；L_{10} 为基本额定寿命（10^6 r）；ε 为寿命指数，球轴承 $\varepsilon = 3$，滚子轴承 $\varepsilon = 10/3$。

当轴承的基本额定寿命 $L_{10} = 1$（10^6 r）时，轴承能承受的载荷就是基本额定动载荷 C，则

$$P^{\varepsilon}L_{10} = C^{\varepsilon} \cdot 1 = 常数 \qquad (7\text{-}7)$$

$$L_{10} = \left(\frac{C}{P}\right)^{\varepsilon} \qquad (7\text{-}8)$$

图 7-33　滚动轴承的 $P\text{-}L_{10}$ 曲线

为使用方便，常用工作小时数来表示轴承的寿命，若轴承的工作转速已知，由式（7-8）可求出以小时数为单位的轴承寿命，即

$$L_{\text{h}} = \frac{10^6}{60n}\left(\frac{C}{P}\right)^{\varepsilon} \approx \frac{16667}{n}\left(\frac{C}{P}\right)^{\varepsilon} \qquad (7\text{-}9)$$

式中，L_{h} 为轴承的寿命（h）；n 为轴承的工作转速（r/min）。

考虑轴承温度高于 120℃ 时，基本额定动载荷 C 下降，需引入温度系数 f_{t} 对 C 进行修正，因此寿命公式可写为

$$L_{\text{h}} = \frac{16667}{n}\left(\frac{f_{\text{t}}C}{P}\right)^{\varepsilon} \qquad (7\text{-}10)$$

式中，f_{t} 为温度系数，如表 7-15 所示。

表 7-15　　　　　　　　　　　　　　温度系数

轴承工作温度/℃	≤120	125	150	175	200	250	300
f_{t}	1	0.95	0.9	0.85	0.8	0.7	0.6

当载荷 P、转速 n 已知，预期寿命 L_{h}' 也选定时，可以由式（7-10）计算出轴承应有的额定动载荷 C'，从而确定轴承的型号。

$$C' = \frac{P}{f_{\text{t}}}\left(\frac{L_{\text{h}}'n}{16667}\right)^{\frac{1}{\varepsilon}} \qquad (7\text{-}11)$$

式中，L_{h}' 为预期寿命（h）。轴承寿命 L_{h} 应大于轴承设计的预期寿命，一般将机器中修或大修的年限作为轴承的预期寿命，不同的机械要求的轴承预期寿命推荐值如表 7-16 所示。

表 7-16　　　　　　　　　　　　轴承预期寿命推荐值

机械的种类		预期寿命/h
不经常使用的仪器和设备，如门窗开闭装置		300～3000
间断使用的仪器和设备	中断使用不致引起严重后果，如手动机械	3000～8000
	中断使用会引起严重后果，如升降机、起重机、输送机	8000～12000
每天工作 8h 的机器	利用率不高，如一般的齿轮传动、电机	12000～20000
	利用率较高，如机床、通风设备	20000～30000
连续工作 24h 的机器	一般使用，如矿山升降机、空气压缩机	50000～60000
	具有高可靠性的电站设备、给排水设备	>100000

4．当量动载荷

滚动轴承的基本额定动载荷是在试验条件下确定的，为了计算轴承寿命，需要将实际载荷换算成假定的载荷，与基本额定动载荷在试验条件下相比较，这个假定载荷称为当量动载荷，用符号 P 表示。在当量动载荷的作用下，轴承寿命与实际载荷作用下的寿命相同。对于向心轴承，P 是假定的径向载荷；而对于推力轴承，P 是假定的轴向载荷。

滚动轴承当量动载荷的计算公式为

$$P = f_{\mathrm{p}}\left(XF_{\mathrm{R}} + YF_{\mathrm{A}}\right) \qquad (7\text{-}12)$$

式中，F_{R} 为径向载荷（N）；F_{A} 为轴向载荷（N）；X 为径向载荷系数，Y 为轴向载荷系数，由表 7-17 查取；f_{P} 为考虑振动、冲击等工作情况而引入的载荷系数，由表 7-18 查取。

表 7-17　　　　　　　　　　当量动载荷的 X 和 Y 值

轴承类型		F_{A}/C_0	e	$F_{\mathrm{A}}/F_{\mathrm{R}}>e$		$F_{\mathrm{A}}/F_{\mathrm{R}}{\leqslant}e$	
				X	Y	X	Y
深沟球轴承		0.014	0.19		2.30		
		0.028	0.22		1.99		
		0.056	0.26		1.71		
		0.084	0.28		1.55		
		0.11	0.30	0.56	1.45	1	0
		0.17	0.34		1.31		
		0.28	0.38		1.15		
		0.42	0.42		1.04		
		0.56	0.44		1.00		
角接触球轴承	70000C（$\alpha=15°$）	0.015	0.38		1.47		
		0.029	0.40		1.40		
		0.058	0.43		1.30		
		0.087	0.46		1.23		
		0.12	0.47	0.44	1.19	1	0
		0.17	0.50		1.12		
		0.29	0.55		1.02		
		0.44	0.56		1.00		
		0.58	0.56		1.00		
	70000AC（$\alpha=25°$）	—	0.68	0.41	0.87	1	0
	70000B（$\alpha=40°$）	—	1.14	0.35	0.57	1	0
圆锥滚子轴承（30000）		—	$1.5\tan\alpha$	0.40	$0.4\cot\alpha$	1	0

注：①表中均为单列轴承的 X、Y 系数值；
②C_0 是轴承的基本额定静载荷；
③对于未列出的 Y、e 值，可由线性插值法求得。

表 7-18　　　　　　　　　　载荷系数

载荷性质	机器举例	f_{P}
无冲击或轻微冲击	电机、汽轮机、通风机等	1.0～1.2
中等冲击振动	车辆、传动装置、起重机、冶金设备、减速器等	1.2～1.8
强烈冲击振动	破碎机、轧钢机、振动筛等	1.8～3.0

由表 7-17 看出，e 为轴向载荷影响系数，对于单列轴承，当 $F_{\mathrm{A}}/F_{\mathrm{R}}{\leqslant}e$ 时，$X=1$，$Y=0$，轴向载荷与径向载荷相比较小，可以不考虑轴向载荷 F_{A} 的影响；当 $F_{\mathrm{A}}/F_{\mathrm{R}}>e$ 时，轴向载荷影响较大，计算当量动载荷 P 必须考虑轴向载荷 F_{A} 的影响。

对于只承受纯径向载荷的向心轴承（6 类、N 类、NA 类），当量动载荷为

$$P = f_{\mathrm{P}}F_{\mathrm{R}} \qquad\qquad (7\text{-}13)$$

对于只承受纯轴向载荷的推力轴承（5类、8类），当量动载荷为

$$P = f_{\mathrm{P}}F_{\mathrm{A}} \qquad\qquad (7\text{-}14)$$

5．角接触轴承轴向载荷的计算

（1）内部轴向力 F_{S}。角接触轴承（3 类、7 类）在承受径向载荷 F_{R} 时，由于接触角 α 的存在，在承载区内第 i 个滚动体所受的反力 F_i，可分解为径向分力 F_{Ri} 和轴向分力 F_{Si}，载荷中心不在轴承的宽度中点，而是与轴心线交于 O 点，如图 7-34 所示。各滚动体上所受径向分力之和 $\sum F_{Ri}$ 与径向载荷 F_{R} 平衡，轴向分力之和 $\sum F_{Si}$ 即轴承产生的内部轴向力 F_{S}，其大小可按表 7-19 求得，方向沿轴线从轴承外圈的宽边指向窄边。

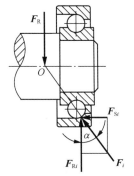

图 7-34 角接触轴承的内部轴向力

表 7-19　　　　　　　　　　　　　　　角接触轴承内部轴向力

圆锥滚子轴承	角接触球轴承		
	70000C（$\alpha = 15°$）	70000AC（$\alpha = 25°$）	70000B（$\alpha = 40°$）
$F_{\mathrm{S}} = F_{\mathrm{R}}/2Y$	$F_{\mathrm{S}} = eF_{\mathrm{R}}$	$F_{\mathrm{S}} = 0.63F_{\mathrm{R}}$	$F_{\mathrm{S}} = 1.14F_{\mathrm{R}}$

注：表中 Y 为 $F_{\mathrm{A}}/F_{\mathrm{R}} > e$ 时的轴向载荷系数。

（2）轴向载荷 F_{A} 的计算。计算角接触轴承的轴向载荷 F_{A}，既要考虑轴承内部轴向力 F_{S}，又要考虑轴上传动零件作用于轴承上的轴向力 F_{a}（如斜齿轮、蜗轮等产生的轴向力）。内部轴向力作用在轴上，将迫使轴承内、外圈分离，为保证这类轴承正常工作，通常成对使用、对称安装。当两个外圈的窄边相对，支承跨距变小时，称为"正装"（面对面）；当两个外圈的宽边相对，支承跨距变大时，称为"反装"（背靠背）。

如图 7-35 所示，F_{R1}、F_{R2} 为两轴承的径向载荷（轴承的径向支座反力），相应产生的内部轴向力为 F_{S1}、F_{S2}，F_{a} 为作用于轴承上的轴向力。取轴和轴承内圈作为分离体，当轴处于平衡状态时，按下述两种情况分析轴承所受的轴向载荷 F_{A}。

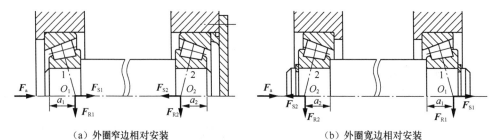

（a）外圈窄边相对安装　　　　　　　　　　　　（b）外圈宽边相对安装

图 7-35 角接触轴承的轴向载荷

① 当 $F_{\mathrm{a}} + F_{S1} > F_{S2}$ 时，轴有向右移动的趋势，使轴承 2 被"压紧"，轴承 1 被"放松"。由于轴承外圈已被轴向定位，被压紧的轴承 2 外圈通过滚动体将对内圈和轴产生一个阻止其右移的平衡力 F_{S2}'，使 $F_{\mathrm{a}} + F_{S1} = F_{S2} + F_{S2}'$。

轴承 1 的轴向载荷 F_{A1} 为其内部轴向力 F_{S1}，即

$$F_{A1} = F_{S1} \qquad\qquad (7\text{-}15)$$

轴承 2 上的轴向载荷 F_{A2} 为 $F_{A2} = F_{S2} + F_{S2}'$，由力的平衡条件，有

$$F_{A2} = F_a + F_{S1} \tag{7-16}$$

② 当 $F_a + F_{S1} < F_{S2}$ 时，轴有向左移动的趋势，轴承 1 被"压紧"，轴承 2 被"放松"。轴承 1 上产生一个平衡力阻止轴向左移动。同理，两个轴承的轴向载荷分别为

$$F_{A1} = F_{S1} + F'_{S1} = F_{S1} + (F_{S2} - F_a - F_{S1}) = F_{S2} - F_a \tag{7-17}$$
$$F_{A2} = F_{S2} \tag{7-18}$$

由以上所述，计算角接触轴承的轴向载荷 F_A 的方法如下。

① 根据轴承的受力和安装情况计算并确定 F_{S1}、F_{S2} 的大小和方向，再根据轴承结构，判断哪一端轴承是"压紧"端轴承，哪一端轴承是"放松"端轴承。

②"压紧"端轴承的轴向载荷等于除去本身内部轴向力外，其余所有轴向力的代数和。

③"放松"端轴承的轴向载荷等于本身的内部轴向力。

6．静强度计算

（1）基本额定静载荷。滚动轴承在转速极低、摆动、基本不转动、受冲击载荷以及一定的静载荷作用下，滚动体和内、外圈滚道上产生过大的接触应力，出现不均匀的塑性凹坑，需要按照基本额定静载荷进行静强度计算。

当轴承内、外圈的相对速度为零时，受载最大的滚动体与滚道接触中心处引起的接触应力达到一定值（例如，调心球轴承达到 4600MPa，滚子轴承达到 4000MPa）的静载荷，称为基本额定静载荷，用 C_0 表示。基本额定静载荷 C_0 作为轴承静强度的极限，各种类型和型号的滚动轴承 C_0 值可以由轴承手册查得。

（2）当量静载荷。当轴承同时承受径向和轴向载荷作用时，按照当量静载荷进行计算。当量静载荷是大小和方向恒定的假想载荷，在其作用下，滚动体和内、外圈滚道上最大的接触应力引起的塑性变形量，与实际载荷条件下的相同。当量静载荷的计算公式为

$$P_0 = X_0 F_R + Y_0 F_A \tag{7-19}$$

式中，P_0 为当量静载荷（N）；F_R 为静径向载荷（N）；F_A 为静轴向载荷（N）；X_0 为静径向载荷系数，Y_0 为静轴向载荷系数，由表 7-20 查取。

表 7-20　　　　　　　　　　　　滚动轴承的 X_0 和 Y_0 值

轴承类型		X_0	Y_0
深沟球轴承		0.6	0.5
角接触球轴承	$\alpha = 15°$	0.5	0.46
	$\alpha = 20°$		0.42
	$\alpha = 25°$		0.38
	$\alpha = 30°$		0.33
	$\alpha = 35°$		0.29
	$\alpha = 40°$		0.26
	$\alpha = 45°$		0.22
圆锥滚子轴承		0.5	$0.22\cot\alpha$
推力球轴承		0	1

（3）静强度计算

为了限制轴承产生过大的塑性变形，按照额定静载荷选择轴承，静强度计算公式为

$$C_0 \geqslant S_0 P_0 \tag{7-20}$$

式中，C_0 为基本额定静载荷（N）；P_0 为当量静载荷（N）；S_0 为静强度安全系数，由表 7-21 查取。

表 7-21　　　　　　　　　　　　　　滚动轴承的静强度安全系数S_0

应用条件	使用要求及载荷性质	S_0
旋转轴承	对旋转精度和平稳性要求不高、基本上消除冲击和振动	0.5～0.8
	正常使用	0.8～1.2
	对旋转精度和平稳性要求较高、承受较大冲击和振动	1.2～2.5
静止轴承、缓慢摆动或转速极低的轴承	一般载荷	0.5
	有冲击或载荷分布不均	1～1.5
各种应用情况下的推力调心滚子轴承		≥2

例 7-2　如图 7-36 所示，某减速器中的高速轴用两个角接触球轴承 7208AC 支承。已知轴的转速 $n = 1500\text{r/min}$，斜齿轮上的轴向力 $F_a = 900\text{N}$，两轴承所承受的径向载荷分别为 $F_{R1} = 1800\text{N}$，$F_{R2} = 700\text{N}$。轴承工作温度正常，运转时有中等冲击，要求轴承预期寿命为 8000h。试判断该对轴承是否合适。

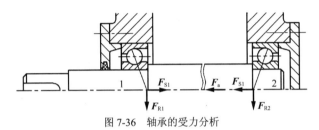

图 7-36　轴承的受力分析

解：（1）计算轴承的内部轴向力 F_S。

由表 7-19，查得 7208AC 轴承的内部轴向力计算公式 $F_S = 0.63F_R$，所以有

$$F_{S1} = 0.63F_{R1} = 0.63 \times 1800\text{N} = 1134\text{N}$$

$$F_{S2} = 0.63F_{R2} = 0.63 \times 700\text{N} = 441\text{N}$$

由于 $F_{S2} + F_a = (441 + 900)\text{N} = 1341\text{N} > F_{S1} = 1134\text{N}$，可判定轴承 1 被"压紧"，轴承 2 被"放松"。则两个轴承所受的轴向载荷分别为

$$F_{A1} = F_a + F_{S2} = 1341\text{N} \qquad F_{A2} = F_{S2} = 441\text{N}$$

（2）计算轴承的当量动载荷。

$$\frac{F_{A1}}{F_{R1}} = \frac{1341}{1800} \approx 0.75 \qquad \frac{F_{A2}}{F_{R2}} = \frac{441}{700} = 0.63$$

查表 7-17，得到 $e = 0.68$，由 $\dfrac{F_{A1}}{F_{R1}} > e$，得系数 $X_1 = 0.41$，$Y_1 = 0.87$。

由 $\dfrac{F_{A2}}{F_{R2}} < e$，得系数 $X_2 = 1$，$Y_2 = 0$。

因运转时有中等冲击，由表 7-18 取 $f_P = 1.5$，由式（7-19）得

$$P_1 = f_P(X_1F_{R1} + Y_1F_{A1}) = 1.5(0.41 \times 1800 + 0.87 \times 1341)\text{N} \approx 2857\text{N}$$

$$P_2 = f_P(X_2F_{R2} + Y_2F_{A2}) = 1.5(1 \times 700 + 0 \times 441)\text{N} = 1050\text{N}$$

（3）计算轴承寿命。

因为 $P_1 > P_2$，取 $P = P_1 = 2857\text{N}$。又因球轴承 $\varepsilon = 3$，查机械设计手册可知 7208AC 轴承的基本额定动载荷 $C = 25800\text{N}$。轴承工作温度正常，由表 7-15 取温度系数 $f_t = 1$，故由式（7-10）得

$$L_\text{h} = \frac{16667}{n}\left(\frac{f_\text{t}C}{P}\right)^\varepsilon = \frac{16667}{1500}\left(\frac{1\times25800}{2857}\right)^3 \text{h} \approx 8182.7\text{h} > 8000\text{h}$$

故该对轴承满足预期寿命要求。

7.3.5 滚动轴承的组合设计

滚动轴承的装拆

1. 滚动轴承的轴向固定

为了防止轴承在承受轴向载荷时，相对于轴或座孔产生轴向移动，轴承内圈与轴、外圈与座孔必须进行轴向固定。滚动轴承常用的内、外圈轴向固定方式如表 7-22 所示。

表 7-22　　　　　　　　　滚动轴承常用的内、外圈轴向固定方式

轴承内圈的轴向固定方式		固定方式简图	轴承外圈的轴向固定方式	
名称	特点与应用		名称	特点与应用
轴肩	结构简单，外廓尺寸小，可承受大的轴向载荷	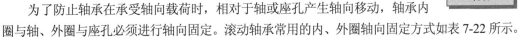	端盖	端盖可为通孔，以通过轴的伸出端，适用于高速及轴向载荷较大的场合
弹性挡圈	由轴肩和弹性挡圈实现轴向固定，弹性挡圈可承受不大的轴向载荷，结构尺寸小		螺钉压盖	类似于端盖式，但便于在箱体外调节轴承的轴向游隙，螺母为防松措施
轴端挡板	由轴肩和轴端挡板实现轴向固定，销和弹簧垫圈为防松措施，适用于轴端不宜切制螺纹或空间受限制的场合		螺纹环	便于调节轴承的轴向游隙，应有防松措施，适用于高转速、承受较大轴向载荷的场合
锁紧螺母	由轴肩和锁紧螺母实现轴向固定，有止动垫圈防松，安全又可靠，适用于高速重载场合		弹性挡圈	结构简单，拆装方便，轴向尺寸小，适用于转速不高、轴向载荷不大的场合，弹性挡圈与轴承间的调整环可调整轴承的轴向游隙

2. 轴系的轴向定位

轴的位置是靠轴承来定位的，为保证轴系部件能正常传递轴向力且不发生窜动，保证工作温度变化时，轴系部件能够自由伸缩，以免产生过大的附加应力，在轴上零件固定的基础上，必须合理地设计轴系支点的轴向固定结构。根据轴承的不同结构形式，常见的双支点轴向固定方式有以下 3 种。

（1）两端单向固定。

如图 7-37 所示，普通工作温度下的短轴，支点常采用深沟球轴承（或圆锥滚子轴承、角接触球轴承）两端单向固定的方式。两端轴承各限制一个方向的轴向位移，分别承受一个方向的轴向力。考虑到轴工作受热时有少量伸长，一般安装轴承时会在端盖与轴承外圈留 0.25～0.4mm 的轴向间隙，间隙量常用一组垫片或调整螺钉来调整。这种固定方式结构简单，但只适用于跨距较小（跨距≤350mm）和温度变化不大的轴。

（2）一端双向固定，一端游动。

当轴的跨距较长（跨距>350mm）或工作温度变化较大时，可采用一端（固定端）轴承内、外圈均双向固定，由单个轴承或轴承组承受双向轴向载荷，另一端（游动端）轴承自由轴向游动的支点结构。轴承外圈与轴承端盖的间隙可较大，且外圈与轴承座孔之间为动配合，以便轴伸缩时能在座孔中自由游动，如图7-38所示。

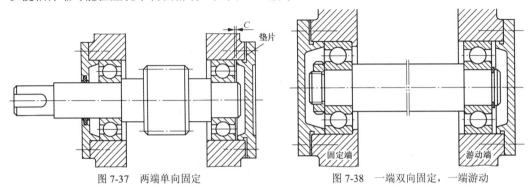

图7-37　两端单向固定　　　　　　　图7-38　一端双向固定，一端游动

为避免松脱，在采用深沟球轴承时，游动端轴承内圈需做轴向固定（常采用弹性挡圈）；采用圆柱滚子轴承时，游动端轴承外圈要双向固定，靠滚子与外圈间的游动来保证轴的自由伸缩。

（3）两端游动。

图7-39所示为人字齿轮传动的高速轴，为了自动补偿轮齿两侧螺旋角的误差，防止轮齿卡死或轮齿两侧受力不均匀，采用能左、右双向游动的轴，即两端游动的轴系结构。两端都选用圆柱滚子轴承，由于内、外圈具有可分离特性，轴系可以进行左、右轴向移动。为确保轴系有确定位置，与其相啮合的另一低速轴系必须两端固定，以便两轴都得到轴向定位。

从以上3种固定方式看出，轴承组合的轴向定位都是通过轴承内圈和轴间的锁紧、轴承外圈和轴承座孔间的固定实现的。轴承内圈的轴向固定方法根据轴向载荷的大小及转速高低选用，常常一端用轴肩定位，另一端采用轴用弹性挡圈、轴端挡板、圆螺母及止动垫圈等零件固定。轴承外圈的轴向定位采用孔用弹性挡圈、轴承端盖、凸缘等零件或结构固定。

3．轴向位置的调整

轴承组合位置调整的目的之一是使轴上的零件具有准确的轴向工作位置，如调整蜗轮中间平面使其通过蜗杆的轴线，调整锥齿轮传动的锥齿轮位置使锥顶重合于一点。如图7-40所示，将两个轴承放在一个套杯中，轴承组合可以随套杯做轴向移动，通过增减套杯与箱体之间的垫片数目进行套杯轴向位置调整，从而使锥齿轮处于最好的啮合位置。

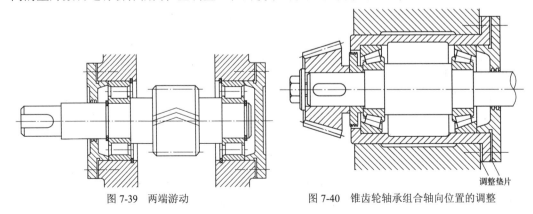

图7-39　两端游动　　　　　　　图7-40　锥齿轮轴承组合轴向位置的调整

4．提高轴承系统的刚度和同轴度

轴承要正常工作需轴具有一定的刚度，而且轴承孔座也需具有足够的刚度，以免轴或轴承孔座产生过大的弹性变形，造成轴承内、外圈轴线相对偏斜，使滚动体滚动受阻，降低轴承的旋转精度和使用寿命。因此，轴承座孔壁应有足够的厚度，并可采用加强肋来增强轴承座孔的刚度，如图 7-41 所示。

同一轴上的轴承座孔必须保证同轴度，以免轴承内、外圈轴线产生过大偏斜而影响轴承寿命。为此，两端轴承尺寸应尽可能相同。当同一轴上装有不同外径尺寸的轴承时，可采用套杯结构安装外径较小的轴承，如图 7-42 所示。套杯外径与较大尺寸轴承的外径相等，使两轴承座孔尺寸相同，能够一次镗出。

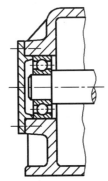

图 7-41　用加强肋增强轴承座孔的刚度

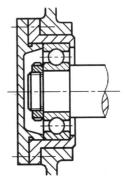

图 7-42　使用套杯的轴承座孔

5．轴承的预紧

轴承的预紧就是在安装轴承时使其受到一定的轴向力，以消除轴承的游隙并使滚动体和内、外圈接触处产生弹性预变形。预紧的目的在于消除轴承内部间隙，提高轴承的刚度和旋转精度，减少振动及减小噪声。成对并列使用的圆锥滚子轴承、角接触球轴承，以及对旋转精度和刚度有较高要求的轴组件通常都采用预紧的方法。

预紧的方法有：在外圈（或内圈）之间加金属垫片、磨窄套圈及内、外圈分别安装长度不同的套筒等，如图 7-43 所示。

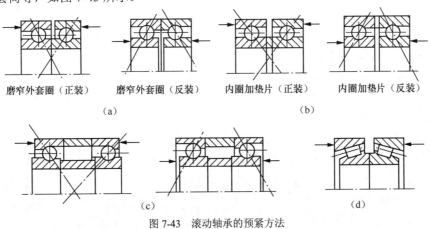

磨窄外套圈（正装）　　磨窄外套圈（反装）　　内圈加垫片（正装）　　内圈加垫片（反装）

（a）　　　　　　　　　　　　　　　　　（b）

（c）　　　　　　　　　　　　　　（d）

图 7-43　滚动轴承的预紧方法

7.3.6　滚动轴承的配合和拆装

1．滚动轴承的配合

滚动轴承是标准件，其内孔和外径均为基准公差。因此，轴承内圈与轴的配合采用基孔

制，轴承外圈与轴承座孔的配合采用基轴制，在配合中不必标注。

选择轴承的配合时主要考虑轴承内、外圈所承受的载荷大
小、方向和性质，轴承的转速和使用条件等。一般轴承内圈旋
转，外圈不旋转。当载荷较大或有冲击、振动，转动圈的转速
很高，工作温度变化很大时，内圈与轴选用过盈配合，常用 n6、
m5、m6、k6 等。对游动端的轴承，要求外圈在运转中轴向游
动，或对经常拆装的场合，外圈与座孔选用间隙配合，常用 J7、
H7、G7 等，如图 7-44 所示。

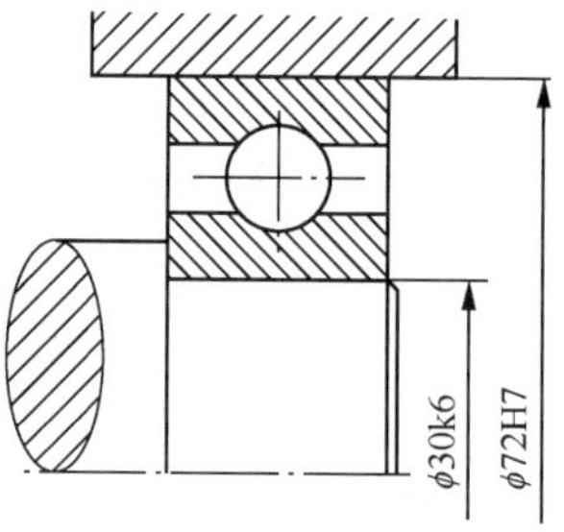

图 7-44　滚动轴承配合的标注

2．滚动轴承的拆装

滚动轴承的内圈通常与轴颈配合较紧，安装时为了不损伤轴承及其他零件，对于中、小
型轴承，可用手锤敲击装配套筒；对于尺寸较大的轴承，一般可用压力法，将轴承的内圈用
压力机压入轴颈，如图 7-45 所示。有时为了便于安装，可先将轴承放在温度为 80～100℃ 的
热油中预热，然后进行安装。

拆卸轴承时一般可用压力机或拆卸工具，如图 7-46 所示。为拆卸方便，设计时应使轴上
定位轴肩的高度小于轴承内圈的高度，或在轴肩上预先开槽，以便有足够的空间安放拆卸工具。

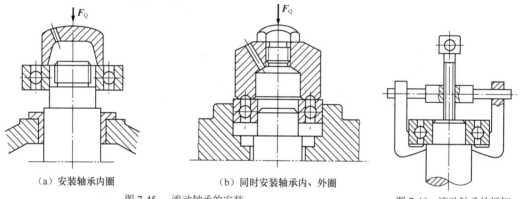

（a）安装轴承内圈　　　　　　　　（b）同时安装轴承内、外圈

图 7-45　滚动轴承的安装

图 7-46　滚动轴承的拆卸

7.3.7　滚动轴承的润滑与密封

1．滚动轴承的润滑

滚动轴承润滑的主要目的是减少摩擦与磨损，也有冷却、吸振、防锈和减小噪声的作用。
与滑动轴承的润滑类似，滚动轴承的常用润滑材料有润滑油、润滑脂，在某些特殊的工作条
件下采用固体润滑剂。

滚动轴承的具体润滑方式可根据速度因数 dn 值来确定，d 为轴承内径（mm），n 为工作
转速（r/min）；dn 值间接地反映了轴颈的圆周速度。表 7-23 所示为油润滑和脂润滑的 dn 值。

表 7-23　　　　　　　　　　　油润滑和脂润滑的 dn 值　　　　　　　　单位：$\times 10^4$mm·r/min

轴承类型	脂润滑	油润滑			
		油浴、飞溅	滴油	喷油	喷雾
深沟球轴承	16	25	40	60	>60
调心球轴承	16	25	40	—	—
角接触球轴承	16	25	40	60	>60
圆柱滚子轴承	12	25	40	60	>60

轴承类型	脂润滑	油润滑			
		油浴、飞溅	滴油	喷油	喷雾
圆锥滚子轴承	10	16	23	30	—
调心滚子轴承	8	12	—	25	—
推力球轴承	4	6	12	15	—

脂润滑主要用于速度较低的轴承。脂润滑的优点是结构简单，润滑脂不易流失，便于密封和维护。润滑脂的装填量一般不超过轴承内空隙的 1/3～1/2，以免因润滑脂过多而引起轴承发热，影响轴承正常工作。

当滚动轴承转速很高，或者在高温条件下工作时，宜采用油润滑。浸油润滑时油面不应高于最下方滚动体的中心。

2．滚动轴承的密封

滚动轴承的密封是为了防止润滑剂的流失，同时为了阻止灰尘、水分等杂物进入轴承。密封方法的选择与润滑剂的种类，工作环境、温度，以及密封处的圆周速度等有关，一般密封的形式分为接触式密封和非接触式密封两大类。

（1）接触式密封多用于转速较低的场合，常用的有毛毡圈密封和密封圈密封。图 7-47 所示为毛毡圈密封，在轴承端盖上的梯形断面槽内装入毛毡圈，使其与轴在接触处径向压紧而密封，常用于轴颈速度 $v\leqslant4\sim5m/s$ 的脂润滑结构。图 7-48 所示为密封圈密封，在轴承端盖的凹槽中，放置用耐油橡胶等材料制成的皮碗。安装时密封唇应朝向密封的部位，密封效果比毛毡圈好，密封处轴颈的速度 $v\leqslant10m/s$。接触式密封轴颈接触部分表面粗糙度值 Ra 宜小于 0.8μm。

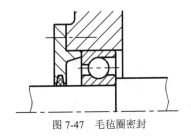

图 7-47　毛毡圈密封

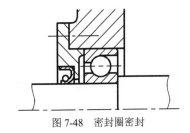

图 7-48　密封圈密封

（2）非接触式密封没有与轴的接触摩擦，多用于速度较高的情况，常用的有油沟密封和迷宫式密封。图 7-49 所示为油沟密封，在油沟内填充润滑脂，端盖与轴颈间留 0.1～0.3mm 的间隙，油沟密封结构简单，适用于轴颈速度 $v\leqslant5\sim6m/s$ 的场合。图 7-50 所示为迷宫式密封，这种密封中的静件与转动件之间被制成几道弯曲的缝隙，缝隙宽度为 0.2～0.5mm，缝隙中填满润滑脂。这种密封方式对油润滑和脂润滑都很有效，当环境比较脏时，密封效果可靠。

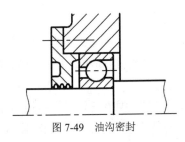

图 7-49　油沟密封

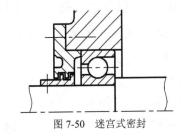

图 7-50　迷宫式密封

为设备选择合适的滚动轴承类型

本任务中机电设备的轴承选择方法如下。

（1）高速内圆磨磨头承受不太大的径向力及较小的轴向力，转速高，要求运转精度高。选用一对精密级的向心角接触轴承 7000 型（极限转速应大于 12000r/min）。

（2）由于起重机卷筒轴设备承受较大径向力，转速低，两支点距离远，且为分别安装的轴承座，对中性较差，轴承内、外圈之间可能有较大的角偏移，因此选用一对 2000 型调心滚子轴承。

（3）起重机滑轮轴及吊钩滑轮承受较大的径向力，转速低，选用一对 N000 型向心短圆柱滚子轴承。吊钩轴承承受较大的单向轴向力，摆动，选用一个 8000 型推力轴承。

|任务 7.4　认识联轴器与离合器|

现需要在功率 $P = 10\text{kW}$、转速 $n = 970\text{r/min}$ 的起重机中，连接直径 $d = 42\text{mm}$ 的主、从动轴，试选择联轴器的型号。

在机械连接中，联轴器和离合器都是用来连接轴与轴（有时也连接轴与其他回转零件），使其一同回转并传递扭矩的部件。联轴器用来把两轴连接在一起，机器运转时两轴不能分离；只有在机器停止后用拆卸方法将其拆开，两轴才能分离。而离合器在机器运转过程中，可使两轴随时接合或分离。它可用来操纵机器传动系统的断续，以便进行变速及换向等。

在工程实践中，联轴器、离合器的种类繁多，大多已标准化、系列化，一般只需要根据工作要求正确选择它们的类型和尺寸，必要时对其中易损的薄弱环节进行承载能力的校核计算。为了能合理地选择出合适的联轴器，我们需要了解联轴器的功能、类型、结构和工作原理等。

7.4.1　联轴器的种类、结构及特点

1．联轴器的性能要求和种类

联轴器主要用于轴与轴之间的连接，以实现不同轴之间回转运动和动力的传递。若要使两轴分离，必须通过停机拆卸才能实现。

联轴器所连接的两轴，由于制造及安装误差、承载后变形、温度变化和轴承损坏等原因，不能保证严格对中，两轴线之间出现相对位移或偏斜，如图 7-51 所示。如果联轴器对各种位

移没有补偿能力，工作中会产生附加动载荷，使工作情况恶化。因此，要求联轴器具有补偿一定范围内两轴线相对位移量的能力。对于经常负载起动或工作载荷变化的场合，可采用具有缓冲、减振作用的有弹性元件联轴器，以保护原动机和工作机不受或少受损伤。同时，还要求联轴器安全、可靠，有足够的强度和使用寿命。

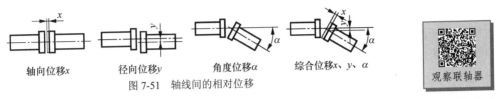

轴向位移x　　径向位移y　　角度位移α　　综合位移x、y、α

图 7-51　轴线间的相对位移

观察联轴器

联轴器根据各种位移有无补偿能力，可分为刚性联轴器和挠性联轴器两大类。刚性联轴器不具有缓冲性和补偿两轴线相对位移的能力，要求两轴安装严格对中。但由于此类联轴器结构简单，制造成本较低，拆装、维护方便，能保证两轴有较高的对中性，传递扭矩较大，因此应用广泛。挠性联轴器又可分为无弹性元件挠性联轴器和有弹性元件挠性联轴器两类，前一类只具有补偿两轴线相对位移的能力，但不能缓冲、减振；后一类因含有弹性元件，除具有补偿两轴线相对位移的能力外，还具有缓冲和减振作用，但传递的扭矩因受到弹性元件强度的限制，一般不及无弹性元件挠性联轴器。

2．常用联轴器的结构和特点

各类联轴器的性能、特点可查阅有关机械设计手册。

（1）固定式刚性联轴器。

① 凸缘联轴器。如图 7-52 所示，其由两个带凸缘的半联轴器用螺栓连接而成，半联轴器与两轴之间用键连接。其常用的结构形式有两种，对中方法不同，图 7-52（a）所示为两半联轴器的凸缘与凹槽相配合而对中，用普通螺栓连接，依靠接合面间的摩擦力传递扭矩，对中精度高。拆装时，轴必须做轴向移动。图 7-52（b）所示为两半联轴器用铰制孔螺栓连接，靠螺栓杆与螺栓孔配合对中，依靠螺栓杆的剪切及其与孔的挤压传递扭矩，拆装时轴无须做轴向移动。

认识联轴器

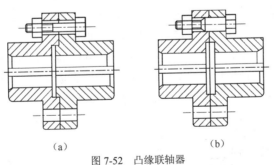

（a）　　　　　　　　（b）

图 7-52　凸缘联轴器

凸缘联轴器结构简单、价格低廉、传递扭矩大、传力可靠、对中性好、拆装方便；但其不具有位置补偿功能，也不能缓冲、减振，故只适用于两轴能严格对中、载荷平稳的场合。

② 套筒联轴器。如图 7-53 所示，图 7-53（a）所示为键连接的套筒联轴器，图 7-53（b）所示为销连接的套筒联轴器。套筒的材料通常为 45 钢，适用于轴径小于 60～70mm 的对中性较好的场合。其径向尺寸小、结构简单，可根据不同轴径自行设计与制造，在仪器中应用较广泛。

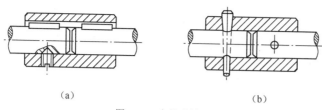

图 7-53　套筒联轴器

（2）移动式刚性联轴器。

十字滑块联轴器属于移动式刚性联轴器，如图 7-54（a）所示。由两个端面开有凹槽的半联轴器 1、3，利用两面带有凸块的中间盘 2 连接，如图 7-54（b）所示，半联轴器 1、3 分别与主、从动轴连接成一体，实现两轴的连接。中间盘沿径向滑动，补偿径向位移 y，并能补偿角度位移 α。若两轴线不同心或偏斜，则在运转时中间盘上的凸块将在半联轴器的凹槽内滑动。转速较高时，由于中间盘的偏心会产生较大的离心力和磨损，并使轴承承受附加动载荷，故这种联轴器适用于低速场合。为减少磨损，可从中间盘油孔注入润滑剂。半联轴器和中间盘的常用材料为 45 钢，工作表面淬火硬度为 48～58HRC。

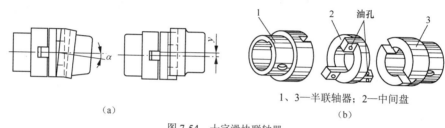

1、3—半联轴器；2—中间盘

图 7-54　十字滑块联轴器

（3）弹性联轴器。

① 弹性套柱销联轴器。弹性套柱销联轴器的结构与凸缘联轴器的相似，如图 7-55 所示。不同之处是用带有弹性圈的柱销代替了螺栓连接，弹性圈一般用耐油橡胶制成，柱销材料多采用 45 钢。为补偿较大的轴向位移，通常安装时在两轴间留一定的轴向间隙 c。为了便于更换易损件（弹性套），设计时应留一定的距离 B。

弹性套柱销联轴器制造简单，拆装方便，成本较低；但容易磨损，寿命较短，适用于连接载荷平稳、需正反转或起动频繁的传动轴中的小扭矩轴。

② 弹性柱销联轴器。如图 7-56 所示，弹性柱销联轴器与弹性套柱销联轴器结构相似，只是柱销材料为尼龙。柱销形状一端为柱形，另一端制成腰鼓形，以增大对角度位移的补偿能力。为防止柱销脱落，柱销两端装有挡板，用螺钉固定。

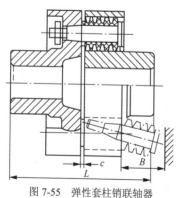

图 7-55　弹性套柱销联轴器

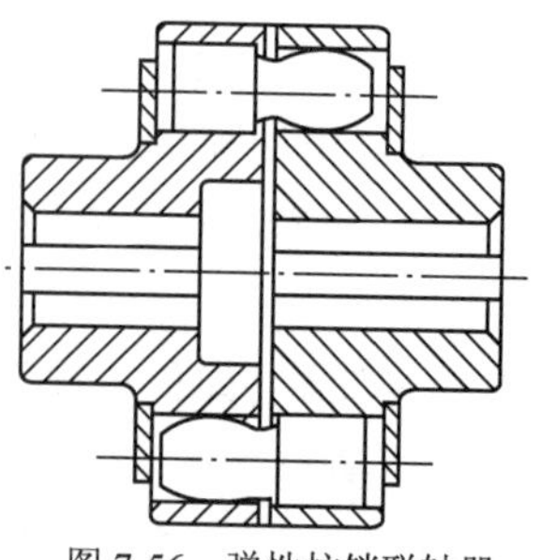

图 7-56　弹性柱销联轴器

弹性柱销联轴器结构简单，能补偿两轴间的相对位移，并具有一定的缓冲、吸振能力，应用广泛，可代替弹性套柱销联轴器。但因尼龙对温度敏感，使用时受温度限制。

③ 万向联轴器。如图 7-57 所示，它由两个叉形接头 1、3 和一个十字轴 2 组成。它利用中间连接件十字轴，连接的两叉形半联轴器能绕十字轴的轴线转动，从而使联轴器的两轴线成任意角度 α，一般 α 最大可达 45°。但 α 角越大，传动效率越低。万向联轴器单个使用时，当主动轴以等角速度转动时，从动轴做变角速度回转，从而在传动中引起附加动载荷。为避免这种现象，可将两个万向联轴器成对使用，使两次角速度变化的影响相互抵消，主动轴和从动轴同步转动，如图 7-58 所示。各轴相互位置在安装时必须满足：主动轴、从动轴与中间轴 C 的夹角必须相等，即 $\alpha_1 = \alpha_2$；中间轴两端的叉形平面必须位于同一平面内，双万向联轴器的安装如图 7-59 所示。

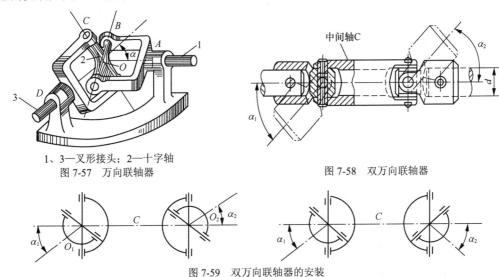

1、3—叉形接头；2—十字轴
图 7-57　万向联轴器

图 7-58　双万向联轴器

图 7-59　双万向联轴器的安装

万向联轴器常用合金钢材料制造，以获得较高的耐磨性和较小的尺寸。万向联轴器能补偿较大的角位移，结构紧凑，使用、维护方便，广泛应用于汽车、工程机械等的传动系统中。

3. 联轴器的选择

联轴器大多已标准化，其主要性能参数有额定扭矩 T_n、许用转速 $[n]$、位移补偿量和被连接轴的直径范围等。选用联轴器时，通常先根据使用要求和工作条件确定合适的类型，再按扭矩、轴径和转速选择联轴器的型号，必要时应校核其薄弱件的承载能力。

考虑工作机起动、制动、变速时的惯性力和冲击载荷等因素，应按计算扭矩 T_C 选择联轴器。计算扭矩 T_C 和工作扭矩 T 之间的关系为

$$T_C = KT \tag{7-21}$$

式中，K 为工作情况系数，其值如表 7-24 所示。一般刚性联轴器选用较大的值，挠性联轴器选用较小的值。被带动的转动惯量小、载荷平稳时取较小值。

所选型号联轴器必须同时满足：$T_C \leqslant T_n$，$n \leqslant [n]$。 $\tag{7-22}$

联轴器与轴一般采用键连接。机械设计手册中已对联轴器轴孔和键槽的形式、代号做了详细的规定，各种型号适应各种被连接轴的端部结构和强度要求也可查阅有关机械设计手册。

表 7-24 工作情况系数 K

工作机工作情况	电动机	四缸内燃机	单缸内燃机
扭矩变化很小， 如发电机、小型通风机、小型离心泵	1.3	1.5	2.2
扭矩变化很小， 如运输机、木工机械、透平压缩机	1.5	1.7	2.4
扭矩变化中等， 如搅拌机、增压机、冲床	1.7	1.9	2.6
扭矩变化和冲击载荷中等， 如拖拉机、织布机、水泥搅拌机	1.9	2.1	2.8
扭矩变化和冲击载荷大， 如起重机、造纸机、挖掘机、破碎机	2.3	2.3	3.2

例 7-3 电动机经减速器驱动水泥搅拌机工作。已知电动机的功率 $P = 11\text{kW}$，转速 $n = 970\text{r/min}$，电动机轴的直径和减速器输入轴的直径均为 42mm，试确定联轴器的类型。

解:（1）选择联轴器类型。为了缓冲和减振，选用弹性套柱销联轴器。

（2）确定计算扭矩 T_C。查表 7-24，取 $K = 1.9$，按式（7-21）计算

$$T_C = KT = K \times 9550 \frac{P}{n} = 1.9 \times 9550 \times \frac{11}{970} \text{N} \cdot \text{m} \approx 205\text{N} \cdot \text{m}$$

（3）选择联轴器型号。由题目中的已知转速和轴径，结合计算扭矩，查机械设计手册（GB/T 4323—2017《弹性套柱销联轴器》）选用 TL6 型弹性套柱销联轴器。该联轴器允许公称扭矩为 250 N·m，许用最大转速 $[n]$ 为 3300r/min，轴孔直径范围为 $\phi32 \sim \phi38$mm，以上数据满足要求，适用。

7.4.2 离合器的种类、结构及特点

1. 离合器的性能要求及分类

离合器的主要作用是在机器运转过程中实现两轴的分离与接合。其基本要求是：工作可靠，接合、分离迅速而平稳，操纵灵活、省力，调节和修理方便，外形尺寸小，重量轻。对于摩擦式离合器，还要求其耐磨性好并具有良好的散热能力。

离合器的类型有很多，按实现两轴分离与接合过程，可分为操纵离合器和自动离合器；按离合的工作原理，可分为嵌合式离合器和摩擦式离合器。

嵌合式离合器通过主、从动元件上牙型之间的嵌合力束传递回转运动和动力，工作比较可靠，传递的扭矩较大；但接合时有冲击，运转中接合困难。摩擦式离合器通过主、从动元件间的摩擦力来传递回转运动和动力，运动中接合方便，有过载保护性能；但传递扭矩较小，适用于高速、低扭矩的工作场合。

2. 常用离合器的结构和特点

（1）牙嵌式离合器。如图 7-60 所示，其由两端面上带牙的半离合器 1、2 等组成。半离合器 1 用平键固定在主动轴上，半离合器 2 用导向键 3 或花键与从动轴连接。在半离合器 1 上固定了对中环 5，从动轴可在对中环中自由转动，通过滑环 4 的轴向移动操纵离合器的接合和分离。滑环的移动可用杠杆、液压、气动或电磁吸力等操纵机构控制。

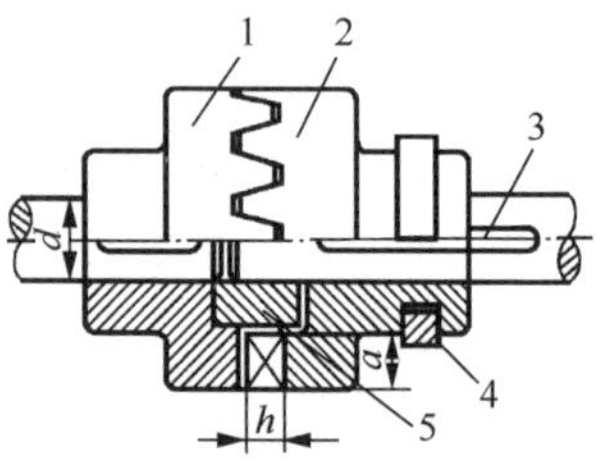

1、2—半离合器；3—导向键；
4—滑环；5—对中环
图 7-60 牙嵌式离合器

牙嵌式离合器常用的牙型有三角形（小扭矩、低速场合）、矩形（磨损后无法补偿，冲击较大）、梯形（牙强度高，传递扭矩大，磨损后能自动补偿，应用广泛）和锯齿形（单向工作，用于特定工作条件）等。

认识离合器

牙嵌式离合器的主要失效形式是牙面的磨损和牙根折断，因此要求牙面有较高的硬度，牙根有良好的韧性。常用材料为低碳钢，渗碳淬火到 54～60HRC，也可用中碳钢进行表面淬火。牙嵌式离合器结构简单，尺寸小，接合时两半离合器间没有相对滑动，但只能在低速或停车时接合，以避免因冲击折断牙齿。

（2）摩擦离合器。摩擦离合器依靠两接触面间的摩擦力来传递运动和动力。按结构形式不同，其可分为圆盘式、圆锥式、块式和带式等类型，较常用的是圆盘摩擦离合器。

离合器的工作原理

圆盘摩擦离合器分为单片式和多片式两种，如图 7-61 和图 7-62 所示。

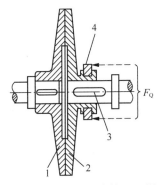

1、2—摩擦盘；3—导向键；4—滑环

图 7-61　单片式圆盘摩擦离合器

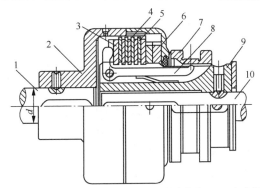

1—主动轴；2—外壳；3—压板；4—外摩擦片；5—内摩擦片；6—螺母；7—滑环；8—杠杆；9—套筒；10—从动轴

图 7-62　多片式圆盘摩擦离合器

单片式圆盘摩擦离合器由摩擦盘 1、2 和操纵滑环 4 等组成。摩擦盘 1 与主动轴连接，摩擦盘 2 通过导向键 3 与从动轴连接并可在轴上移动。操纵滑环 4 可使两圆盘接合或分离。轴向压力 F_Q 使两圆盘接合，并在工作表面产生摩擦力，以传递扭矩。单片式圆盘摩擦离合器结构简单，但径向尺寸较大，只能传递不大的扭矩，因此有了过载保护的作用。但工作时两摩擦盘之间可能发生相对滑动，不能保证两轴的精确同步。

多片式圆盘摩擦离合器有两组摩擦片，主动轴 1 与外壳 2 相连接，外壳内装有一组外摩擦片 4，其外缘有凸齿以便插入外壳上的内齿槽内，与外壳一起转动，其内孔不与任何零件接触。从动轴 10 与套筒 9 相连接，套筒上装有一组内摩擦片 5，其外缘不与任何零件接触，随从动轴一起转动。滑环 7 由操纵机构控制，当滑环 7 向左移动时，使杠杆 8 绕支点顺时针转动，通过压板 3 将两组摩擦片压紧，实现接合；滑环 7 向右移动时，则实现离合器分离。摩擦片间的压力由螺母 6 调节。多片式圆盘摩擦离合器由于摩擦面增多，传递扭矩的能力提高，径向尺寸相对减小，但结构较为复杂。

（3）滚柱式超越离合器。

图 7-63 所示为滚柱式超越离合器，其中星轮 1 和外环 2 分别装在主动件和从动件上，星轮和外环间的楔形空腔内装有滚柱 3，滚柱数目一般为 3～8 个。每个滚柱都被弹簧推杆 4 以不大的推力向前推进而处于半楔紧状态。

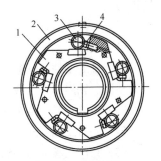

1—星轮；2—外环；3—滚柱；4—弹簧推杆

图 7-63　滚柱式超越离合器

星轮和外环均可作为主动件，现以外环为主动件来分析。当外环沿逆时针方向回转时，以摩擦力带动滚柱向前滚动，进一步楔紧内、外接触面，从而驱动星轮一起转动，离合器处于接合状态；反之，当外环沿顺时针方向回转时，则带动滚柱克服弹簧力而滚到楔形空腔的宽敞部分，离合器处于分离状态。

滚柱式超越离合器尺寸小，接合和分离平稳，可用于高速传动，一般常用于汽车、机床等的传动装置中。

【任务实施】

选择联轴器

1．选择联轴器类型

为减轻振动和缓和冲击，选择弹性套柱销联轴器。

2．选择联轴器型号

（1）计算扭矩：查表 7-24 取 $K = 3.5$，按式（7-21）计算：

$$T_C = KT = K \times 9550 \frac{P}{n} = 3.5 \times 9550 \times \frac{10}{970} \text{N} \cdot \text{m} \approx 344.6 \text{N} \cdot \text{m}$$

（2）按计算扭矩、转速和轴径，根据 GB/T 4323—2017 选用 TL7 型弹性套柱销联轴器，标记为 TL7 联轴器 42×112 GB/T 4323—2017。查得有关数据得额定扭矩 $T = 560 \text{N} \cdot \text{m}$，许用转速 $[n] = 3800 \text{r/min}$，轴径 40mm、42mm、45mm、48mm。

满足 $T_c \leqslant T_n$、$n \leqslant [n]$，适用。

|【综合技能实训】设计及拆装轴系零部件|

1．目的和要求

（1）熟悉并掌握轴、轴上零件的结构、形状、工艺要求和装配关系。

（2）熟悉并掌握轴及轴上零件的定位与固定方法。

（3）进一步加强对轴承的类型、布置、安装、调整方法以及润滑密封方式的认识。

（4）通过拼装和测绘，熟悉并掌握轴系结构设计中有关轴的结构设计、滚动轴承组合设计的基本要求和方法。

（5）加深对工作岗位的认识，培养尊重劳动的意识、质量意识与安全意识，提高工程实践能力。

2．设备及工具

（1）模块化轴段（可组装不同结构形式的阶梯轴）。

（2）轴上零件：齿轮、蜗杆、联轴器、轴承、轴承座、端盖、套筒、圆螺母、轴端挡板、止动垫圈、轴用弹性挡圈、螺钉、螺母等。

（3）拆装工具：双头呆扳手，卡簧钳，十字螺钉旋具。

（4）测量工具：300mm 钢板尺、游标卡尺、外卡钳。

（5）绘图工具：自备铅笔、纸、三角板等。

3．训练内容

（1）指导教师根据表 7-25 选择性安排每组的实训内容（实训题号）。

表 7-25　　　　　　　　　　　　　　实训题目

实验题号	已知条件				
	齿轮类型	载荷	转速	其他条件	示意图
1	小直齿轮	轻	低		60　60　70
2		中	高		
3	大直齿轮	中	低		
4		重	中		
5	小斜齿轮	轻	中		60　60　70
6		中	高		
7	大斜齿轮	中	中		
8		重	低		
9	小锥齿轮	轻	低	锥齿轮轴	82　70　30
10		中	高	锥齿轮与轴分开	
11	蜗杆	轻	低	发热量小	82　70
12		重	中	发热量大	

（2）根据选定的轴系结构设计实训方案，按照预先画出的装配草图进行轴系结构拼装。检查设计是否合理，并对不合理的结构进行修改。

（3）测量一种轴系各零部件的结构尺寸，并绘制轴系结构装配图，标注必要尺寸及配合。

（4）进行轴的结构设计与滚动轴承组合设计。

（5）每组学生根据实训题号的要求，进行轴承结构组合设计，解决轴承类型选择，轴上零件定位与固定，轴承安装与调节、润滑及密封等问题。

4．训练步骤

（1）明确实训内容，理解设计要求。复习有关轴的结构设计与轴承组合结构设计的内容与方法。

（2）构思轴系结构方案。

① 根据齿轮类型选择滚动轴承型号，观察与分析轴承的结构特点。

② 确定支承轴的固定方式（两端固定，一端固定、一端游动等）。

③ 根据齿轮圆周速度（高、中、低）确定轴承润滑方式（脂润滑、油润滑）。

④ 选择端盖形式（凸缘式、嵌入式）并考虑透盖处密封方式（毛毡圈、皮碗、油沟）。

⑤ 考虑轴上零件的定位与固定、轴承间隙调整等问题。

⑥ 绘制轴系结构组合设计方案的草图。

（3）组装轴系部件，根据轴系结构设计方案，从实验箱中选取合适零件并组装成轴系部件、检查所设计组装的轴系结构是否正确。修改轴系结构组合设计方案的草图。

（4）测量零件结构尺寸（支座不用测量），并做好记录。

（5）根据草图及测量数据，在 3 号图纸（297mm×420mm）上用 1∶1 比例绘制轴系结构装配图。要求装配关系表示正确，注明必要尺寸（轴承跨距、齿轮直径与宽度、主要配合尺寸，支座不用测量），填写标题栏和明细表。

（6）将所有零件放入实验箱内的规定位置，排列整齐，归还所借工具。

（7）完成表 7-26 所示的实训报告。

5．注意事项

（1）考虑到实训中拆装方便，轴上的零件与轴采用了较松的配合，特此说明，避免误解。

（2）在拆装时零件要摆放整齐，并注意零件的数量。个别装配位置关系重要的零件在拆装前需做好位置标记。

（3）文明拆装、切忌盲目拆装。拆装前要仔细观察零部件的结构及位置，考虑好合理的拆装顺序。禁止用铁器直接打击加工表面和配合表面。

（4）注意安全，轻拿轻放。爱护工具和设备，操作要认真，特别注意安全。

表 7-26　　　　　　　　　　　　　　　　实训报告

序号	轴系题号	轴上的传动件
1	分析传动件间的作用力	
2	当轴工作时，两支点轴承受到的作用力各指向哪边	
3	左支点轴承的类型、代号、轴承承受力的特点。右支点轴承的类型、代号、轴承承受力的特点。分析两轴承的安装方式（正装，不分正、反装，反装）	
4	分析轴的支承方案	
5	本轴系轴承属（有，无）固定游隙的轴承，其游隙的调整方法	
6	为了保证锥齿轮轴系中两锥齿轮的锥顶能够重合，或蜗杆轴系中蜗杆传动在主平面上能正确啮合，可通过什么方法调整锥齿轮或蜗杆的轴向位置	
7	若本轴系中的齿轮采用齿轮箱中的润滑油润滑，则从结构上分析轴承的润滑方式与密封方式	
8	分析该轴系中齿轮在轴上的周向固定方式和轴向固定方式	
9	分析实际机器中齿轮与轴、轴承内圈与轴颈、联轴器与轴等的配合性质	
轴系结构组合设计方案简图		
实训中出现的问题及解决方法		
收获和体会		

|【思考与练习】|

一、单选题

1．轴环的用途是（　　　）。

　　A．作为轴加工时的定位面　　　　　　B．提高轴的强度

　　C．提高轴的刚度　　　　　　　　　　D．使轴上零件获得轴向定位

2．当轴上安装的零件要承受轴向力时，采用（　　　）来进行轴向固定，所能承受的轴向力最大。

　　A．销连接　　　　　B．紧定螺钉　　　　C．弹性挡圈　　　　D．螺母

3. 仅以支承旋转零件而不传递动力，即只受弯曲而无扭矩作用的轴，称为（　　）。

　　A. 转轴　　　　　　　B. 心轴　　　　　　　C. 传动轴　　　　　　　D. 直轴

4. 牙嵌式离合器一般用在（　　）的场合。

　　A. 传递扭矩大，接合速度低　　　　　B. 传递扭矩小，接合速度低

　　C. 传递扭矩大，接合速度很高　　　　D. 传递扭矩小，接合速度高

5. 为了把润滑油导入整个摩擦面，应该在轴瓦的（　　）部分开设油槽。

　　A. 承载区　　　　　　　　　　　　　B. 非承载区

　　C. 轴颈与轴瓦的最小间隙处　　　　　D. 端部

6. 圆盘摩擦离合器的内摩擦片有时做成碟形，这是为了（　　）。

　　A. 减轻盘的磨损　　　　　　　　　　B. 提高盘的刚度

　　C. 增大当量摩擦系数　　　　　　　　D. 使离合器分离迅速

7. 若两轴的刚性较大、对中性好、不发生相对位移，工作中载荷平稳、转速稳定时，宜采用（　　）联轴器。

　　A. 十字滑块　　　　B. 弹性套柱销　　　　C. 刚性凸缘　　　　D. 齿式

8. 滚动轴承的类型代号由（　　）表示。

　　A. 数字　　　　　B. 数字或字母　　　　C. 字母　　　　D. 数字与特殊符号

9. （　　）可用于制造滚动轴承的内、外圈与滚动体。

　　A. GCr15　　　　B. 锡基轴承合金　　C. 铝青铜　　　　D. 铸铁

10. 只能承受轴向载荷而不能承受径向载荷的滚动轴承是（　　）。

　　A. 推力球轴承　　　B. 深沟球轴承　　C. 圆锥滚子轴承　　　D. 角接触球轴承

11. 将转轴设计成阶梯形的主要目的是（　　）。

　　A. 便于轴上零件的固定和拆装　　　　B. 便于轴的加工

　　C. 提高轴的刚度　　　　　　　　　　D. 使轴更美观、大方

12. 轴上零件轮毂宽度 B 应（　　）与之配合的轴段轴向尺寸。

　　A. 大于　　　　　　B. 等于　　　　　　C. 小于　　　　　　D. 两者没有联系

13. （　　）轴颈的推力滑动轴承能承受较大的双向轴向载荷。

　　A. 环状　　　　　　B. 多环　　　　　　C. 实心端面　　　　　D. 空心端面

14. （　　）密封属于接触式密封。

　　A. 挡油环　　　　　B. 毛毡圈　　　　　C. 迷宫式　　　　　D. 油沟

15. 间歇式供油用于（　　）的工作场合。

　　A. 低速、轻载　　　B. 高速、重载　　　C. 环境恶劣且转速高　　D. 加油困难

16. 起重机吊钩宜选用（　　）。

　　A. 深沟球轴承　　　B. 推力球轴承　　　C. 角接触球轴承　　D. 调心球轴承

二、简答题

1. 转轴、心轴和传动轴的定义是什么？自行车的前轴、中轴、后轴分别属于哪种轴？

2. 轴的常用材料有哪些？如何选择？

3. 进行轴的结构设计时，应考虑哪些问题？

4. 轴上零件的轴向定位和周向固定各有哪些方法？这些方法有什么特点？

5. 滑动轴承常见的结构有哪些？各有什么特点？

6. 在滑动轴承的轴瓦上开设油孔和油沟时应注意哪些问题？

7. 滑动轴承的主要失效形式有哪些？对滑动轴承材料的性能有哪些方面的要求？

8. 滑动轴承常用的润滑方式有哪些？选用时应考虑哪些因素？

9. 说明下列滚动轴承的类型名称、内径尺寸、直径系列代号和结构特点。

      30208   51316   6308   7318C/P5   N316/P4

10. 为什么 30000 型和 70000 型轴承常成对使用？成对使用时，"正装"与"反装"各有什么特点？

11. 滚动轴承支承轴向固定的典型结构形式有哪几种？各适用于什么场合？

12. 简述联轴器与离合器的功能。

三、画图与计算题

1. 已知一传动轴传递的功率 $P = 10\text{kW}$，转速 $n = 156\text{r/min}$。如果采用的材料为 38SiMnMo，调质处理，试按下列两种情况计算轴的直径 D。

（1）按扭转强度计算轴的直径 D。

（2）按空心轴计算轴的强度，内、外轴径之比 $d/D = 0.6$。

2. 一起重卷筒的滑动轴承所受的径向载荷 $F_R = 90000\text{N}$，轴的转速 $n = 10\text{r/min}$，轴颈直径 $d = 100\text{mm}$，轴承宽度 $B = 120\text{mm}$。试选择滑动轴承结构、材料，并且进行验算。

3. 某轴上的角接触球轴承 7207C，承受的径向载荷 $F_R = 1600\text{N}$，轴向载荷 $F_A = 800\text{N}$。试求其当量动载荷。

4. 深沟球轴承 6310 的基本额定动载荷 $C = 61900\text{N}$，在常温下工作，若承受的当量动载荷分别为 $P = C$，$P = 0.5C$ 时，两个轴承的寿命之比是多少？当轴承转速 $n = 900\text{r/min}$ 时，轴承寿命 L_h 各为多少小时？

5. 如图 7-64 所示，一齿轮传动装置的中间轴用两个角接触球轴承支承，已知两轴承所承受的径向载荷分别为 $F_{R1} = 5000\text{N}$，

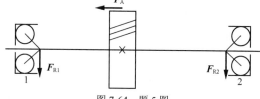

图 7-64　题 5 图

$F_{R2} = 4800\text{N}$，轴的转速 $n = 1450\text{r/min}$，轴上斜齿轮产生的轴向力 $F_A = 2700\text{N}$，方向指向轴承1。轴承在常温下工作，运转时有中等冲击，要求轴承使用寿命为 2 年。试选择该对轴承的型号。

6. 图 7-65 所示为斜齿圆柱齿轮轴系结构设计图，试指出其中的错误结构，并画出正确结构。

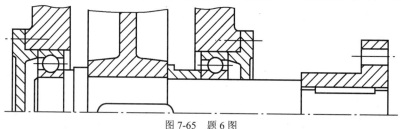

图 7-65　题 6 图

7. 试按弯扭合成法设计图 7-66 所示减速器中的直齿圆柱齿轮的输出轴。已知该轴传递功率 $P = 12\text{kW}$，转速 $n = 200\text{r/min}$，齿轮宽 $B = 80\text{mm}$，齿数 $z_2 = 62$，模数 $m = 5\text{mm}$，轴端装有联轴器。

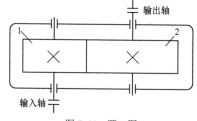

图 7-66　题 7 图